普通高等教育"十一五"国家级规划教材

普通高等教育"十五"国家级规划教材

电工电子基础实践教程

（下册）工程实践指导

第 3 版

主　编　曾建唐

副主编　黄艳芳　金光浪　徐　清

　　　　汪　杰　羊大立

主　审　张晓冬

机械工业出版社

本书研究了当前教学改革的新形势，结合一般院校培养应用型高级技术人才和创新教育的定位，以全新的教育理念为指导，以满足基本教学需要和有较宽适应面为出发点，进行了大力度的修改，使之更加适用、实用和好用。本书编写了6部分内容，其中"（上册）实验·课程设计"包含：电工（电路）实验、电子技术（模拟、数字）实验、电子课程设计、EDA技术应用，"（下册）工程实践指导"包含：电工实习、电子实习。这是一套综合性实践教学指导教材，涵盖了电工电子技术基础课程的全部实践环节。对于强化基本训练，培养学生的实践能力和初步设计能力有重要意义。

本书可作为理工类院校本科、专科及高职的相关专业学生实践环节指导教材。

本书是"十五""十一五"国家级规划教材和"北京市精品教材"。

本书配有部分教学参考资料，欢迎选用本书作为教材的老师登录www.cmpedu.com注册后下载。

图书在版编目（CIP）数据

电工电子基础实践教程（下册）工程实践指导/曾建唐主编 . —3版 . —北京：机械工业出版社，2016.1（2025.1重印）

普通高等教育"十一五"国家级规划教材　普通高等教育"十五"国家级规划教材

ISBN 978-7-111-52293-5

Ⅰ.①电…　Ⅱ.①曾…　Ⅲ.①电工技术—实验—高等学校—教材②电子技术—实验—高等学校—教材　Ⅳ.①TM-33②TN-33

中国版本图书馆CIP数据核字（2015）第295319号

机械工业出版社（北京市百万庄大街22号　邮政编码100037）
策划编辑：贡克勤　责任编辑：贡克勤　王小东　王　康
版式设计：霍永明　责任校对：纪　敬
封面设计：张　静　责任印制：邹　敏
北京中科印刷有限公司印刷
2025年1月第3版第9次印刷
184mm×260mm·14.25印张·349千字
标准书号：ISBN 978-7-111-52293-5
定价：32.00元

凡购本书，如有缺页、倒页、脱页，由本社发行部调换

电话服务　　　　　　　　　　网络服务
服务咨询热线：010-88379833　机工官网：www.cmpbook.com
读者购书热线：010-88379649　机工官博：weibo.com/cmp1952
　　　　　　　　　　　　　　教育服务网：www.cmpedu.com
封面无防伪标均为盗版　金书网：www.golden-book.com

前　言

在开展教育部教改课题："21世纪初一般理工科院校人才培养模式的研究与探索"以及教育部课题："大学生实践创新基地建设"的研讨过程中，为了把电工电子实践课程改革进一步深化和落到实处，由北京石油化工学院、景德镇陶瓷学院、北京建筑大学、海南师范大学、浙江万里学院等院校联合编写了《电工电子基础实践教程》。经过十余年的锤炼，本书第1版和第2版中提出的理念和改革思路在今天又有了新的延伸并赋予了新的内涵和意义。例如：我们在书中把电工电子课程的全部实践教学环节进行了整合，确立了6个环节、3个层次的实践教学体系，这就是：电工、电子实验——启迪创新意识；电工电子实习——培养工程实践能力；电子设计与创新——激发创新精神和能力。阶梯式实践环节，使学生的能力培养逐步深化。以上为一般院校提供了一种可供参考的思路和模式。在这里力图搭建一个充满活力的、基础扎实的电工电子实践平台，它既是基本技能和工艺的入门向导，又是学生科技活动和启迪创新思维与能力的开端。力图营造真实的工程环境，使实践教学不断深化，完全符合一般院校的定位和办学指导思想，培养应用型高级技术人才，体现"实践育人"的教育理念，推动教育创新。我们提出的"在实践中学习，在学习中实践"的理念与近年来在工科院校的CDIO工程教育模式完全契合。

为了使实践指导教材的适应性更强，我们提出了不局限于某种特定的实验设备，在本书的编写中注意了通用性。我们的这些思路受到广泛关注和不少兄弟院校的引用，对后来有一大批实践教学指导教材脱颖而出感到十分欣慰。

本书经过修订，除了原有的特色外还有：

1. 删除了某些落伍和过时的内容。例如，电子技术实验尽量减少了分立元件的实验；电子课程设计中删除了部分学生在做了设计后不易检查设计正确性和与实际应用结合不大密切的的题目和内容；电工实习中删除了电动机定子下线、变压器设计等内容；电子实习中删除了已经过时和已经不能找到供货商而无法进行的实践内容。

2. 各部分都适当增加了集成电路的应用。增加了设计性实验、综合性实验。其中对数字电子技术实验进行了大力度的改革和按照新的思路重新进行了编写，配合单元教学内容设计了比较大的综合性实验项目，既可以分开做实验，也可以合起来构成一个较大的系统。

3. 升级并更新了 EDA 软件。

4. 对电子课程设计题目进行了更新和精选，大部分题目可以结合设计进行电路组装调试，既可以检验设计的正确性，还可以使学生对设计有一个比较全面的理解，更加结合工程实际。

5. 电工实习中安全用电的内容对照国家相关标准进行了修改，使训练更加标准化、规范化。对可编程控制器（PLC）进行了升级换代。

6. 电子实习把大部分实习项目进行了更新，为的是能有实际产品套件配合，使教师指导更加方便，学生在实践中更有成就感。（大部分项目都有配套的套件）。实习项目建议课内外结合，有的内容可以在课外进行。

本书适合一般本科院校和专科、高职院校的电类、非电类相关专业的学生使用。各实践项目可以按照不同层次选用其中不同的内容和要求。

本书是普通高等教育"十五"国家级规划教材、普通高等教育"十一五"国家级规划教材和北京市精品教材。

本书凝聚了参编教师和主审的心血。除了主编、副主编外，参加本书编写的还有：蓝波、陈昌虎、周萍、黄晓元、赵晶、郑长明、张克、郭立群、韦建华、王剑峰、张吉月、田小平、王志秀、张晓燕、张丽萍、晏涌、周义明、刘学军、张路刚、洪超、赵怡、张翼祥、杨亚萍、王柏华、羊现长等。参编院校的不少实验、实习、课程设计指导老师花费大量时间为设计性实验、实习项目、课程设计项目进行了调研和预试，在此致以深切的谢意。本书主审北京交通大学张晓冬教授不辞劳苦认真地审阅了全书，提出了不少宝贵意见和建议，在此谨致以诚挚的谢意。

由于编者水平有限，书中的错误和不妥之处在所难免，殷切希望使用本书的师生和读者给予批评指正。

本书配有部分教学参考资料，欢迎选用本书作为教材的老师索取。

编 者

目　　录

第1部分 电工实习

1.1 低压电工基本操作与常识

1.1.1 常用电工工具及使用

1. 验电器

验电器分高压和低压两类，如图 1-1 所示。

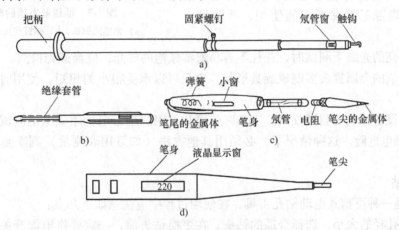

图 1-1 验电器

a) 10kV 高压验电器　b) 螺钉旋具式低压验电笔　c) 钢笔式低压验电笔　d) 数显式低压验电笔

高压验电器一般用于检测对地电压在 500V 以上的相线是否有电。使用高压验电器时，要注意安全，雨天不可在户外测验；测验时要戴符合耐压要求的绝缘手套；不可一人单独测验，身旁要有人监护；测试时，要防止发生相间或对地短路事故；人体与带电体应保持足够的安全距离（10kV 的为 0.7m 以上）。另外把柄部分根据电压等级的不同其长度也有所不同，应合理选用。

低压验电器又称验电笔，是检验导线、电器和电气设备是否带电的一种常用工具，检测范围为 60 ~ 500V，具有体积小、携带方便、检验简单等优点，是电工必备的工具之一。

常用的验电笔有钢笔式、螺钉旋具式（俗称螺丝刀式）和数显式三种。前两种验电笔由氖管、电阻、弹簧、笔身和笔尖等组成。验电笔的原理是被测带电体通过电笔、人体与大地之间形成的电位差产生电场，电笔中的氖管在电场的作用下便会发出红光。数显式验电笔由数字电路组成，可直接测出电压的数值。

低压验电器除了可以检测被测物体是否带电以外，还具备以下功能：

1）可用来区分相线和零线。氖泡发亮时测的是相线，不亮的是零线。

2）可用来区分交流电和直流电。交流电通过氖泡时，两极附近都发亮；而直流电通过时，仅一个电极附近发亮。

3）可用来判断电压的高低。若氖泡发暗红，轻微亮，则电压低。若氖泡发黄红色，很亮，则电压高。

另外，低压验电器还有两种常见的形式，分别是可以进行断点测量的数显式验电笔以及可以测量线路通断的由发光二极管和内置电池组成的感应式验电笔。

低压验电器的使用方法和注意事项：

1）使用时必须按照图1-2所示的握法操作，以手指触及笔尾的金属体（钢笔式）或验电笔顶部的金属螺钉（螺钉旋具式）。否则，因带电体、验电笔、人体与大地没有形成回路，验电笔中的氖泡不会发光，造成误判，认为带电体不带电，这是十分危险的。

2）在使用前应将验电笔先在确认有电源部位测试氖管能否正常发光方能使用，严防发生事故。

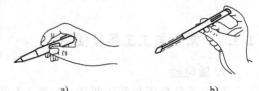

图1-2　低压验电笔的握法
a）钢笔式握法　b）螺钉旋具式握法

3）在明亮的光线下测试时，往往不容易看清氖泡的辉光，应当避光检测。

4）验电笔的金属探头多制成旋具形状，它只可以承受很小的扭矩，使用时应注意，以防损坏。

5）有些设备特别是测试仪表，工作时外壳往往因感应带电，用验电笔测试有电，但不一定会造成触电危险。这种情况下，必须用其他方法（如万用表测量）判断是真正带电还是感应带电。

2. 手电钻

手电钻是一种可携式电动钻孔工具，在使用过程中应注意如下几点：

1）根据孔径的大小，选择合适的钻头，在更换钻头前，一定要将电源开关断开，以免在更换钻头过程中不慎误压开关，使电钻旋转而发生伤人事故。

2）单相电钻的电源引线应选用三芯坚韧橡皮护套线，三相电钻的电源引线应选用四芯坚韧橡皮护套线，通电前应检查电源引线和插座是否完好无损。需要绝缘电阻大于0.5MΩ。

3）有些电钻有"钻孔"和"冲击"两种工作方式，在混泥土和砖墙等建筑构件上钻孔时，应选用相应尺寸的冲击钻头，并将工作方式置"冲击"位置。

3. 拆卸器

拆卸器又称拉具或拉子，主要用于拆卸带轮、联轴器和轴承。使用方法详见电动机拆装部分。

4. 刮板

刮板又称划线板，用竹片或层压板制成，是小型电动机嵌线时使用的工具。在嵌线时用刮板分开槽口的绝缘纸，将已经下槽的导线理齐，并推向槽内两侧，使后嵌的导线容易入槽。

5. 压线钳

压线钳是用来将导线线头与接线端头可靠连接的一种冷压模工具，包括有手动式压线钳、气动式压线钳和油压式压线钳三种。

油压式压线钳用于将多股导线与接线鼻冷挤压压接在一起，它主要用于6mm²及以上导线做接线头。使用前应打开回油旋钮，将钳口打开，装上与导线截面相应的挤压模具，装上接线鼻，拧紧回油旋钮，重复开合操作手柄，待接线鼻刚好卡在挤压模具中时，将剥好的接线头插入接线鼻中，继续开合操作手柄，直到一对挤压模具完全啮合，此时松开回油旋钮，接线头已做好。

对于 $4mm^2$ 以下的导线做头时，用手动压线钳。使用时应根据使用的多股导线的总截面来确定钳口的大小，钳口选大，导线与线鼻压不紧；钳口选小，会将导线与线鼻压坏（甚至剪断）。

6. 剥线钳

剥线钳如图 1-3 所示。

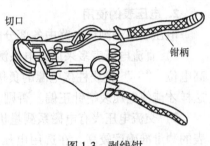

剥线钳的使用方法十分简便，确定要剥削的绝缘长度后，即可把导线放入相应的切口中（直径 0.5 ~ 3mm），用手将钳柄握紧，导线的绝缘层即被拉断后自动弹出。

除了上面介绍的几种电工工具以外，常用的电工工具还有螺钉旋具、活扳手、钢丝钳、尖嘴钳、断线钳、电工刀、手摇绕线机、电烙铁等，这里不一一叙述。

图 1-3　剥线钳

1.1.2　常用电工仪表的使用

1. 电流表的使用

电流表用于测量电路中的电流，它串接于被测量电路中。

（1）直流电流表多采用磁电系测量机构　使用时应使电流由表的"＋"端流入，"－"端流出，从而使电流表的指针正偏转。否则，指针会反偏转。

（2）交直流两用的电流表有电磁系测量机构和电动系测量机构两种　由于电磁系测量机构用于直流测量时有磁滞误差，准确度较低；而电动系测量机构内没有铁磁性物质，所以没有磁滞误差，准确度可高达 0.1 级。

选择量程时，应根据被测量值大小，选择适当的量程，使读数尽可能接近于满刻度或超过刻度的 2/3 或 1/2，以减小测量误差。若被测值事先不清楚，对于多量程的电流表，应先试用大量程测量，然后再根据指针偏转情况，酌减到合适的量程，在改变量程时，不允许带电变换，以免使测量机构遭受冲击。

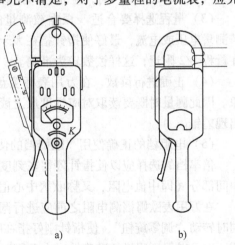

（3）钳形电流表可在不断开电路的情况下测量电流　其测量准确度不高。钳形电流表外形如图 1-4a 所示。使用时应注意以下几点：

1）测量时用手捏紧扳手使钳口张开，将被测载流导线的位置放在钳口中间，然后松开扳手使钳口（铁心）闭合，表头即有指示。

2）测量时应先估计被测电流的大小，选择合适的量程或先选用较大的量程测量，然后再视被测电流的大小减小量程，使读数超过刻度的 1/2 以获得较准的读数。

图 1-4　钳形电流表的使用

a）外形　b）小电流测量

3）为使读数准确，钳口两个面应保证很好的接合，如有杂声，可将钳口重新开合一次，若声音依然存在，检查在钳口接合面上是否有杂物或污垢，如有污垢可用棉丝蘸汽油擦干净。

4）不能用于高压带电测量。

5）测量完毕后一定要把量程开关放在最大电流量程位置，以免下次使用时由于未经选择量程而造成仪表损坏。

6）为了测量小于5A以下的电流时能得到较准确的读数，在条件许可时，可把导线在钳口上多绕几圈，如图1-4b所示。实际电流值应为读数除以穿过钳口内侧的导线匝数。

2. 电压表的使用

电压表用于测量电路中各部分的电压，它与被测量电路并联。

1）直流电压表多采用磁电系测量机构，使用时应将该表"＋"接线柱接电源的正极或高电位，"－"接线柱接电源的负极或低电位，从"＋"端到"－"端为实际电压降方向，这样才能使电压表指针正偏。否则，指针会反偏。

2）交流电压表有电磁系测量机构和电动系测量机构两种，与电流表一样，电动系电压表的测量准确度较高。在选用电压表时，应考虑被测量的性质、范围及测量精度等。测量时，电压表量程的选择与电流表的类似。

3. 指针式万用表的使用

一般万用表可用来测量直流电流、直流电压、交流电流、交流电压、电阻、电感、电容、音频电平及晶体管的电流放大系数 h_{FE} 值等。

指针式万用表的使用方法如下：

（1）端钮（或插孔）选择要正确　万用表的红色测试棒连接线要插入标有"＋"号的插孔内，黑色测试棒连接线要插入标有"－"号的插孔内。对于备有交直流电压为2500V量程的万用表，使用时黑色测试棒仍插入标有"－"号的插孔内，而红色测试棒插入2500V的插孔内。

（2）转换开关位置的选择　在使用既有测量种类转换开关又有测量量程选择开关的万用表（如MF-500型）时，应先选择测量种类再选择量程。

（3）量程选择要合适　根据被测量的大致范围，将量程选择开关转至适当的量限上，若测量电压或电流，最好使指针指在大于2/3量程处的范围内；若测量电阻，最好使指针指在量程1/2附近，这样读数较为准确。

（4）正确进行读数　在万用表标度盘上有很多标度尺，它们分别适用于不同的被测对象。因此测量时既要读取对应标度尺上读数，同时也应注意标度尺的读数和量程的配合以免出现差错。

（5）电阻档的正确使用　欧姆档的使用包括倍率档的选择、调零、测试。

倍率档的选择应以使指针停留在刻度线较稀的部分为宜，使指针尽量落在接近标度尺的中间部分（即中值电阻，又称欧姆中心值），指针越接近1/2，读数越准确。

在万用表欧姆档测电阻之前应进行调零，在选择好倍率档后，将两根测试棒碰在一起，同时转动"调零旋钮"，使指针刚好指在欧姆标度尺的零位上。每换一次倍率档，就必须调零一次，以保证测量的准确性，在调零时若指针不能回到零位，说明万用表的电池电压不足需要更换电池。

（6）万用表的使用注意事项

1）使用万用表时要注意不要用手触及测试棒的金属部分，以保证安全和测量的准确度。

2）在测量较高电压或大电流时不能带电转动转换开关，否则有可能使开关烧坏。

3）不能带电测量电阻，以免损坏表头。测量回路有大容量电容时，要先放电后测量。

4）万用表在用完后，应将转换开关转到"空档"或"OFF"档。若表盘上没有上述两档时，可将转换开关转到交流电压最高量限档，以防下次测量时因疏忽而损坏万用表。

5）在每次使用前必须全面检查万用表的转换开关及量限开关的位置，确认没有问题时再进行测量。

数字万用表的使用见本书"第2部分电子实习"的有关内容。

4. 功率表的使用

指针式功率表大多为电动系仪表，其测量机构由固定线圈与可动线圈组成，接线时固定线圈（即电流线圈）与被测电路串联，可动线圈（即电压线圈）与被测电路并联。

（1）功率表的量程选择　功率表的量程选择包括电流量程的选择和电压量程的选择。实际功率表大多为多量程的，其电压线圈量程和电流线圈量程均可选择。在选择时要保证电流线圈量程大于等于负载中流过的电流，电压线圈量程大于等于负载两端承受的电压。

（2）功率表的读数　可携式功率表一般都做成多量程的。由于只有一条标尺所以通常在标尺上不标瓦特数，而标注分格数。被测电路的功率 P（单位为 W），应根据指针偏转的格数 N 和每格瓦特数 C 求出：

$$P = CN$$

式中，C 为功率表常数（W/格）。

（3）功率表的接线　电动系仪表的转动力矩方向与两线圈的电流方向有关。因此，应规定一个能使指针正向偏转的电流方向，即功率表接线要遵守"同名端"守则。

"同名端"又称"同极性端"，通常用符号"＊"或"·"表示，接线时应使两线圈的"同名端"接在同一极性上，以保证两线圈电流都能从该端子流入。按此原则，功率表正确的接线有两种方式可供选择，即电压线圈前接方式和电压线圈后接方式，如图 1-5a、b 所示。当负载电阻较大（电流较小）时，应选用电压线圈前接方式；当负载电阻较小（电流较大）时，应选用电压线圈后接方式。图中 R_S 为表头电压线圈内电阻。

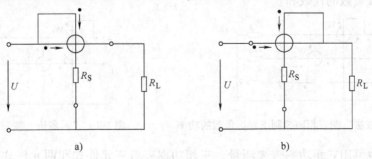

图 1-5　功率表的正确接线

a）负载电阻较大（电流较小）时的接线图　b）负载电阻较小（电流较大）时的接线图

常用功率表面板及读数倍率和使用注意事项可查询生产厂家的网站技术支持资料及说明书。

当所测电路的功率较大，电流超过了功率表的电流线圈量程时，应加接电流互感器，如图1-6所示。为使功率表的电流线圈和电压线圈的电源端处在同一电位上，应将电流互感器的二次绕组的 K_1 和一次绕组的 L_1 连接。

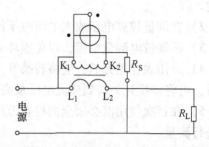

图1-6 带电流互感器的单相功率表接线方法

（4）三相功率的测量 三相有功功率的测量，视三相负载的对称情况，可采取不同的测量方法。当三相负载对称时，可采用如图1-7所示的"一表法"，将功率表的读数乘以3即为三相有功功率。当星形联结的对称负载中性点不能引出或三角形联结的对称负载不能拆开引线时，可采用图1-7c所示的人工中性点法接线方式。其中 R_N 的阻值应等于电压线圈回路的总电阻，以保证人工中性点 N 的电位为零。

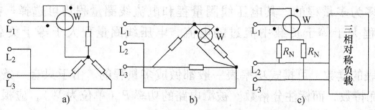

图1-7 "一表法"测三相对称负载的功率

a）星形联结时 b）三角形联结时 c）人工中性点法

当三相负载不对称时，若是三相四线制，可采用如图1-8所示的"三表法"，三表读数之和即为三相有功功率。

当三相负载采用三相三线制时，则不论三相负载对称与否，是三角形联结还是星形联结，均可采用如图1-9所示的"两表法"测量三相电路功率。其电路的总功率等于两只功率表读数的代数和。当两只表指针都正偏时，$P_\Sigma = P_1 + P_2$。当一只表指针正偏，而另一只表指针反偏（负载功率因数 $\cos\varphi < 0.5$）时，调整指针反偏的功率表的极性端钮"±"（或将指针反偏的功率表的电流线圈反接），使之正偏，该表的读数以负值计入，三相电路的总有功功率应为两表读数的代数和。

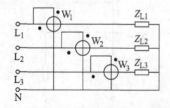

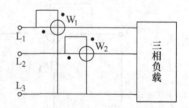

图1-8 "三表法"测三相四线制不对称负载的功率　　图1-9 "两表法"测三相电路功率

三相功率也可用三相功率表来测量，三相功率表有三元件式和两元件式两种，是利用"三表法"或"两表法"测量三相功率的原理，将三只或两只单相功率表的测量机构有机地合为一体而构成的，其接线方法与适用范围和前述的相同。

5. 绝缘电阻表的使用

绝缘电阻表又称兆欧表或摇表。它是专用于检查和测量电气设备或供电线路的绝缘电阻的一种可携式仪表。

绝缘电阻表由测量机构、测量线路和高压电源组成。高压电源多采用手摇发电机，输出电压有 500V、1000V、2500V 等几种。目前又研制出采用晶体管直流变换器代替手摇发电机的绝缘电阻表。

（1）绝缘电阻表的使用方法

1）线路间绝缘电阻的测量：测量前应使线路断电，被测线路分别接在线路端钮"L"上和地线端钮"E"上，用左手稳住摇表，右手摇动手柄，速度由慢逐渐加快，并保持在120r/min 左右，持续 1min，读出兆欧数。

2）线路对地间绝缘电阻的测量：测量前先将被测电路断电然后将被测线路接于绝缘电阻表的"L"端钮上，绝缘电阻表的"E"端钮与地线相连接，测量方法同上。

3）电动机定子绕组与机壳间绝缘电阻的测量：在电动机脱离电源后，将电动机的定子绕组接在绝缘电阻表的"L"端钮上，机壳与绝缘电阻表的"E"端钮相连，测量方法同上。

4）电缆缆心对缆壳间的绝缘电阻的测量：在电缆停电后将电缆的缆心与绝缘电阻表的"L"端钮连接，缆壳与绝缘电阻表的"E"端钮连接，将缆心与缆壳之间的内层绝缘物接于绝缘电阻表的屏蔽钮"G"上，以消除因表面漏电而引起的测量误差，测量方法同上。

（2）绝缘电阻表使用时的注意事项

1）在进行测量前应先切断被测电路或设备的电源，并进行充分放电（约需 2~3min），以保证设备及人身安全。

2）在进行测量前应将与被测电路或设备相连的所有的仪表及其他设备退出（如电压表、功率表、电能表、电压互感器等），以免这些仪表及其他设备的电阻影响测量结果。

3）绝缘电阻表接线柱与被测设备间的连接导线不能用双股绝缘线或绞线，应用单股线分开单独连接，避免因绞线的绝缘不良而引起测量误差。

4）测量前应将绝缘电阻表进行一次开路和短路试验，检查绝缘电阻表是否良好。将 L、E 开路，摇动手柄指针应立即指在"∞"处。将 L、E 短接，轻轻摇动手柄指针应立即指在"0"处。则说明绝缘电阻表是良好的，否则绝缘电阻表不能用。

5）测量电容器及较长电缆等设备绝缘电阻时，一旦测量完毕，应立即将"L"端钮的连线断开，以免绝缘电阻表向被测设备放电而损坏仪表。

6）测量完毕后，在手柄未完全停止转动及被测对象没有放电之前，切不可用手触及被测对象的测量部分及拆线，以免触电。

1.1.3 电工基本操作技术

1. 剥削绝缘导线的绝缘层

剥除导线的绝缘层常用的工具是剥线钳、钢丝钳和电工刀，其中前两者常用于剥削较小线径的导线，电工刀常用于剥削较大线径的导线及导线的外层护套。注意：无论采用何种工具和剥削方法，一定不能损伤导线的线芯！

（1）塑料绝缘线头的剥削

1）用剥线钳剥离塑料绝缘层：用剥线钳剥离塑料绝缘层最方便，但只适应线径较细的

8

绝缘线。对软线的绝缘层要用剥线钳剥离，不可用电工刀剥离，因其容易切断芯线。

2）用钢丝钳来剥削绝缘层：适用于芯线截面积为 $4mm^2$ 及以下的塑料线。操作方法如图 1-10 所示，用钳头刀口轻切塑料层，不可切着芯线，然后右手握住钳子头部用力向外勒去塑料层，同时左手把紧电线反方向用力配合动作。

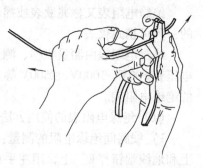

3）用电工刀剥削绝缘层：适用于截面积较大的塑料线。操作方法如图 1-11 所示。

（2）护套线的护套层和内绝缘层的剥削　护套层用电工刀剥离，方法是按所需长度用刀尖在线芯缝隙间划开，接着扳翻，用刀口切齐，如图 1-12 所示。

图 1-10　用钢丝钳来剥削绝缘层方法

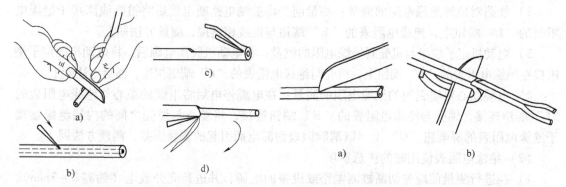

图 1-11　用电工刀剥削绝缘层方法
a）握刀姿势　b）刀以 45°倾斜切入
c）刀以 15°倾斜推削　d）扳转塑料层并在根部切去

图 1-12　护套层的剥离方法
a）刀在两线缝间划开护套层　b）扳转护套层并在根部切去

护套线的内绝缘层的剥削方法如同塑料线。但内绝缘层的切口与护套层的切口间，应留有 5~10mm 距离。

对于橡皮线和花线的剥削方法如同塑料线。

2. 绝缘铜导线的连接

常用的铜导线的线芯有单股、7 股和 19 股等多种。

（1）单股铜线芯的直接连接方法　在剥去两线头的绝缘层后，把两线端 X 形相交然后相互绞合 2~3 圈，再扳直两线端在线芯上紧贴并绕 6 圈，剪去多余的线端，最后用绝缘胶布缠封，如图 1-13a 所示。

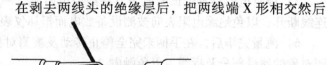

（2）单股铜芯线的 T 字分支连接方法　先剥去绝缘层，然后把支线芯线线头与干线芯线十字相交，使支线芯线根部留出约 3~5mm，对于小截面积线芯支线，环绕成结状后，再把支线线头抽紧扳直，然后再紧密地并缠 6~8 圈，如图 1-13b 所示。对

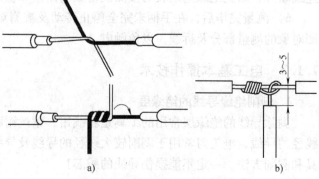

图 1-13　单股芯线的连接方法
a）直线连线　b）T 字分支连接

于较大截面线芯支线可在与干线线芯十字相交后直接紧密并缠 8 圈，剪去多余的线端，最后用绝缘胶布缠封。

（3）多股铜芯线的直接连接方法（适用于 7 股、19 股）

1）先剥去绝缘层将芯线拉直，将芯线头全长的 1/3 根部进一步绞紧，然后将余下的 2/3 根部的芯线头分散成伞骨状。

2）把两伞骨状线头隔股对叉（19 股可每两股对叉，必要时每端可剪去 3～5 根芯线），然后捏平两端每股芯线。

3）将一端芯线分组（7 股芯线按 2、2、3 股分成三组；19 股芯线分成 4～5 组），将第一组芯线扳直，然后按顺时针方向紧贴并缠两圈，再扳成与芯线平行的直角，接着再按相同方法紧缠第二组和第三组芯线。注意后一组芯线扳成直角时一定要紧贴前一组芯线已弯成直角的根部。最后剪去多余的线端，并用绝缘胶布缠封。如图 1-14 所示。

（4）多股铜芯线的 T 字分支连接方法　在剥去绝缘层后，把分支芯线线头的 1/8 处进一步绞紧，再将 7/8 处部分的芯线分成两组，将干线芯撬开并分成两组。将支线 4 股线的一股插入干线的两组芯线的中间（7 股芯线），然后把三股线芯的一组往干线一边按顺时针紧缠绕 3～4 圈，另一组 4 股线则按逆时针紧缠 4～5 圈，剪去多余部分最后用绝缘胶布缠封，如图 1-15 所示。

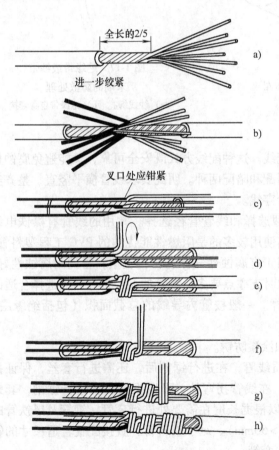

图 1-14　7 股芯线的直接连接

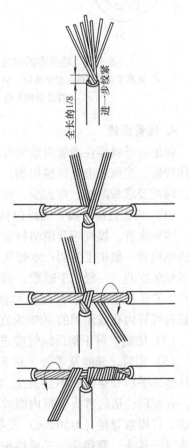

图 1-15　7 股芯线的 T 字分支连接

3. 绝缘电线绝缘层的恢复

采用包缠法，通常用黄蜡带或涤纶薄膜带作为恢复绝缘层的材料。绝缘带的宽度，一般选用20mm的一种，比较适中，包缠也方便。用在380V线路上的电线恢复绝缘时，必须先包缠1～2层黄蜡带（或涤纶薄膜带），然后再包缠一层黑胶带。用在220V线路上，先包缠一层黄蜡带（或涤纶薄膜带），然后再包缠一层黑胶带；也可只包缠两层黑胶带。包缠的方法和要求如图1-16所示。绝缘带或纱带包缠完毕后的末端用纱线绑扎牢固，或用绝缘带自身套结扎紧，方法如图1-17所示。黑胶带具有黏性可自作包封。

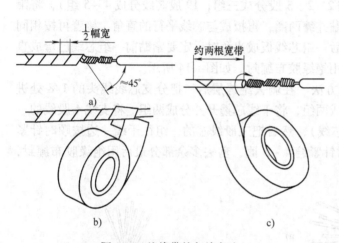

图1-16　绝缘带的包缠方法
a）绝缘带压入导线完整绝缘层　b）压叠半幅带宽
c）绝缘带衔接方法

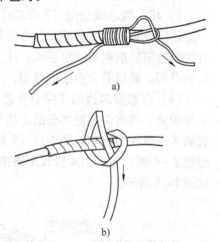

图1-17　绝缘带或纱带
末端的防散处理
a）纱线绑扎　b）绝缘带自身套接

4. 线管配线

将绝缘导线穿在线管内敷设称为线管配线。这种配线方式既安全可靠，又能避免腐蚀性气体侵蚀、光照和遭受机械损伤。它分为明配和暗配两种。明配要求线管横平竖直、整齐美观；暗配要求管路短、弯头少，便于施工和穿线。

（1）线管选择　线管选择包括线管类型选择和线管管径选择。常用的线管有黑铁电线管、镀锌水管、煤气管及硬塑料管等，目前使用较多的是阻燃性能优越的PVC工程塑料管。黑铁电线管一般用于照明；水煤气管一般用于有腐蚀性气体场所；硬塑料管的耐腐蚀性好，但机械强度差，一般用于暗敷，当用于明敷时支撑点要多。线管的型号选好后应选择合适的管径。它是根据导线的截面积和根数来选择。一般按管内导线的总截面积（包括绝缘层）不超过线管内孔截面积的40%为宜。

（2）防锈　对于钢质线管应进行除锈和涂漆防锈。

（3）锯管、套丝及弯管　对于钢及铁质线管，在进行锯割后，还需进行套丝，保证接头处连接平滑和穿线时不会发生卡线现象。在线管拐弯处，可以根据长度进行锯割，套螺纹，再配以合适的弯头（带内螺纹）；也可以根据长度在需要处进行弯管，钢管及黑铁管的弯曲，可用弯管器（≤50mm）或弯管机（＞50mm）。对于塑料管，直接配置合适尺寸的管接头（平接头、弯接头、三通接头）而无须弯管。

（4）固定　暗配管是在建筑施工浇灌混凝土时预埋固定其中。明配管可采用支架或膨胀管卡固定于墙面，注意应与暖气管保持一定的距离。

（5）清管穿线　在穿线前应对管路内进行清扫。清扫时可用 $2.5 \times 10^5 Pa$ 压力的压缩空气对已敷设好的管道进行吹气。穿线时，一般用铁丝或钢丝先穿入管中作引线，将要穿管的导线线头的绝缘层剥去，然后将导线绑扎在钢丝引线上，一边拉钢丝引线，一边同时往里送线，直到线头被拉出管口。

5. 绝缘导线类型和选用

绝缘导线按不同绝缘材料和不同用途，又分为：塑料线、塑料护套线、橡皮线、棉纱编织橡皮软线（即花线）、橡套软线和铅包线以及各种电缆等。

常用绝缘导线的结构和应用范围，如表 1-1 所列。

表 1-1　常用绝缘导线的结构和应用范围

结　构	型　号	名　称	用　途
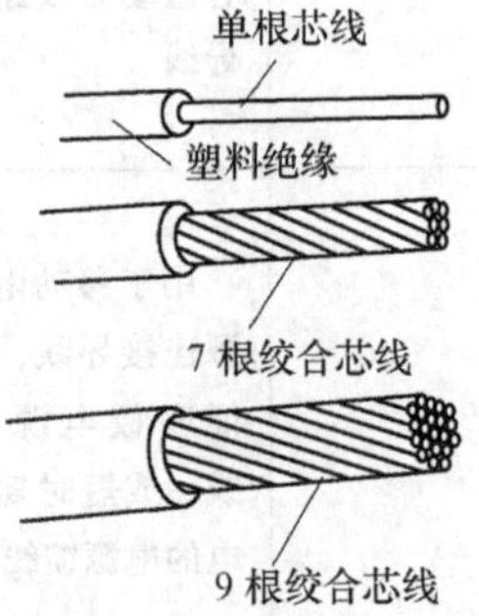 单根芯线　塑料绝缘　7根绞合芯线　9根绞合芯线	BV　BLV	聚氯乙烯绝缘铜芯线　聚氯乙烯绝缘铝芯线	用来作为交直流额定电压为 500V 及以下的户内照明和动力线路的敷设导线，以及户外沿墙支架线路的架设导线
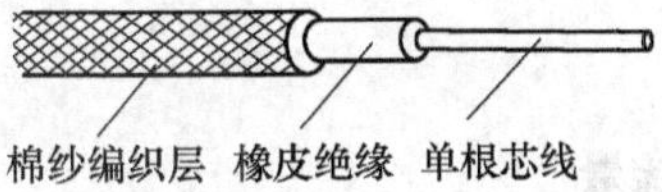 棉纱编织层　橡皮绝缘　单根芯线	BX　BLX	铜芯橡皮线　铝芯橡皮线　（俗称皮线）	
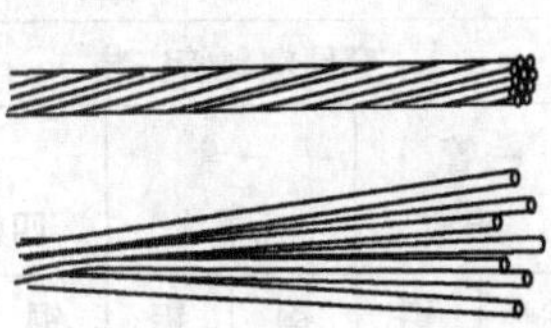	LJ　LGJ	裸铝绞线　钢芯铝绞线	用来作为户外高低压架空线路的架设导线；其中 LGJ 应用于气象条件恶劣，或电杆档距大，或跨越重要区域，或电压较高等线路场合
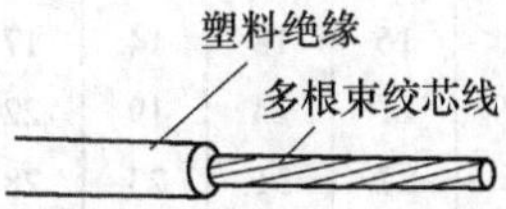 塑料绝缘　多根束绞芯线	BVR　BLVR	聚氯乙烯绝缘铜芯软线　聚氯乙烯绝缘铝芯软线	适用于不作频繁活动的场合的电源连接线；不能作为固定的、或处于活动场合的敷设导线
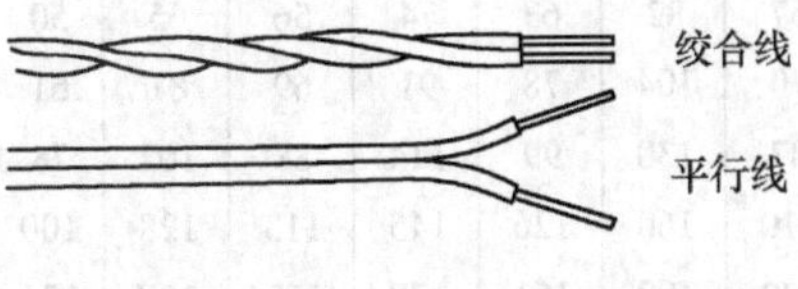 绞合线　平行线	RVB（或 RFB）　RVS（或 RFS）	聚氯乙烯绝缘双根平行软线（丁腈聚氯乙烯复合绝缘）　聚氯乙烯绝缘双根绞合软线（丁腈聚氯乙烯复合绝缘）	用来作为交直流额定电压为 250V 及以下的移动工具等的电源连接导线

（续）

结 构	型 号	名 称	用 途
棉纱编织层　橡胶绝缘　多根束绞芯线　棉纱层	BXS	棉纱编织橡皮绝缘双根绞合软线（俗称花线）	用来作为交直流额定电压为 250V 及以下的电热移动用电器（如小型电炉、电熨斗和电烙铁）的电源连接导线
塑料绝缘　塑料护套　双根芯线	BVV　BLVV	聚氯乙烯绝缘和护套铜芯双根或三根护套线　聚氯乙烯绝缘和护套铝芯双根或三根护套线	用来作为交直流额定电压为 500V 及以下的户内外照明和小容量动力线路的敷设导线
橡套或塑料护套　橡胶或塑料绝缘　麻绳填芯　4芯　芯线　3 芯	RHF　RH	氯丁橡套软线　橡套软线	用于移动电器的电源连接导线；或用于插座板电源连接导线；或短时期临时送电的电源馈线

常用绝缘导线的规格和安全载流量如表 1-2 所列。

表 1-2 常用绝缘导线的规格和安全载流量

				（1）塑料绝缘线安全载流量														（单位：A）	
导线截面积/mm²	固定敷设用的线芯		明线安装		穿钢管安装						穿硬塑料管安装									
	芯线股数/单股直径/mm	近似英规			一管二根线		一管三根线		一管四根线		一管二根线		一管三根线		一管四根线					
			铜	铝	铜	铝	铜	铝	铜	铝	铜	铝	铜	铝	铜	铝				
1.0	1/1.13	1/18#	17		12		11		10		10		10		9					
1.5	1/1.37	1/17#	21	16	17	13	15	11	14	11	14	11	13	10	11	9				
2.5	1/1.76	1/15#	28	22	23	17	21	16	19	13	21	16	18	14	17	12				
4	1/2.24	1/13#	35	28	30	23	27	21	24	19	27	21	24	19	22	17				
6	1/2.73	1/11#	48	37	41	30	36	28	32	24	36	27	31	23	28	22				
10	7/1.33	7/17#	65	51	56	42	49	38	44	34	49	36	42	33	38	29				
16	7/1.70	7/16#	91	69	71	55	64	49	56	43	62	48	56	42	49	38				
25	7/2.12	7/14#	120	91	93	70	82	61	74	57	82	63	74	56	65	50				
35	7/2.50	7/12#	147	113	115	87	100	78	91	70	104	78	91	69	81	61				
50	19/1.83	19/15#	187	143	143	108	127	96	113	87	130	99	114	88	102	78				
70	19/2.14	19/14#	230	178	177	135	159	124	143	110	160	126	145	113	128	100				
95	19/2.50	19/12#	282	216	216	165	195	148	173	132	199	151	178	137	160	121				

（续）

（2）橡皮绝缘线（皮线）安全载流量　　　　　　　　　　　（单位：A）

导线截面积/mm²	固定敷设用的线芯		明线安装		穿钢管安装						穿硬塑料管安装					
	芯线股数/单股直径/mm	近似英规			一管二根线		一管三根线		一管四根线		一管二根线		一管三根线		一管四根线	
			铜	铝	铜	铝	铜	铝	铜	铝	铜	铝	铜	铝	铜	铝
1.0	1/1.13	1/18#	18		13		12		10		11		10		10	
1.5	1/1.37	1/17#	23	16	17	13	16	12	15	10	15	12	14	11	12	10
2.5	1/1.76	1/15#	30	24	24	18	22	17	20	15	22	17	19	15	17	13
4	1/2.24	1/13#	39	30	32	24	29	22	26	20	29	22	26	20	23	17
6	1/2.73	1/11#	50	39	43	32	37	30	34	26	37	29	33	25	30	23
10	7/1.33	7/17#	74	57	59	45	52	40	46	34.5	51	38	45	35	40	30
16	7/1.70	7/16#	95	74	75	57	67	51	60	45	66	50	59	45	52	40
25	7/2.12	7/14#	126	96	98	75	87	66	78	59	87	67	78	59	69	52
35	7/2.50	7/12#	156	120	121	92	106	82	95	72	109	83	96	73	85	64
50	19/1.83	19/15#	200	152	151	115	134	102	119	91	139	104	121	94	107	82
70	19/2.14	19/14#	247	191	186	143	167	130	150	115	169	133	152	117	135	104
95	19/2.50	19/12#	300	230	225	174	203	156	182	139	208	160	186	143	169	130
120	37/2.00	37/14#	346	268	260	200	233	182	212	165	242	182	217	165	197	147
150	37/2.24	37/13#	407	312	294	226	268	208	243	191	277	217	252	197	230	178
185	37/2.50	37/12#	468	365												
240	61/2.24	61/13#	570	442												
300	61/2.50	61/12#	668	520												
400	61/2.85	61/11#	815	632												
500	91/2.62	91/12#	950	738												

（3）护套线和软导线的安全载流量　　　　　　　　　　　（单位：A）

导线截面积/mm²	护套线								软导线		
	双根芯线				三根或四根芯线				单根芯线	双根芯线	
	塑料绝缘		橡皮绝缘		塑料绝缘		橡皮绝缘		塑料绝缘	塑料绝缘	橡皮绝缘
	铜	铝	铜	铝	铜	铝	铜	铝	铜	铜	铜
0.5	7		7		4		4		8	7	7
0.75									13	10.5	9.5
0.8	11		10		9		9		14	11	10
1.0	13		11		9.6		10		17	13	11
1.5	17	13	14	12	10	8	10	8	21	17	14
2.0	19		17		13		12	12	25	18	17
2.5	23	17	18	14	17	14	16	16	29	21	18
4.0	30	23	28	21.8	23	19	21				
6.0	37	29			28	22					

（4）绝缘导线安全载流量的温度校正系数

环境最高平均温度/℃	35	40	45	50	55
校 正 系 数	1.0	0.91	0.82	0.71	0.58

注：表中（1）～（3）所列的安全载流量是根据线芯最高允许温度为35℃而定的；在实际空气环境温度超过35℃的地区（指当地最热月份的平均最高温度），导线的安全载流量应乘以表（4）所列的校正系数。

6. 导线的检查与保存

（1）检查

1）购买导线时，应先检查产品合格证及有关技术证是否齐全、产品型号、规格与说明书是否一致等。

2）导线盘装是否整齐、外表应光滑、成色应一致、粗细应均匀、绝缘层应均匀，无擦伤、划痕、起皮、毛刺、粗糙、发霉等异状。

（2）保存　对于暂时不用的导线，存放时应注意如下几点：

1）仓库应保持阴凉、干燥、通风、无日光直射、无有害气体、温度一般在 10~35℃ 之间。

2）堆放时下边应适当垫高，以便底层通风良好，且堆层不宜太高，以免底层导线久压变形。

3）聚氯乙烯绝缘导线还应设有防老鼠措施。

4）对于发霉绝缘导线，应放于通风处阴干后再用毛刷刷去霉迹。

5）导线的保管期限不应超过生产厂的保证期，最长不得超过 18 个月。

7. 绝缘材料

绝缘材料在使用过程中，由于受到各种因素的长期作用，会使其电气性能及力学性能变坏而老化。影响绝缘材料老化的因素很多，主要是热因素，使用时温度过高会加速绝缘材料的老化过程。因此，对各种绝缘材料都要规定它们在使用过程中的极限温度，以延缓材料的老化过程，保证电气产品的使用寿命。电工材料按极限温度可划分为 7 个耐热等级，如表 1-3 所示。若按其应用或工艺特征，则可划分为 6 大类，如表 1-4 所示。

表 1-3　绝缘材料的耐热等级和极限温度

等级代号	耐热等级	极限温度/℃	等级代号	耐热等级	极限温度/℃
0	Y	90	4	F	155
1	A	105	5	H	180
2	E	120	6	C	>180
3	B	130			

表 1-4　绝缘材料的分类

分类代号	材料类别	材料示例
1	漆、树脂和胶类	如 1030 醇酸浸渍漆、1052 硅有机漆等
2	浸渍纤维制品类	如 2432 醇酸玻璃漆布等
3	层压制品类	如 3240 环氧酚醛层压玻璃布板、3640 环氧酚醛层压玻璃布管等
4	压塑料类	如 4013 酚醛木粉压塑料等
5	云母制品类	如 5438-1 环氧粉云母带、5450 硅有机粉带等
6	薄膜、粘带和复合制品类	如 6020 聚酯薄膜、聚酰亚胺等

为了全面表示固体绝缘材料的类别、品种和耐热等级，用 4 位数字表示绝缘材料的型号。各位数字的含义如下：第一位数字为分类代号，以表 1-4 中的分类代号表示；第二位表示同一分类中的不同品种；第三位数字为耐热等级代号；第四位为同一种产品的顺序号，用

以表示配方、成分或性能上的差别。

8. 照明装置

（1）工厂常用的电光源

1）白炽灯：白炽灯是仅仅依靠钨丝通过电流加热到白炽状态而辐射发光的光源。它结构简单，价格低廉，可频繁的开关，使用方便，而且显色性好，应用极为广泛。缺点是发光效率低，寿命短，且不耐震。

2）卤钨灯：卤钨灯是在白炽灯泡内充入含有微量卤族元素或卤化物的气体，利用卤钨循环原理来提高光源的发光效率和使用寿命的一种新型光源。

3）荧光灯：荧光灯是利用汞蒸气在外加电压作用下产生弧光放电，发出少许可见光和大量紫外线，紫外线又激励灯管内壁涂的荧光粉，使之发出大量可见光的一种光源。

4）节能灯：又称紧凑型荧光灯。发光效率高，是白炽灯的5倍；寿命长，是普通灯泡的8倍；节能效果明显；体积小，安装方便。

5）LED灯：LED灯是电致发光的固体半导体光源。LED以质优、耐用、节能为主要特点，投射角度调节范围大，寿命长、抗高温、防潮防水、防漏电，耐冲击和防震动、无紫外和红外辐射，低电压下工作。LED灯的种类繁多，应用范围也很广泛。

6）高压汞灯：又称高压水银荧光灯，是一种高气压的汞蒸气放电光源。

7）高压钠灯：高压钠灯是一种高气压的钠蒸气放电光源。

8）其他气体放电光源：金属卤化物灯（钠铊铟灯、镝灯）、长弧氙灯。

（2）工厂常用电光源类型的选择　电光源类型的选择，应依照明要求和使用场所的特点而定，尽量选择高效、长寿光源。

1）灯的开关频繁、需要及时点亮或需要调光的场所，或者不能有频闪效应及需防止电磁波干扰的场所，宜采用白炽灯。若需要高照度时，亦可采用卤钨灯。

2）悬挂高度在4m以下的一般工作场所，考虑到电能的节约，宜优先选用荧光灯或LED灯。

3）悬挂高度在4m以上的场所，宜采用高压汞灯或高压钠灯；有高挂条件并需大面积照明的场所，宜采用金属卤化物灯或氙灯。

4）对一般生产车间、辅助车间、仓库、站房以及非生产性建筑物、办公楼、宿舍、厂区通道等，应优先选用简便价廉的白炽灯和荧光灯或LED灯。

5）在同一场所，如果用一种光源的显色性达不到要求时，可考虑采用两种或多种光源的混合光照明。

常用电光源的品种及应用概况如表1-5所示。

表1-5　常用电光源的品种及应用概况

类　别	特　点	应用场所
白炽灯	1. 构造简单，使用可靠，价格低廉，装修方便，光色柔和 2. 发光效率较低，使用寿命较短（一般仅1000h）	广泛应用于各种场所
碘钨灯	1. 发光效率比白炽灯高30%左右，构造简单，使用可靠，光色好，体积小，装修方便 2. 灯管必须水平安装（倾斜度不可大于4°），灯管温度高（管壁可达500~700℃）	广场、体育场、游泳池、工矿企业的车间、仓库、堆场和门灯，以及建筑工地和田间作业等场所

（续）

类　别	特　点	应　用　场　所
荧光灯	1. 发光效率比白炽灯高4倍左右，寿命长，比白炽灯长2～3倍，光色较好 2. 功率因数低（铁心电感镇流器的，功率因数仅0.5左右），附件多，故障率较白炽灯高	广泛应用于办公室、会议室和商店等场所
节能灯 （紧凑型荧光灯）	1. 发光效率高，是白炽灯的5倍 2. 寿命长，是普通灯泡的8倍 3. 节能效果明显 4. 体积小，安装方便	凡是白炽灯、荧光灯应用的场合均可使用，尤其是它的灯口和白炽灯相同，使用方便
LED灯	1. 发光效率高，是白炽灯的10倍 2. 寿命长，是普通灯泡的50倍 3. 节能，环保，无辐射 4. 价格略高（目前价格已经明显下降）	大部分白炽灯、节能灯应用的场合均可使用，尤其是它的灯口和白炽灯相同，使用方便
高压汞灯 （高压水银荧光灯）	1. 发光效率高，约是白炽灯的3倍，耐震耐热性能好，寿命约是白炽灯的2.5～5倍 2. 启辉时间长，适应电压波动性能差（电压下降5%可能会引起自熄，且再起动点燃时间较长）	广场、大型车间、车站、码头、街道、露天工厂、门灯和仓库等场所
管形氙灯 （小太阳）	1. 功率极大，自几千瓦至数十万瓦，体积小，寿命长 2. 灯管温度高，需配用触发装置	大型广场、车站和码头，以及大型体育场和工地等场所

9. 开关及插座的安装

根据导线的敷设方式，开关及插座的安装方法有两种：凸出式和嵌入式。

（1）凸出式安装　该方法主要是针对明敷导线安装开关和插座，其方法如下：

1）将木台（俗称圆木）固定在混凝土的预埋木砖上或木质墙壁上，若墙中无预埋木砖，可用大冲击钻头在墙上钻孔，然后将木楔用手锤打入孔中，将穿好导线的木台固定在木楔上。

2）木台固定好后，将开关或插座用木螺钉固定在木台上。在安装时应使开关向上操作为接通，向下操作为断开。对于插座应按规定接线：对单相双孔插座，当双孔竖直排列时，上孔接相线，下孔接零线；当双孔水平排列时，左孔接零线，右孔接相线；而对单相三孔插座，上孔接保护线（接地或接零），左孔接零线，右孔接相线。

（2）嵌入式安装　该方法适用于暗敷导线的开关和插座的安装，它要求在建房子时应将开关及插座的接线盒预埋到墙体中。对于已建成的墙体采用这种方法安装开关和插座时，因后埋的接线盒不牢固而影响安装质量和用户的正常使用，故很少用。在安装时应注意开关及插座的接线规定要求。

（3）线头与接线柱的连接

1）常用的接线柱有两种形式，即针孔式和螺钉平压式，如图1-18所示。

2）小截面积铝芯导线与接线柱连接时，必须留有能供再剖削2～3次线头的长度，否则线头断裂后无法再与接线柱连接。留出余量导线，要按图1-19所示盘绕成弹簧状。

3）小截面积导线与平压式接线柱连接时，必须把线头弯成羊眼圈，羊眼圈的弯曲方向应与螺钉拧紧方向一致。如图1-20所示。羊眼圈内径不可太大以防拧紧时散开。

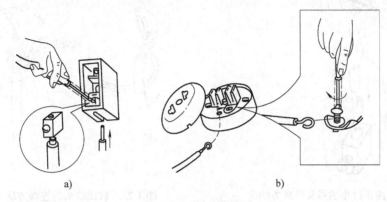

图1-18　接线柱形式
a）针孔式　b）螺钉平压式

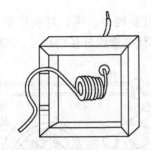

图1-19　余量导线的处理方法

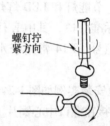

图1-20　羊眼圈的安装

4）较大截面积导线与平压式接线柱连接时，线头必须装上接线鼻，由接线鼻再与接线柱连接。接线鼻与导线的压接方法如图1-21所示。

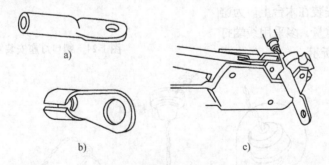

图1-21　接线鼻与压接方法
a）大载流量用接线鼻　b）小载流量用接线鼻　c）铝芯导线与接线鼻的压接方法

5）芯线线头与针孔的直径不相配时，截面积过小的单股芯线，按图1-22所示方法折弯。

6）软线线头与接线柱连接时，不允许有芯线松散和外露现象。在平压式接线柱上连接时，应按图1-23所示方法进行连接，以保证连接牢固。

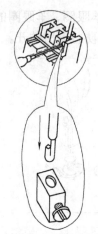

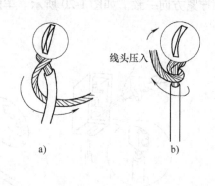

线头压入

图 1-22　截面积过小的线头处理方法　　　　图 1-23　软线线头的连接方法
　　　　　　　　　　　　　　　　　　　　a）围绕螺钉后，再自缠　b）自缠一圈后线头压入螺钉

10. 白炽灯、节能灯和 LED 灯的安装

　　白炽灯、节能灯和 LED 灯灯泡有插口灯头和螺口灯头两种，螺口灯头中常见的是 E27 和 E14 两种标准灯口，其中 E 代表螺纹口，后面的数字代表螺纹外径的尺寸，E27 是家用最常见的灯头型号，E14 常用于水晶灯或小台灯。

　　螺口灯座安装实例如图 1-24 所示。接线时相线应接在螺口中心铜片上，零线应接在灯座螺纹上，否则容易发生触电事故。吊灯灯座安装必须使用的塑料软线（或花线），安装时必须把多股的芯线拧绞成一体，接线柱上不应有外露芯线，挂线盒必须安装在木台上。为避免芯线承受吊灯的重量，多采用线端打结方法，如图 1-25 所示。

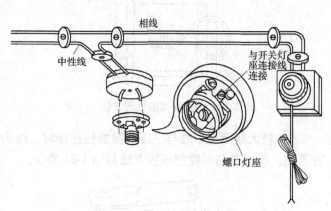

相线　　　　　　　　　　与开关灯
中性线　　　　　　　　　座连接线
　　　　　　　　　　　　连接

螺口灯座

图 1-24　螺口灯座安装实例

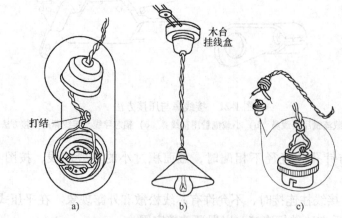

木台
挂线盒

打结

a）　　　　　　　　b）　　　　　　　　c）

图 1-25　避免芯线承受吊灯重量的方法
a）挂线盒安装　b）装成的吊灯　c）灯座安装

11. 荧光灯的安装

荧光灯俗称日光灯，是应用比较广泛的一种光源。传统荧光灯由灯管、辉光启动器、镇流器、灯架和灯座等组成，如图1-26所示。现代荧光灯使用比较多的是电子镇流器，这种镇流器是采用电子技术驱动电光源，使之产生所需照明的电子设备，电子镇流器通常可以兼具辉光启动器功能，故此这种荧光灯可以省去单独的辉光启动器。

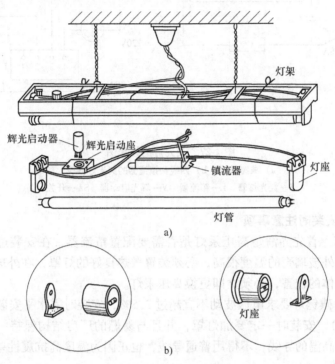

图 1-26　荧光灯
a）组件构成和布线　b）弹簧式灯座

荧光灯的附件要与灯管功率、电压和频率等相适应。常用附件选配如表1-6所列。

表1-6　荧光灯附件的选配

灯　　管				镇　流　器				辉光启动器	电容器
标称功率/W	工作电压/V	工作电流/A	起辉电流/A	规格/W	工作电压/V	工作电流/A	起辉电流/A	规格/W（额定电压为220V）	容量/μF（额定电压为250V）
6	50	0.135	0.18	6	202	0.14	0.18	4～8（或4～40通用型）	—
8	60	0.20	0.20	8	200	0.16	0.20		—
15	50	0.44	0.44	15	202	0.33	0.44	15～20（或4～40通用型）	2.5
20	60	0.50	0.50	20	196	0.35	0.50		
30	89	0.56	0.56	30	180	0.36	0.56	30～40（或4～40通用型）	3.75
40	108	0.65	0.65	40	165	0.41	0.65		4.75

荧光灯的安装分吸顶式、吊链式及钢管悬吊式等，前两种比较普遍，使用时应注意镇流器的型号及接线，特别是带有副线圈的镇流器，应严格按照说明书接线，因镇流器是一个大

电感，功率因数低，必要时在荧光灯的相线及零线上配用一只电容器以提高功率因数，电容器容量的选配见表1-6最右侧一列。其接线图如图1-27所示，开关一定要接在相线侧。

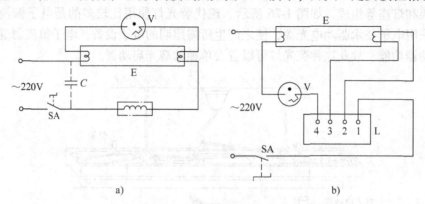

图1-27　荧光灯的接线图

a）典型接线　b）四线头镇流器的荧光灯接线

E—荧光灯管　L—镇流器　V—辉光启动器　SA—开关

12. 其他灯具安装时注意事项

（1）高压汞灯　首先弄清楚高压汞灯是否需要配置镇流器，在安装过程中，高压汞灯要垂直安装。因其外玻璃壳的温度很高，必须装置散热良好的灯罩，在外玻璃壳破碎后为防止大量紫外线对人体的伤害，必须立即更换高压汞灯。

（2）碘钨灯　碘钨灯要求电压波动不宜超过2.5%，安装时需水平安装，由于灯管的温度较高（近600℃），安装时一定要加灯罩，并且与易燃的厂房结构保持一定的距离，其灯脚引线必须采用耐高温的导线，不得用普通导线，也正因为温度高抗震性差故不能作为移动光源来使用。

（3）金属卤化物灯　金属卤化物灯通常有钠铊铟灯及镝灯，使用时通常都需附加镇流器，其接线与高压汞灯类似，在使用时应严格按照说明书的要求进行。

金属卤化物灯对线路电压要求较高，电压波动一般控制在5%范围内，在使用时还必须配置玻璃罩，以防止紫外线辐射伤害人体，若无玻璃罩，悬挂高度不低于14m。管形镝灯安装方法有三种：水平点燃；垂直点燃且灯头在上；垂直点燃且灯头在下。在安装时若将垂直点燃的灯水平安装，灯很容易爆裂；而将灯头方向调错，则光色将会偏绿。与碘钨灯一样，金属卤化物灯的玻璃壳温度很高，必须考虑散热条件。

（4）低压安全灯　一般工作环境的照明采用220V的灯具，但在工作环境恶劣的场所，局部照明采用电压为24V以下的低压安全灯，对于井下、工作地点狭窄、金属容器内工作的场所，其携带式照明灯不高于12V，通常采用6V的照明，电源由专用的行灯变压器供给，该行灯变压器必须是双绕组变压器，保证一次侧、二次侧之间只有磁联系而不存在直接电联系，同时要求该变压器的高压侧必须装设熔断器。

携带式低压安全灯，安装及使用时必须注意如下几点：

1）灯体及手柄使用坚固的耐热及耐湿绝缘材料制成。

2）灯体、灯座、灯泡安装可靠，不允许出现转动及松动情况。

3）灯泡应该设有可靠保护网罩，一般选用金属保护网，且保护网的上端应固定在灯具的绝缘部分上，保护网必须用专用工具方可取下。

4）电源导线应选用软电缆，禁止用带开关的灯头。

13. 照明电路导线选择

照明线路属于室内配线，分明配线和暗配线两种。明配线指导线沿墙壁、天花板、木桁架及柱子等明敷设；暗配线是导线穿管埋设在墙内、地坪内进行敷设。

照明配线的一般要求：

1）所使用导线的额定电压应大于线路的工作电压。

2）配线时应尽量避免导线有接头。

3）明配线路在建筑物上应水平或垂直敷设。水平敷设时导线距地面不小于2.5m；垂直敷设时导线距地面不小于2m。若不满足上述条件导线应穿钢管或PVC管。

4）导线穿过楼板时，应穿钢管的长度是从楼板2m高处到楼板下出口处为止。

5）导线穿过墙壁时要用瓷套管保护，且瓷套管两端分别超出墙面不小于10cm。

6）当导线互相交叉时，为避免碰线在每根导线上套上绝缘套管，并将管固定牢靠，不使其移动。

14. 低压配电箱的安装

低压配电箱一般由量电装置和配电装置组成。量电装置通常由进户总熔断器、电能表和电流互感器等部分组成。低压配电装置一般由控制开关、过载和短路保护电器等组成，容量较大的还装有隔离开关。

一般总熔断器装在进户的墙上，而将电流互感器、电能表、控制开关、短路和过载保护电器均装在同一块配电板上，如图1-28所示。

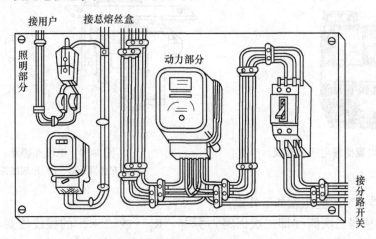

图1-28　低压配电箱的安装

（1）总熔丝盒的安装　常用的总熔丝盒分铁皮盒式和铸铁壳式。熔断器的规格有10A、30A、60A、100A、200A和500A。安装时必须注意以下几点：

1）总熔丝盒应安装在进户管的户内侧。

2）总熔丝盒内熔断器的上接线柱，应分别与进户线的电源相线连接，接线桥的上接线柱应与进户线的电源中性线连接。

3）总熔丝盒后如安装多台电能表，则在每台电能表前级应分别安装分熔丝盒。

（2）漏电保护器的安装　有的低压配电箱装有漏电保护器。漏电保护器是漏电断路器、漏电开关等的统称。主要用在发生人身触电或漏电时，迅速切断电源，包括保障人身安全、防止人触及带电设备金属外壳、相线等而酿成触电伤亡事故；防止接地故障或严重漏电故障而酿成火灾或爆炸事故。它是防止人身触电及防止漏电的一种重要保护电器。电气设备漏电时，会发生两种异常现象；一是不带电的金属部分（外壳）出现较高的对地电压，在 380V 或 220V 的系统中，一相漏电，外壳对地电压达到 20 ~ 40V 以上；二是设备对地的泄漏电流剧增，出现不平衡电流。漏电保护器就是通过检测机构，分别取得这些异常信号，经过中间转换与放大，传递到执行机构，将电源自动切断，从而起到保护作用的。

漏电保护器按工作原理分，有电压型漏电开关、电流型漏电开关、电流型漏电继电器等。电流型漏电开关又有电磁式和电子式两种，前者漏电电流直接流过脱扣器操作主开关，后者是将漏电电流转换后驱使脱扣器动作。电子式电流型漏电开关如图 1-29 所示。

漏电保护器应垂直安装，电源进线必须接在漏电保护器的上方，即标有"电源"的一端；出线应接在下方，即标有"负载"的一端。如果进线与出线接错，俗称"反送电"，漏电保护器会被损坏。安装漏电保护器以后，被保护设备的金属外壳仍应采用保护接地或保护接零。

特别要注意的是，装设漏电保护器，仅是安全用电的有效措施，绝不能认为安装它就万无一失了，只有在严格安全制度条件下，辅助用漏电保护器才是上策。

（3）电流互感器的安装　电流互感器是一种可以将一次侧的大电流变为二次侧的小电流，供测量或继电保护用的专用变压器。其外形与原理图符号如图 1-30 所示。

图 1-29　电子式电流型漏电开关外观

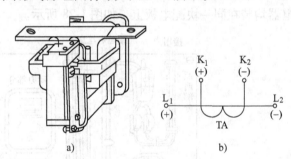

图 1-30　电流互感器
a) 互感器外形　b) 原理图符号

电流互感器安装时应注意如下几点：

1）电流互感器二次侧（即二次回路）标有"K_1"或"＋"的接线柱要与电能表电流线圈的进线柱连接，标有"K_2"或"－"的接线柱要与电能表的出线柱连接，不可接反；电流互感器的一次侧（即一次回路）标有"L_1"或"＋"的接线柱，应接电源进线，标有"L_2"或"－"的接线柱应接电源出线。

2）电流互感器二次侧的"K_2"或"－"接线柱、外壳和铁心都必须可靠的接地。

3）电流互感器应装在电能表的上方。

（4）电能表的安装　电能表有单相电能表和三相电能表两种。三相电能表又有三相三线和三相四线制电能表两种。直接式三相电能表常用的规格有 10A、20A、30A、50A、75A 和 100A 等多种，一般用于电流较小的电路中；间接式三相电能表常用的规格为 5A，与电流互感器连接后，可用于电流较大的电路上。

1）电能表的安装要求

① 电能表要安装在干燥、无振动和无腐蚀性气体的场所，必须安装得垂直于地面，表板的下沿离地一般不低于 1.3m，大容量表板的下沿离地允许放低到 1~1.2m，但不可低于 1m。

② 电能表应安装在配电装置的左方或下方，切不可装在右方或上方。若需并列安装多只电能表时，两表的中间距离不得小于 200mm。

③ 电能表总线截面积的选用方法与进户线相同，但其最小截面积不得小于 $1.5mm^2$，并规定必须采用铜芯塑料硬线，自总熔丝盒至电能表之间的敷设长度，不宜超过 10m。

④ 电能表总线中间不准有接头，但三相四线制电能表或三个组合使用的单相电能表，其中性线允许采用"T"字形连接。

⑤ 电能表总线必须明线敷设，采用线管安装时，线管也必须明装，在进入电能表时，一般以"左进右出"原则接线。

2）单相电能表的接线

单相电能表共有 4 个接线桩，从左到右按 1、2、3、4 编号。接线时一般按号码 1、3 接电源进线，2、4 接电源出线，如图 1-31 所示。

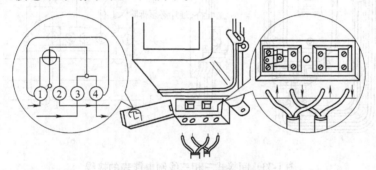

图 1-31　单相电能表的接线

也有些电能表的接线方法按号码 1、2 接电源进线，3、4 接电源出线，所以具体的接线方法应参照电能表接线桩盖子上的接线图。

3）三相电能表的接线

① 直接式三相四线电能表的接线。这种电能表共有 11 个接线桩，从左到右按 1、2、3、4、5、6、7、8、9、10、11 编号；其中 1、4、7 是电源相线的进线桩，用来连接从总熔丝盒下引来的三根相线；3、6、9 是相线的出线桩，分别接总开关的三个进线桩；10、11 是电源中性线的进线柱头和出线柱头；2、5、8 三个接线柱可空着，如图 1-32 所示。

② 间接式三相三线制电能表的接线。这种电能表只需配两只相同规格的电流互感器，接线时

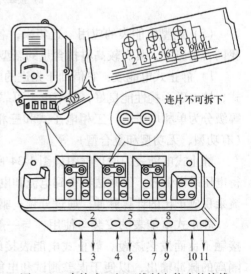

图 1-32　直接式三相四线制电能表的接线

把从总熔丝盒下接线柱引出来的三根相线中的两根相线，分别与两只电流互感器一次侧的"＋"接线柱头连接。同时从该两个"＋"接线桩头用铜芯塑料硬线引出，并穿过钢管分别接到电能表2、7接线柱上，接着从两只电流互感器的二次侧"＋"接线柱用两根铜芯塑料硬线引出，并穿过另一根钢管分别接到电能表1、6接线柱；然后用一根导线从两只电流互感器二次侧的"－"接线柱引出，穿过后一根钢管接到电能表的3、8接线柱上，并应把这根导线接地，最后将总熔丝盒下余下的一根相线和从两只电流互感器的一次侧的"－"接线桩头引出的两根绝缘导线，接到总开关的三个进线柱上，同时从总开关的一个进线柱（总熔丝盒引入的相线桩头）引出一根绝缘导线，穿过前一根钢管接到电能表4接线桩上，如图1-33所示。同时注意应将三相电能表接线盒内的两个连片都拆下。

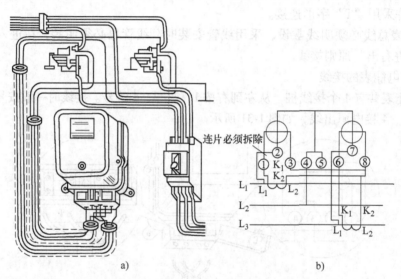

图1-33　间接式三相三线制电能表的接线
a）接线外形图　b）接线原理图

（5）新型电能表的应用　近年来，各种新型电能表已广泛应用，在此简要介绍几种由我国自主研发，具有较高科技含量的新型电能表。

1）静止式电能表：它借助于先进的电子电能计量机理，采用全密封、全屏蔽的结构型式，抗电磁干扰性能良好，集节电、可靠、轻巧、高精度、高过载、防窃电为一体。按电压等级分为单相电子式、三相电子式和三相四线电子式等；按用途可分为单一式和多功能式（有功型、无功型和复合型）等。

静止式电能表的原理框图如图1-34所示，它是由分流器取得电流采样信号，分压器取得电压采样信号，经乘法器得到电流和电压乘积信号，再经频率变换产生一个频率与电压电流乘积成正比的计算脉冲，通过分频，驱动步进电动机，使计度器计量。

静止式电能表的安装与使用，与一般机械式电能表大致相同，但其接线宜粗，避免因接触不良而发热烧毁。静止式电能表接线示意图如图1-35所示。这种电能表一般有光电隔离的脉冲输出，以便于误差测试和电能数据的采集。1、2间是电流取样，1、3间是电压取样。

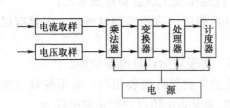

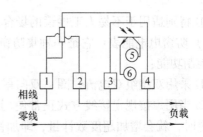

图 1-34　静止式电能表原理框图　　　　图 1-35　静止式电能表接线示意图

2）电子式预付费电能表：它又称 IC 卡表或磁卡表。它是采用最新微电子技术研制的新型电表，其用途是计量频率为 50Hz 的交流有功电能，同时完成先买电后用电的预付费用电管理及负荷控制功能，避免抄表和催收电费，大大提高了工作效率，是我国改革用电体制、实现电能商品化、有效控制和调节电网负荷的理想产品。除此之外它具有以下控制功能：

① 预购电量功能和剩余电量显示功能。

② 当剩余电量小于一级告警值（默认值为 10 度，1 度 = 1kW·h）时声光告警，小于二级告警值（默认值为 3 度）时拉闸告警（插入 IC 卡后可恢复），提醒用户急需购电。

③ 当电能值超过定值后自动断电，插入 IC 卡后可恢复。

④ 实行一户一卡制，具有良好的防伪性，当 IC 卡丢失时，可进行补卡操作。

⑤ 当电表需要销户时，可用清除卡将该电能表的信息清除。

⑥ 采用光耦隔离输出检测信号，用发光二极管指示用电。

IC 卡预付费电能表由电能计量和微处理器两个主要功能模块组成。电能计量功能模块使用分流-倍增电路，产生用来表示用电多少的脉冲序列，送至微处理器进行电能计量；微处理器则通过电卡接口与电能卡（IC 卡）传递数据，实现各种控制功能，其工作原理框图如图 1-36 所示。IC 卡预付费电能表也有单相和三相之分，单相预付费电能表的接线如图 1-37 所示，1、2 接电源的相线和零线，3、4 接负载，5、6（C、O）是光电隔离的脉冲输出端子。

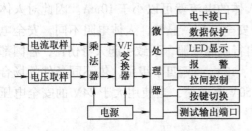

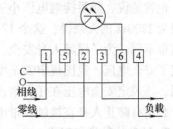

图 1-36　电卡预付费电能表工作原理框图　　　图 1-37　单相电卡预付费电能表接线图

3）单相载波电能表（机电一体化电能表）：它可将用户用电信息通过低压电网传送到智能抄表集中器进行存储，电管部门通过电话网可读取集中器所存储的信息，实现远程自动抄表。它具有以下特点和控制功能：

① 可靠性高、负荷宽、功耗低、体积小、重量轻、便于安装和管理。

② 准确度不受频率、温度、电压、高次谐波的影响，起动电流小、无潜动，寿命长（>20 年）。

③ 采用无线抄表方式，可实现无线抄表及功能设置。

④ 特别适用于不易人工抄读的场合，并可方便地组成无线自动抄表系统。

4）防窃电电能表：它是一种集防窃电与计量功能于一体的新型电能表，主要有以下特点和控制功能：

① 采用双绕组双电流线圈，双向累加计度器，实现双向计量电能功能。

② 当用户按规定接线方式正常使用时，其性能参数与普通表相同；若不按规定接线企图窃电时，就会增加超度数计量，即加快运转，以催促非法用电户停止窃电行为。

③ 可准确地测量正负两个方向的有功功率，且以同一个方向累计电能，具有防各种方式窃电的功能。

5）长寿式机械电能表：它是在充分吸收国内外电能表设计、选材和制造经验的基础上开发的新型电能表。在结构上采取了很多措施，使得它具有寿命长、功耗低、负载宽、准确度高等优点。

1.1.4　电工安全知识

随着社会的发展，电气设备在工农业生产及日常生活中的应用日益广泛，但是，随之而来的用电安全的矛盾越来越突出。由于对电气设备使用不合理，安装不妥、维修不及时或使用电气设备的人员缺乏必要的电气安全知识，不仅会浪费电能，而且会出现设备损坏、停电、触电等事故，造成严重后果。

1. 人体的电阻和安全电压

（1）人体的电阻　在皮肤干燥和无伤口的情况下，人体电阻可达 40~400kΩ。皮肤出汗时，约为 1kΩ 左右，若出现伤口，可降低到 800Ω 左右。

（2）安全电压　加在人体上一定时间内不致造成伤害的电压叫安全电压。人体在通过 10mA 以下工频交流电流时是较为安全的，我们便把 10mA 以下的电流定为安全电流。为使通过人体的电流保证在 10mA 以下，若取人体电阻为 1200Ω，则接触电压是

$$U = IR = (0.01 \times 1200)V = 12V$$

也就是说，如果接触电压小于 12V，则通过人体的电流就可以小于 10mA。因此对人体电阻为 1200Ω 的人来说，这个 12V 电压就是一个安全电压。显然，人体电阻不同，安全电压值也不同。为了保障人身安全，使触电者能够自行脱离电源，不致引起人身伤亡，各国都规定了安全电压。我国规定安全电压有 36V、24V、12V、6V 四个级别，供不同条件的场合使用。还规定安全电压在任何情况下均不得超过 50V 有效值，当使用大于 24V 的安全电压时，必须有防止人身直接触及带电体的保护措施。

2. 触电的种类和形式

（1）触电的种类

1）电击：电击是电流对人体内部组织造成的伤害，是最危险的触电伤害，绝大多数触电死亡事故都是由电击造成的。

2）电伤：电伤是指触电后人体外表的局部创伤，分灼伤、电烙印和皮肤金属化三种。

（2）影响触电危险程度的主要因素

1）通过人体的电流强度对电击伤害的程度有决定性作用：通过人体的电流越大，人体的生理反应越明显，感觉越强烈，从而引起心室颤动的时间越长，致命的危险就越大。

2）电流通过人体持续时间对人体的影响：时间越长，电流对人体组织的破坏越严重，

对心脏的危险性越大。

3）作用于人体的电压对人体的影响：随着作用于人体的电压升高，人体电阻急剧下降，致使电流迅速增加，从而对人体的伤害更为严重。

（3）人体的触电方式

人体触电一般分与带电体直接接触触电、跨步电压触电、接近高电压触电等几种形式。

1）人体与带电体接触触电：人体与电气设备的带电部分接触触电分为单相触电和两相触电。当人体的某一部分碰到相线（俗称火线），另一部分碰到中性线时构成单相触电，作用于人体上的电压为220V；若碰到两根相线时，构成两相触电，作用于人体上的电压为380V。

2）接触电压触电：接触电压是指人站在发生接地短路故障设备或断线的附近，其手与故障设备直接接触，手、脚之间因承受电压而发生触电。

3）跨步电压触电：当电气设备或线路发生接地短路故障时，在地面上半径为20m的范围内形成电位不同的同心圆（圆心为接地短路点），半径越小的圆周上，其电位越高。若人在这一区域里行走，其两脚之间有电位差从而发生跨步电压触电。

3. 触电的急救处理

当触电者脱离电源后，应立即进行现场紧急救护，同时赶快派人请医生前来抢救。

（1）触电者的伤害较轻　触电者神志尚清醒，应使其就地躺平，严密观察，暂时不要站立或走动。若触电者神志不清，应就地仰面躺平，且确保气道通畅，并用5s时间，呼叫伤员或轻拍其肩部，以判定伤员是否意识丧失。禁止摇动伤员头部呼叫伤员。

（2）触电者的伤害较严重　若触电者意识丧失，应在10s内，用看、听、试的方法，判定伤员呼吸心跳情况。着重检查触电者的双目瞳孔是否放大，看伤员的胸部、腹部有无起伏动作；用耳贴近伤员的口鼻处，听有无呼气声音；试测口鼻有无呼气的气流。再用两手指轻试一侧（左或右）喉结旁凹陷处的颈动脉有无搏动。若看、听、试结果，既无呼吸又无颈动脉搏动，可判定呼吸心跳停止。其对触电者的检查如图1-38所示。

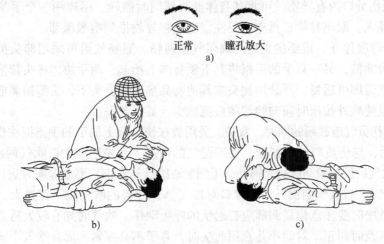

图1-38　对触电者的检查

a）检查瞳孔　b）检查呼吸　c）检查心跳

（3）触电者的呼吸和心跳均已停止　触电者完全失去知觉时，则需采用口对口人工呼吸和人工胸外挤压心脏两种方法同时进行。若现场仅有一人抢救时，按照每按压15次后吹气2次（15∶2）的节奏，反复进行；若双人抢救时，每按压5次后由另一人吹气一次（5∶1），反复进行。

在上述急救中，应尽可能地在现场进行，只有在现场危及安全时，才允许将触电者转移到安全的地方进行急救，在运送医院的途中，这种急救也不应该间断。

（4）人工呼吸法抢救　人工呼吸法有多种，通常采用口对口（或口对鼻）人工呼吸法，如图1-39所示。

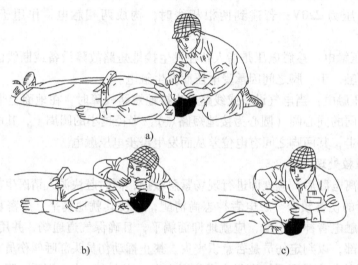

a)

b)　　　　　　　　　　　　　　c)

图1-39　口对口（或口对鼻）人工呼吸法
a）触电者平卧姿势　b）急救者吹气方法　c）触电者呼气姿势

1）首先迅速解开触电者的衣领、裤带，松开其上身的紧身衣、护胸和围巾等，使其胸部能自由扩张，不妨碍呼吸。

2）如发现伤员口内有异物，可将其身体及头部同时侧转，迅速用一个手指或用两手指交叉从口角处插入，取出异物；操作中要注意防止将异物推到咽喉深部。

3）触电者呼吸停止，重要的是始终确保气道通畅。通畅气道可采用仰头抬颏法。用一只手放在触电者前额，另一只手的手指将其下颌骨向上抬起，两手协同将头部推向后仰，舌根随之抬起，气道即可通畅。严禁用枕头或其他物品垫在伤员头下，头部抬高前倾，会更加重气道阻塞，且使胸外按压时流向脑部的血流减少，甚至消失。

4）在保持伤员气道通畅的同时，救护人员用放在伤员额上的手的手指捏住伤员鼻翼，救护人员深吸气后，与伤员口对口紧合，在不漏气的情况下，先连续大口吹气两次，每次1～1.5s。若两次吹气后试测颈动脉仍无搏动，可判断心跳已经停止，要立即同时进行胸外按压。

5）除开始时大口吹气两次外，正常口对口（鼻）呼吸的吹气量不需过大，以免引起胃膨胀。吹气和放松时要注意伤员胸部应有起伏的呼吸动作。吹气时如有较大阻力，可能是头部后仰不够，应及时纠正。对幼小儿童用此法时，鼻子不必捏紧，而且吹气不能过猛。

6）若触电伤员牙关紧闭，可口对鼻人工呼吸。口对鼻人工呼吸吹气时，要将伤员嘴唇紧闭，防止漏气。

（5）人工胸外按压心脏法

1）正确的按压位置是保证胸外按压效果的重要前提。确定正确按压位置的方法如下：

① 右手的食指和中指沿触电伤员的右侧肋弓下缘向上，找到肋骨和胸骨接合处的中点。

② 两手指并齐，中指放在切迹中点（剑突底部），食指平放在胸骨下部。

③ 另一只手的掌根紧挨食指上缘，置于胸骨上，即为正确按压位置。

2）正确的按压姿势是达到胸外按压效果的基本保证。正确的按压姿势如下：

① 使触电伤员仰面躺在平硬的地方，救护人员立或跪在伤员一侧肩旁，救护人员的两肩位于伤员胸骨正上方，两臂伸直，肘关节固定不屈，两手掌根相叠，手指翘起，不接触伤员胸壁。

② 以髋关节为支点，利用上身的重力，垂直将正常成人胸骨压陷 3～5cm（儿童和瘦弱者酌减）。

③ 压至要求程度后，立即全部放松，但放松时救护人员的掌根不得离开胸壁。按压必须有效，有效的标志是按压过程中可以触及颈动脉搏动。其挤压法如图 1-40 所示。

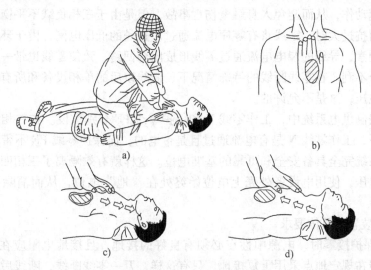

图 1-40 胸外心脏挤压法

a）急救者跪跨位置 b）急救者压胸的手掌位置 c）挤压方法示意 d）突然放松示意

这种救护动作要求反复不停地对触电者的心脏进行按压和放松，每分钟约 100 次左右为宜，每次按压和放松的时间相等。挤压时定位要准确，用力要适当，既不能用力过猛，以免将胃中的食物也挤压出来，堵塞气管，影响呼吸，或折断肋骨，损伤内脏；又不可用力太小，达不到挤压血液的作用。

在实行人工呼吸和心脏挤压时，抢救者应密切观察触电者的反应。在按压吹气 1min 后（相当于单人抢救时做了 4 个 15：2 压吹循环），应用看、听、试方法在 5～7s 时间内完成对伤员呼吸和心跳是否恢复的再判定。若判定颈动脉已有搏动但无呼吸，则暂停胸外按压，而再进行两次口对口人工呼吸，接着每 5s 吹气一次（即每分钟 12 次）。若脉搏和呼吸均未恢复，则继续坚持心肺复苏法抢救。在抢救过程中，要每隔数分钟再判定一次，每次判定时间均不得超过 5～7s。一旦发现触电者有苏醒特征，如眼皮闪动或嘴唇微动，就应中止操作几秒钟，以让其自行呼吸和心跳。在现场中，这种救护工作对抢救者来说，是非常疲劳的，往往长达数小时之久，对触电形成的假死，一定要坚持救护，直到触电者复苏或医务人员前来救治为止。在医务人员未接替抢救前，现场抢救人员不得放弃现场抢救。只有医生才有权宣布触电者真正死亡。

4. 接地和接零

（1）保护接地　即将设备或装置的金属外壳用导线与接地装置相连接。由于电气设备金属外壳接地电阻比人体电阻小得多，即使人体触及漏电设备的金属外壳而发生触电，其危险程度比电气设备未采取接地保护时人体触及漏电设备的金属外壳要小得多。

（2）工作接地　为了保证电气设备能安全工作，必须把电力系统某一点接地，比如将变压器的中性点接地。这种接地可直接接地，也可经电阻、消弧线圈接地。

（3）保护接零

1）保护接零的作用：在三相四线制中性点直接接地的低压电网中（即380V/220V低压电网），如果将电气设备在正常情况下不带电的金属外壳与低压系统中的零线相连接，当其中一相绝缘损坏而使外壳带电时，单相接地短路电流通过该相与中性线构成回路，该电流足以使熔断器快速动作，从而避免人身触电伤亡事故。但是由于三相负载不平衡时和低压电网的零线过长且阻抗过大时，零线将有零序电流通过。过长的低压电网，由于环境恶化、导线老化、受潮等因素，导线的漏电电流通过零线形成闭合回路，致使零线也带一定的电位，这对安全运行十分不利。在零线断线的特殊情况下，断线以后的单相设备和所有保护接零的设备产生危险的电压，这是不允许的。

在三相五线制供电系统中，工作零线 N 和保护零线 PE 分别敷设。在三相负载不完全平衡的运行情况下，工作零线 N 是有电流通过且是带电的，而保护零线 PE 不带电，因而该供电方式的接地系统完全具备安全和可靠的基准电位。这样就有效隔离了三相四线制供电方式所造成的危险电压，使用电设备外壳上电位始终处在"地"电位，从而消除了设备产生危险电压的隐患。

2）对接零装置的具体要求

① 当采用保护接零时，电源中性点必须有良好的接地，且接地电阻应在 4Ω 以下，同时，必须对零线在规定地点采用重复接地。只有这样，万一零线断线，断线后的接零设备就成为经重复接地电阻的保护接地设备，否则在零线回路上的接零设备中，零线断线后，只要有一台设备的外壳带电，则同一零线上全部接零设备的金属外壳都会呈现出近似于相电压的对地电压，这是相当危险的。

② 当电气设备在任一点发生接地短路时，零线的截面在满足最小截面积的情况下应保证其短路电流大于熔断器的熔体额定电流的 4 倍或自动开关整定电流的 1.5 倍，以保证保护装置迅速动作，切除短路故障。

③ 零线在短路电流作用下不应断线，且零线上不得装设熔断器和开关设备。

④ 在使用三孔插座时，不准将插座上接电源中性线的孔与接保护线的孔串接在一起使用。因为这样一旦工作零线松脱断落，设备的金属外壳就会带电。而且当工作零线与相线接反时，也会使设备的金属外壳带电，从而造成触电伤亡事故。三孔插座的正确接法如图 1-41 所示。

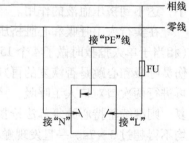

图 1-41　三孔插座的正确接法

⑤ 在同一低压电网中（指同一台变压器或同一台发电机供电的低压电网），不允许将一部分电气设备采用保护接地，而另一部分电气设备采用保护接零，否则，当接地设备发生碰壳（即绝缘损坏）故障时，零线电位升高，从而使接零保护设备的金属外壳全部带电。

（4）重复接地　在中性点直接接地的低压系统中，零线除了在电源中性点实施接地外，还必须在规定处接地（该接地称为重复接地），这样既降低了漏电设备外壳的对地电压，又减轻了零线断线时的触电危险。

（5）接地装置　接地电阻值的大小直接影响漏电设备金属外壳的对地电压，为了保证达到接地的目的，接地装置必须正确设置，并且连接可靠，否则，不但达不到接地保护的目的，而且还可能带来不利的影响。

接地装置由接地体和接地线组成。

1）接地体：接地体又称接地极，通常用铜排、镀锌管或角钢和圆钢等制成，接地体可以水平埋设，亦可垂直埋设，通常以垂直埋设较普遍。在作垂直埋设时，一般将接地体垂直夯入土壤中0.6m以下，因而要求材料有必要的机械强度。若用钢管作接地体，应选用直径50mm以上、长2.5m的厚壁钢管；若用角钢作接地体，应选用50mm×50mm的等边角钢，其长度为2.5m。

当接地体水平埋设时，其埋设深度不小于0.6m，一般用圆钢及扁钢。接地体的表面不应涂任何涂料。

2）接地线：接地体通常焊上镀锌扁钢作为引出线。引出线上焊上螺栓用以连接导线。接地线的最小截面积规定如下：绝缘铜线为1.5mm²，裸铜线为4mm²。

5. 安全操作技术措施

在全部停电或部分停电的电气设备上操作，必须严格采取停电、验电、装设接地线和悬挂指示牌等保证安全的技术措施，并应有监护人在场。

（1）停电　在工作地点，待检修的设备必须停电。

（2）验电　待检修的电气设备和线路停电后，在悬挂指示牌之前必须用验电器验明该电气设备确无电压。验电时，必须用电压等级合适且合格的验电器。在检修设备的进出线两侧的各相上分别验电。线路的验电应逐相进行，且三相均验。

需要说明的是：表示设备断开和允许进入间隔的信号及经常接入的电压表的指示等，不能作为无电压的依据。但如果指示有电，则禁止在该设备上工作。

（3）装设接地线　为了防止已停电的工作地点因误操作或误动作突然来电，应将已验明的无电检修设备装设三相短路接地线，以保证工作人员的人身安全。

对于可能送电至停电设备的各部位或停电设备可能产生感应电压的部分都要装设接地线，且保证所装接地线与带电部分应符合规定的安全距离。

若检修部分为几个在电气上不相连的部分，则各段均应分别验电并装设接地线，并要求接地线与检修部分之间不得串接开关或熔断器。对于全部停电的降压变电所，应将各个可能来电侧三相短路接地，其余部分不必每段都装设接地线。

在室内配电装置上，接地线应装在该装置导电部分的规定地点，这些地点的油漆应刮去。在装设接地线时，先装接地端，当验明确无电压后，再将另一端接在待修设备或线路的导电部分上。

（4）悬挂标示牌　在工作地点和施工设备处，一经合闸即可送电至工作地点或施工设备的开关和刀闸的操作把手上，均应悬挂"禁止合闸，有人工作"的标示牌。

1.1.5　实习内容与基本要求

1. 常用电工仪表的使用

1）用绝缘电阻表检测三相异步电动机的绝缘：要求先校验表的好坏，然后测出相间绝缘电阻和绕组对地的绝缘电阻。

2）用万用表测出指定线路中的电压、电流，测量指定的 3~5 个电阻的阻值。

3）用功率表测出指定的单相和三相电路的功率：要求先画出接线原理图，然后进行接线测量。

2. 导线的连接和绝缘的恢复

（1）单股铜芯导线的直连接和 T 字分支连接　先剥削导线的绝缘层，然后进行导线的连接，连好后，经指导教师检查记录后，再进行绝缘的恢复。

（2）7 股铜芯导线的直连接和 T 字分支连接　先剥削导线的绝缘层，然后进行导线的连接，连好后，经指导教师检查记录后，再进行绝缘的恢复。

3. 配电装置与照明电路的敷设与安装

检查电路并通电试验，应符合要求。

1）材料：单相电能表 1 只，单相刀开关 1 只，瓷插式熔断器两只，单联开关两只，双联开关两只，单相 5 孔插座两个，螺口白炽灯及灯座各 1 个，荧光灯及与之配套的镇流器、辉光启动器及灯座 1 套，塑料护套线和塑料绝缘电线各若干，塑料线槽板或 PVC 管若干，木质配电板 1 块。

2）用塑料护套线在配电木板上（或在木质实习房内）敷设与安装能同时满足下列各条要求的线路：

① 安装直接式单相有功电能表组成的量电装置。

② 装接一个单相 5 孔插座。

③ 用一只开关控制一个插座。

④ 用一只开关控制一盏荧光灯。

⑤ 用两只双联开关控制一盏螺口白炽灯。

要求先画出原理图并正确绘制安装图，然后在配电板（或木质实习房）上定位、划线、敷设导线，要求做到各元件布置正确合理，安装要紧固，布线横平竖直，应尽量避免交叉、跨越，接线正确、美观，最后检查线路并通电试验，应符合要求。

3）用塑料线槽板或 PVC 管线路重做上述 2）的实习内容，要求线路正确、美观，符合规范要求，并通电试验合格。

4. 对触电者急救处理的练习

背诵对触电者急救处理的基本步骤，并进行：

1）练习口对口人工呼吸。

2）练习胸外心脏挤压法实施救护。

1.1.6　思考题与习题

1. 简述使用手电钻时应注意的事项。

2. 如何扩大电流表、电压表的量程?

3. 简述万用表的功能及使用中的注意事项。

4. 简述钳形电流表的特点、使用方法及注意事项。

5. 简述功率表接线时的注意事项。

6. 如何根据功率表的读数得到被测电路的实际功率?

7. "两表法"能否测量三相电路的功率?

8. 单相电能表是如何接线的?

9. 使用绝缘电阻表应注意哪些问题?

10. 如何检查绝缘电阻表的好坏?

11. 简述开关及插座安装方法。

12. 对停电检修设备,为什么在验电后还需装设接地线?简述其装设顺序。

13. 常用电光源有哪些?各有何特点?

14. 荧光灯电路中的辉光启动器和镇流器各起什么作用?

15. 为什么在荧光灯电路中并联电容器?

16. 安装高压汞灯时应注意什么?

17. 安装碘钨灯时应注意什么?

18. 某开关上标有 250V、2.5A 的字样,这个开关能否用来控制 4 盏标有 220V、100W 的白炽灯电路?

19. 什么叫单相触电?什么叫两相触电?哪一种方式更危险?为什么?

20. 什么叫保护接地和保护接零?

21. 在保护接零中,对零线的截面积有何要求?

22. 对交流单相 220V 手提式电钻的电源引线,为什么采用三芯电缆?这三根芯各接于何处?有何作用?

23. 为什么金属外壳的家用电器(如电风扇、洗衣机等)使用单相交流电时用三孔插座和三极插头,而一些非金属外壳的电器(如电视机)却只使用两孔插座和两极插头?

24. 当发现触电事故时,首先该做什么?如何救治?

25. 你所知道的新型电能表有哪些?它们各有何特点和控制功能?

1.2 小型变压器的绕制

1.2.1 变压器的设计与绕制

1. 变压器基本结构简介

变压器是由铁心、绕组、绝缘结构和引出线、接线端等部分组成。变压器常用铁心有日字形、口字形和 C 字形等多种,铁心由两边涂有绝缘漆的厚度为 0.35~0.5mm 的硅钢片按一定方式装叠而成。常用小型变压器的铁心叠片形状有 EI 形、双 F 形、ⅡI 形和 C 形等,如图 1-42 所示。小型变压器的绕组一般采用圆铜线在骨架上绕制而成,然后套入铁心。绝大多数小型变压器采用双绕组结构(即一、二次侧由两个独立绕组构成)。绕组和铁心组合的结构方式有两种,一种是绕组包围着铁心,称心式结构;另一种是铁心包围着绕组,称壳式结构，如图 1-43 所示。单相小型变压器，除ⅡⅠ形和 C 形两种铁心用心式结构外，其余铁心均采用壳式结构。绕组和铁心间，绕组的层与层间，相邻两绕组间和绕组最外层，均有绝缘结构。绕组出线端引出方式可分原导线套绝缘管直接引出和焊接软绝缘导线后引出两种。前者应用于导线较粗绕组，后者用于导线较细绕组。

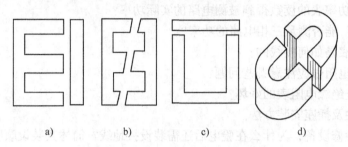

图 1-42　小型变压器铁心叠片形状

a) EⅠ形　b) 双 F 形　c) ⅡⅠ形　d) C 形

2. 小型单相变压器的设计

在电子设备和电气控制设备中，常要使用小型单相多绕组的变压器，若不能选用已有产品时，可按下面设计方法进行计算，损坏后，若需重绕或改绕，也可参照执行。

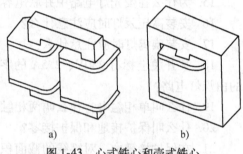

设计的出发点是：从负载用电需要出发，设计出电压、容量满足需要，尺寸、参数（如铁心截面、窗口尺寸、匝数、线径等等）确定的变压器。设计步骤如下：

图 1-43　心式铁心和壳式铁心

a) 心式　b) 壳式

（1）计算变压器的视在功率和一次侧输入电流　变压器输出总视在功率 S_o 为

$$S_o = U_2 I_2 + U_3 I_3 + \cdots + U_n I_n$$

式中，U_2、U_3、$\cdots$、U_n 为各二次绕组的电压有效值，单位为 V；I_2、I_3、$\cdots$、I_n 为各二次绕组的电流有效值，单位为 A。

当变压器带有负载时，存在着各种损耗（如铁耗、铜耗），故其输入视在功率 S_i（单位为 V·A）总是大于 S_o 的。S_i 可用下式计算：

$$S_i = S_o / \eta$$

式中，η 为变压器的效率，小型变压器的效率可按表 1-7 选取。

表 1-7　变压器的效率

输出视在功率 S_o/V·A	<10	10~30	30~80	80~200	200~400	>400
效率 η	0.6	0.7	0.8	0.85	0.9	0.95

一次绕组的输入电流 I_i（单位为 A）为

$$I_i = (1.1 \sim 1.2) S_i / U_i$$

式中，U_i 为一次电压，即电源电压，单位为 V；（1.1~1.2）为考虑到变压器空载励磁电流大小的经验系数。

（2）选定变压器的结构型式　小型变压器的铁心结构，一般多采用壳式。其基本尺寸如图 1-44 所示。

小型变压器常用的标准铁心硅钢片有两种，一种是 GEI 型，窗口较小；另一种是 KEI 型，窗口较大。用前者制作变压器时，用铜少、用铁多、价廉，但体积大；用后者则正好相反。这两种铁心硅钢片的规格如表 1-8 所示。

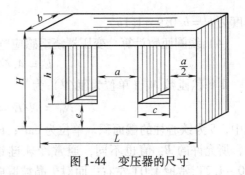

图 1-44　变压器的尺寸

表 1-8　小型变压器的标准铁心硅钢片

硅钢片型号	规格（长度单位：mm）						标准化叠片厚度 b						窗口面积 /cm²
	L	H	h	c	a	e							
GEI—10	36	31	18	6.5	10	6.5	12.5	15	17.5	20			1.17
GEI—12	44	38	22	8	12	8	15	18	21	24			1.76
GEI—14	50	43	25	9	14	9	18	21	24	28			2.25
GEI—16	56	48	28	10	16	10	20	24	28	32			2.8
GEI—19	67	67.5	33.5	12	19	12	24	28	32	38			4.02
GEI—22	78	67	39	14	22	14	28	33	38	44			5.46
GEI—26	94	81	47	17	26	17	33	39	45	52			7.99
GEI—30	106	91	53	19	30	19	38	45	56	60			10.07
GEI—35	123	105.5	61.5	22	35	22	44	52	60	70			13.52
GEI—40	144	124	72	26	40	26	50	60	70	80			18.7
KEI—10	40	35	25	10	10	5	8	10	12	16	20	25	2.5
KEI—12	48	42	30	12	12	6	10	12	16	20	25	32	3.6
KEI—16	64	56	40	16	16	8	12	16	20	25	32	40	6.4
KEI—20	80	70	50	20	20	10	16	20	25	32	40	50	10
KEI—25	100	87.5	62.5	25	25	12.5	20	25	32	40	50	63	15.62
KEI—32	128	112	80	32	32	16	25	32	40	50	63	80	25.6
KEI—40	160	140	100	40	40	20	32	40	50	63	80	100	40

（3）选变压器铁心柱截面积 S　铁心柱截面积 S（单位为 cm²）与变压器总输出视在功率有关，可由下式确定：

$$S = K_0\sqrt{S_o}$$

式中，K_0 为经验系数，可按表 1-9 选取。

表 1-9　系数 K_0 的参考值

$S_o/\mathrm{V \cdot A}$	0~10	10~50	50~500	500~1000	1000 以上
K_0	2	2~1.75	1.5~1.4	1.4~1.2	1

根据计算所得的 S 值，可由 $S = ab$ 和 $b = (1 \sim 2)a$ 的关系确定铁心宽 a 和铁心净叠厚 b。其中 a 可根据小型变压器标准铁心硅钢片尺寸选用。

由于铁心是用涂绝缘漆的硅钢片叠成，考虑到漆膜与叠片间间隙的厚度，故铁心的实际

厚度为 $b' = b/0.9 \approx 1.1b$。

（4）线圈匝数计算　变压器绕组感应电动势 E（单位为 V）的计算公式为

$$E = 4.44fNB_{m}S \times 10^{-4}$$

则每伏匝数 N_0（单位为匝/V）为

$$N_0 = N/E = 10^4/(4.44fB_mS)$$

式中，S 为铁心柱的截面积，单位为 cm^2；B_m 为铁心的磁感应强度，单位为 T，不同的硅钢片，所允许的 B_m 值也不同，通常冷轧硅钢片 B_m 可取 $1.2 \sim 1.4T$；热轧硅钢片 B_m 可取 $1.0 \sim 1.2T$，常取 $1.0T$ 左右；而对于晶粒取向冷轧硅钢片 B_m 可取 $1.6 \sim 1.8T$。

根据计算所得 N_0 值，可算得每个绕组的匝数，即

$$N_1 = U_1N_0；N_2 = KN_0U_2；N_3 = KN_0U_3；\cdots\cdots$$

式中，K 是为补偿二次绕组负载时本身的电压降而设，K 的取值范围约为 $1.05 \sim 1.15$，变压器的容量越小，K 应取得越大。

（5）计算导线直径 d（单位为 mm）为

$$d = \sqrt{4I/(\pi j)} = 1.13\sqrt{I/j}$$

式中，I 为绕组的电流，单位为 A；j 为导线允许电流密度，单位为 A/mm^2。

铜导线一般选用 $j = (2 \sim 3)A/mm^2$，变压器短时工作时可取 $j = (4 \sim 5)A/mm^2$，如果设计的是稳压电源的电源变压器，则电流密度可取小些。

绕组常用的漆包线有 QZ 型和 QQ 型高强度漆包线。导线越粗，漆包线漆层越厚，通常 $\phi0.2mm$ 以下漆厚 $0.03 \sim 0.04mm$；$\phi0.2 \sim 0.5mm$ 为 $0.05mm$；$\phi0.50 \sim 1mm$ 为 $0.06mm$；$\phi1mm$ 以上为 $0.07mm$。具体的导线规格和带漆膜后的线径 d' 可查阅电工手册或本书附录。

（6）线圈结构和窗口的核算　根据前面所确定的铁心截面积和铁心柱宽，预选出标准的铁心硅钢片后，窗口的高 h 和宽度 c 也都定下来了。至此也求得了各绕组的匝数、导线规格，再考虑到导线的排列和绝缘结构中的绝缘材料尺寸，即可核算铁心的窗口是否能容纳所有的绕组。

容量较小的小型变压器常采用无框骨架，无框骨架也称线圈底筒。其线圈的结构图如图 1-45 所示。

每层可绕的匝数

$$n = h_m/(K_v d')$$

式中，h_m 为线圈实际绕制高度（底筒高减两端空位）；K_v 为导线排绕系数，导线直径小于 $0.5mm$ 时取 1.1；直径大于 $0.5mm$ 时取 1.05。d' 为该绕组所用导线带漆膜后的线径。

进一步可算得每个绕组的层数为

$$W = N/n$$

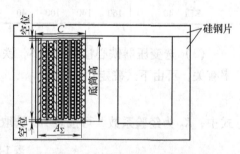

图 1-45　小型变压器线圈的结构图

线圈底筒可用 $1 \sim 2.5mm$ 厚的弹性纸或环氧板制作，必要时也可在底筒上再包上两层 $0.1mm$ 厚的聚酯薄膜。各绕组的层间绝缘可根据工作电压的大小采用 $0.05mm$ 或 $0.10mm$ 聚酯薄膜或 $0.12mm$ 的电缆纸或采用其他如电话纸、透明纸、青壳纸等。各绕组的外层绝缘也

可用上述材料包 2 ~ 5 层。（导线越粗，层间绝缘也应越厚）。

为避免电子设备的输出信号有交流声的干扰，在变压器的一次、二次线圈之间可加一层静电屏蔽。可采取单绕一层线圈，一头空置，一头接地作为屏蔽层；也可用铜箔等金属材料在一、二次间绕一层，两端相互绝缘，一端引出接地作屏蔽层。屏蔽层外也要加绝缘导层。屏蔽层可视变压器的用途或负载情况加或不加。

每个绕组厚度 A（单位为 mm）为

$$A = W(d' + \delta) + r$$

式中，δ 为层间绝缘的厚度，单位为 mm；r 为绕组间绝缘的厚度，单位为 mm。

最后可算出全部绕组的总厚度 $A_\text{总}$（单位为 mm）为

$$A_\text{总} = (1.1 \sim 1.15)(\theta + A_1 + A_2 + \cdots + A_n)$$

式中，θ 为骨架本身的厚度。

显然，若计算所得的总厚度 $A_\text{总}$ 小于铁心窗口宽度 C，则设计可行，否则，方案不可行，应调整设计。调整思路有二：一是加大铁心厚 b，使铁心截面积 S 加大，以减少绕组匝数。但经验表明 b 为 $(1 \sim 2)a$ 为较合适的尺寸配合，故不能任意增大叠厚 b。二是重新选取大一些的铁心型号按原法计算和核算直到合适。

3. 小型变压器的绕制

（1）绕制前的准备工作

1）导线及绝缘材料的准备：根据设计结果，准备好合适的漆包线，通常使用 QZ 型高强度漆包线，其绝缘性能较好，耐压可达 300 ~ 500V。也可使用 Q 型普通漆包线，但其耐压较低，层间绝缘要求较高。绝缘材料可选用电话纸、电缆纸、绘图纸、青壳纸、聚酯薄膜、塑料纸。通常层间绝缘厚度应按 2 倍层间电压的绝缘强度选用。对铁心绝缘及绕组间的绝缘，按 2 倍绕组电压考虑选用。裁剪绝缘材料时，宽度与铁心窗口高度（h）相等，长度应大于骨架或绕线芯子的周长，还应考虑到绕组绕大后所需裕量，数量可根据变压器线匝层数确定。

2）制作木心：为使骨架能平稳地围绕绕线机的转轴旋转，确保绕线质量，必须制作合适木心。通常用木材制作，也可用其他材料。其截面积 $a'b'$ 应比铁心柱截面积 ab 略大，以方便插铁心片，木心高 h' 应比铁心窗高 h 大，可取 $h' \approx 1.3h$。木心中心孔直径 10mm，如图 1-46 所示。对小型变压器，当铁心柱宽较小（12mm 以下）时，木心无法钻 10mm 的孔，此时，必须车一细直径（ϕ4mm）转轴，拧在绕线机转轴上，作为转轴的延伸。木心的边角用砂纸磨成圆角，以方便套进或抽出骨架。

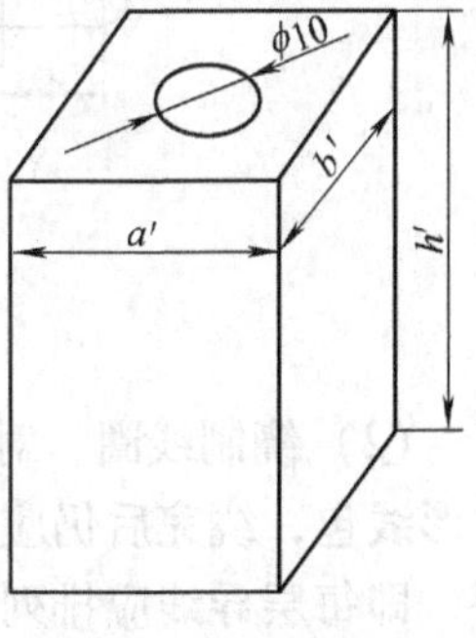

图 1-46 木心

3）制作绕组骨架：1kV·A 以下的变压器多采用无框骨架，如图 1-47 所示，一般用弹性纸制成。所用弹性纸的厚度 t 如表 1-10 所示。

表 1-10　制作骨架的弹性纸厚度 t

变压器容量/V·A	30	50	300 以下	300 ~ 1000
弹性纸厚度 t/mm	0.5	0.8	1.0	1.0 ~ 1.5

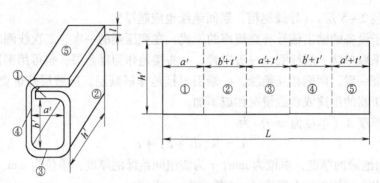

图 1-47　纸质无框骨架

无框骨架的长度 h' 应比铁心窗高 h 稍短些（通常短 2mm 左右），骨架的边沿也必须平整垂直。弹性纸的长度 L 取为

$$L = 2(b' + t) + a' + 2(a' + t) = 2b' + 3a' + 4t$$

按图 1-47 中虚线用裁纸刀划出浅沟，沿沟痕把弹性纸折成方形，第 5 面与第 1 面重叠，用胶水粘合。注意粘合面应在铁心柱宽 a 的一侧。如粘合在叠厚 b 的一侧，会造成铁心两侧宽窄不一，减少绕线层数。

容量较大（$1 \sim 5$ kV·A）或绝缘性能要求较高的变压器，可采用有框活络骨架，如图 1-48 所示。

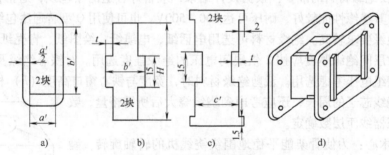

图 1-48　活络骨架的结构
a）上、下框板　b）、c）夹板（t 是夹板厚度）　d）框架

（2）绕制线圈　对线圈绕制的要求是：绕组要紧，即外一层要紧压在内一层上，若是方形线包，绕完后仍应保持方形；绕线要密，即同层相邻两根导线之间不得有空隙；绕线要平，即每层导线应排列整齐，同层相邻导线严禁重叠。

1）绕组首尾的固定：起绕时，用一绝缘带的折条，套住导线引出头，使绕上的导线压住折条，绕过 7 ~ 8 圈后，抽紧折条，这样往后绕时，前面已绕的线就不会松散。同样，离绕组绕制结束还差 7 ~ 8 圈时，放上一绝缘折条，压紧折条继续绕至结束，将线尾插入折条折缝中，抽紧绝缘折条，线尾就固定了，如图 1-49 所示。

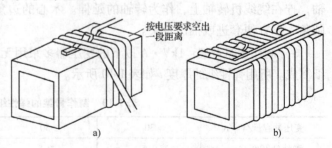

图 1-49　绕组首尾的固定
a）首端固定　b）末端固定

2）绕线方法：对无框骨架在绕线中，导线不可过于靠近骨架的边缘（应离骨架边缘约 2～3mm）以防绕多层时漆包线滑出以及插铁心片时损伤导线绝缘；若采用有框骨架，导线要紧靠边框板，不必留出空间。对无框骨架来说，边缘虽留有 2～3mm 的空位，但如果导线拽得过紧或稍不注意，边缘的绕线可能会崩塌，因此需特别小心。可以采用包边纸的办法来处理，具体做法是在绕至最后数十圈时，预垫一纸片（纸片应垫在图 1-47 所示的③或⑤面）绕完边缘最后一圈后，将此纸张折翻后压在新一层的线圈之下，即可防止边缘崩塌。

图 1-50　绕线过程的持线手法

绕线的要领是：绕线时注意持线手将导线逆着绕线前进方向向后拉约 5°左右，并且随着绕线前进方向逐渐移动手的位置，持线的拉力要适当，视导线粗细而异，如图 1-50 所示。

3）绝缘层的安放：每绕完一层导线，应放入一层绝缘纸。注意安放绝缘纸必须从骨架所对应的铁心舌宽面开始放入，这样可少占铁心窗口位置。

4）绕制顺序：按一次绕组、静电屏蔽层、二次绕组中电压较高绕组、二次绕组中电压较低绕组依次叠绕。各绕组间都要衬垫绝缘。最后包好整个绕组对铁心的绝缘，用胶水粘牢。

5）放置屏蔽层：屏蔽层可用厚约 0.1mm 的铜箔或其他金属制成，其宽度比骨架长度稍短 1～3mm，长度比一次绕组的周长短 5mm 左右（见图 1-51），夹在一、二次绕组的绝缘垫层间，但不能碰到导线或自行短路，铜箔上焊接一根多股软线作为引出接地线。

6）做好引出线：每个线圈绕最后几匝时，要注意留好引出线。当导线直径大于 0.2mm 时，可利用原导线绞合后，套上绝缘套管作引出线，如图 1-52 所示。当线径小于 0.2mm 时，应采用多股软线焊接后引出，引出线的套管应按耐压等级选用。

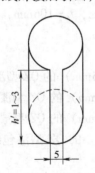

图 1-51　静电屏蔽层的形状

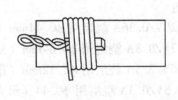

图 1-52　利用原线做引出线

（3）绝缘处理　为了提高绕组的防潮能力和增加绝缘强度，绕组绕好后一般均进行绝缘处理。其方法是：将绕好的绕组放在烘箱内加温到 70～80℃。保温 3～5h 后取出，立即浸入绝缘清漆中约 0.5h，取出后在通风处滴干，然后在 80℃烘箱内烘 8h 左右即可。

对于非批量生产的绕组，常用"涂刷法"代替浸漆处理，即在绕制过和中，每绕完一层导线，就涂刷一薄层绝缘清漆，然后垫上层间绝缘继续绕线，绕组完成后，用通电法烘干。

（4）硅钢片的镶嵌　镶片可先装 E 形片，从线包两边一片一片地镶嵌（F 形片也是如此），如图 1-53 所示。镶到中部时则要两片两片地对镶。镶紧片时要用旋凿撬开夹缝才能插入，插入后，用木锤轻轻敲入。在插条形片时，不可直向插片，以免擦伤线包。当线包嫌大时，切不可硬行插片，可将线包套在木心上，用两块木板夹住线包两侧，在台虎钳上缓慢地将它压扁一些。镶片完毕后，把变压器放在平板上，用木锤将硅钢片敲打平整，硅钢片接口间不能留有空隙。最后用螺栓或夹板紧固铁心，并把引出线焊接到接线的焊片上。

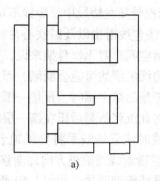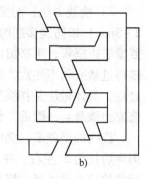

图 1-53　硅钢片镶嵌示意图
a）EI 形　b）F 形

（5）测试　变压器装好后应进行绝缘电阻和空载电压、空载电流的测试。各绕组间和绕组对地间的绝缘电阻可用绝缘电阻表测试。其值应不低于 $500M\Omega$。当一次侧电压加到额定时，二次侧各绕组的空载电压允许误差为 ±5%，中心抽头电压误差为 ±2%。空载电流一般约为 5%～8% 的额定电流值。

1.2.2　实习内容与基本要求

通过变压器绕制实习，进一步熟悉单相小型变压器的设计过程，掌握变压器绕制的方法和工艺过程。

绕制一个控制变压器。一次侧额定电压为 220V；二次侧共有三个绕组，其额定参数分别为：Ⅰ 12V/0.8A；Ⅱ 36V/2.5A；Ⅲ 6.3V/0.3A。

（1）工具　绕线机、裁纸刀、三角尺、烙铁、螺钉旋具、扳头、尖嘴钳、手锯等。

（2）材料　硅钢片选用 a =30mm，c =19mm，h =53mm，L =106mm，H =91mm 的 GEI-30 型标准硅钢片，净叠厚 b =47mm，实际叠厚 b' =52.2mm。

（3）绕组

一次侧 220V/0.36A 绕组用 ϕ0.44mm（最大外径为 0.5mm）的 QZ 型漆包线绕 1212 匝。

二次侧 12V/0.8A 绕组用 ϕ0.64mm（最大外径为 0.72mm）的 QZ 型漆包线绕 42 匝。

二次侧 36V/2.5A 绕组用 ϕ1.12mm（最大外径为 1.23mm）的 QZ 型漆包线绕 126 匝。

二次侧 6.3V/0.3A 绕组用 ϕ0.44（最大外径为 0.5mm）的 QZ 型漆包线绕 22 匝。此绕组和 12V/0.8A 绕组共用一层。

（4）其他　绕线骨架用厚 1mm 的弹性纸制作。对铁心绝缘用三层 0.05mm 的聚酯薄膜。

一次、二次绕组间绝缘用三层 0.12mm 厚的青壳纸；二次绕组间绝缘用一层 0.12mm 厚的青壳纸。

220V 绕组层间绝缘用 0.05mm 厚的聚酯薄膜。

36V 绕组层间绝缘用 0.1mm 厚的聚酯薄膜。

绕组最外侧用层厚 0.12mm 厚的青壳纸。

（5）实习步骤　按小型变压器绕制工艺绕制绕组，绕制结束后，先镶片、紧固铁心、焊接引出线，交教师检验，待评分后再进行烘干、浸漆。

（6）注意事项

1）木心和绕线心子做好后，送教师检验，合格后方可绕线。

2）绕制绕组不要搞错线径。

3）一次绕组引出线放在左侧，二次绕组引出线放在右侧。

4）导线排列要紧密、整齐，不可有叠线现象，匝数要准确。绕线按 220V 绕组→36V 绕组→12V 绕组→6.3V 绕组顺序进行。

5）不可损伤导线绝缘层，若发现导线绝缘层受损，要及时修复。

6）各绕组引出线都要套绝缘套管，并接到接线板上，接线板用夹板固定在变压器上。

7）铁心镶片时，注意不要损伤线包，硅钢片接口不可有空隙。

8）铁心用夹板紧固。

1.2.3　思考题与习题

1. 试分析小型单相变压器设计程序中，各项步骤间的相互关系。哪些步骤是假设性的，其假设的根据是什么？对后续计算有什么影响？

2. 试述小型变压器绕组绕制的几个主要工艺步骤。

3. 镶嵌变压器硅钢片时，应注意哪几点？（根据操作实践回答）

4. 绕线时，线圈首尾端怎样固定？

5. 放置层间绝缘或绕组间绝缘时应注意什么？

1.3　三相异步电动机构造、拆装与使用

1.3.1　三相异步电动机的构造

三相异步电动机由定子和转子两大部分组成。定、转子之间留有气隙。另外还有端盖、轴承及风扇等部件。按其转子结构不同可以分为笼型电动机和绕线转子电动机两大类。图 1-54 为三相笼型异步电动机结构图。

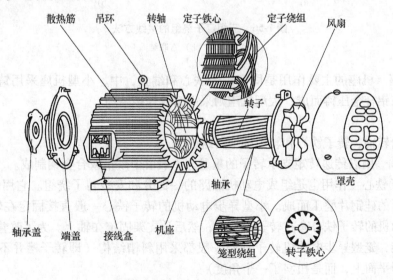

图 1-54　三相笼型异步电动机结构图

1. 定子

定子由定子铁心、定子绕组和机座三部分组成。

（1）定子铁心 定子铁心是电动机磁路的一部分，装在机座的内腔里，并在其上放有定子绕组。它一般是由表面涂有绝缘漆的 0.35～0.5mm 厚的硅钢片冲制、叠压成圆筒状而成。

在定子铁心内圆上开有均匀分布的槽，硅钢片形成的齿槽均匀分布在铁心内圆表面，并与轴平行，齿槽内放置三相定子绕组。定子铁心冲片槽形有开口槽、半开口槽和半闭口槽三种，如图1-55所示。半闭口槽电动机效率和功率因数较高，但绕组嵌线和绝缘都较困难，一般用于小型低压电机中。半开口槽可以嵌放成形绕组，一般用于大、中型低压电机中。开口槽主要用在高压电机中。

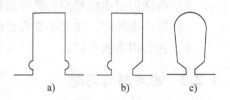

图 1-55 定子槽形
a) 开口槽 b) 半开口槽 c) 半闭口槽

（2）定子绕组 定子绕组是定子的电路部分，由很多线圈连接而成，通入三相交流电后，可产生旋转磁场。每个线圈的两个有效边，分别放在两个槽内。导体与铁心之间有槽绝缘。如采用双层绕组，在上、下两层之间还放有层间绝缘。导线用槽楔固定在槽内。三相定子绕组的 6 个端头引到电动机机座的接线盒内，可按需要将三相绕组接成星形或三角形，如图 1-56 所示。

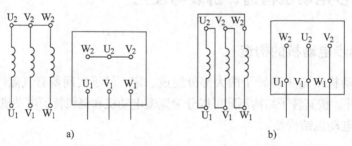

图 1-56 三相定子绕组的接线方法
a) Y联结 b) △联结

（3）机座 机座的主要作用是固定定子铁心和端盖，中、小型机座采用铸铁制成；小型机座也可用铝合金压铸而成；大型机座则采用钢板焊接结构。

2. 转子

转子是由转轴、转子铁心和转子绕组所组成。

（1）转轴 用以传递转矩支承转子的重量。一般由中碳钢或合金钢制成。

（2）转子铁心 作用也是组成电动机磁路的一部分和安装转子绕组。它用 0.5mm 厚的冲有转子槽形的硅钢片叠压而成。小型异步电动机的转子铁心一般直接固定在转轴上；大、中型异步电动机的转子铁心套在转子支架上，然后让支架固定在轴上。为了改善电动机的起动及运行性能，笼型异步电动机转子铁心一般都采用斜槽结构（即转子槽并不与电动机转轴的轴线在同平面上，而是扭斜了一个角度）。

（3）转子绕组 作用是感应电动势、流过电流并产生电磁转矩。转子绕组分为笼型和绕线转子型两类。

1）笼型转子绕组：此种转子绕组是在铁心的每个槽内放入一根导体，在伸出铁心的两端槽口处，用两个导电端环把所有导体连接起来，形成一个自行闭合的短路绕组。如果去掉铁心，整个绕组的外形就像一个"笼"，故称笼型转子。小型笼型转子一般采用铸铝，将导条、端环和风叶一次铸出，如图1-57所示。

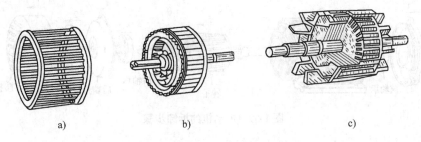

图1-57　笼型转子图

a）笼型转子绕组　b）铜导条笼型转子外形　c）铸铝笼型转子外形

2）绕线转子型转子绕组：绕线转子异步电动机的定子绕组结构与笼型异步电动机完全一样。但其转子绕组与笼型异步电动机绝然不同，绕线转子绕组与定子绕组一样，也是一个对称三相绕组，它一般接成星形后，其三根引出线分别接到轴上的三个集电环（俗称电滑环），再经电刷引出后与外部电路（一般是变阻器）接通，如图1-58所示。有些绕线转子异步电动机还装有提刷短路装置，当电动机起动完毕而又不需调速时，可扳动提刷装置到运转位置，将电刷提起同时使三只集电环短路起来，以减少电动机在运行中电刷磨损和摩擦损耗。

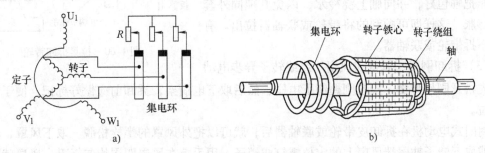

图1-58　绕线转子图

a）绕线转子异步电动机接线示意图　b）绕线转子外形图

绕线转子异步电动机转子结构较复杂，价格较贵，一般用于对起动和调速性能有较高要求的场合。

1.3.2　三相异步电动机的拆装工艺

电动机因发生故障需检修或维护保养等原因，经常需拆装，如果拆得不好，会把电动机拆坏，或使修理质量得不到保证。因此必须掌握正确拆卸和装配电动机的技术，学会正确拆卸的方法。

在拆卸前，应将工具和检修记录准备好，在线头、端盖、刷握等处做好标记，以便于装配；在拆卸过程中，应同时进行检查和测试。如测量定子和转子间的气隙和电动机绝缘电阻，以便检修后作比较。

1. 拆卸的方法和步骤

拆卸应按下列顺序进行，如图1-59所示。

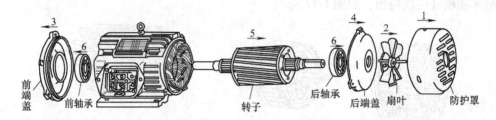

图1-59　电动机的拆卸步骤

（1）拆除电动机的所有引线　拆时必须做好与电源线相对应的标记，以免恢复时搞错相序。

（2）拆卸带轮或联轴器　先在带轮（或联轴器）的轴端（或联轴端）做好尺寸标记，再将带轮（或联轴器）上的固定螺钉（或销）松脱或取下，然后装上拉具（又称拿子、抓手、拉轮器），拉具丝杠尖端对准电动机转轴中心，慢慢转动丝杠，将带轮（或联轴器）拉出，如图1-60所示。在拉取之后，勿忘取下固定带轮的键。

若遇拉不出，不可硬拉，可渗些煤油，几小时后再拉，或用急火迅速加热轴套周围，加热时需用石棉或湿布把轴包好，并向轴上浇冷水，以免其随同外套一起膨胀，这样即可顺利的将带轮或联轴器拉出。有时可不拆带轮或联轴器。

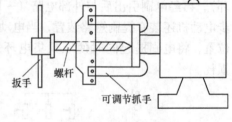

图1-60　拉具拆卸带轮

（3）拆卸刷架、风罩和风扇　绕线转子异步电动机要先松开刷架弹簧，抬起刷握卸下电刷，然后取下电刷架，拆卸前应做好标记，便于装配时复位。

封闭式电动机在拆卸皮带轮或联轴器后，就可以把外风罩的螺栓松脱，取下风罩，然后松脱或取下转子轴尾端风扇上的定位螺钉或销子，用手锤在风扇四周均匀轻敲，风扇就可以松脱下来，小型电动机的风扇一般可不用拆下，可随转子一起抽出。如果后端盖内的轴承需要加油或更换时就必须拆卸。

若风扇叶是塑料制成的，可将风扇浸入热水中待其膨胀后卸下。

（4）拆下轴承盖和端盖　应先拆下后轴承外盖（有些小容量电动机采用半封闭轴承，没有轴承端盖），再旋下后端盖的紧固螺钉，然后将前端盖的紧固螺钉拆下。为组装时便于校正，在端盖与机座的接缝处要做好标记。

拆端盖时，应先拆除负荷侧的端盖，拆另一侧端盖前，应先在转子与定子气隙间塞进薄纸垫，避免卸下端盖抽出转子时擦伤硅钢片和绕组。

对于小容量电动机只需拆下后端盖，而将后端盖连同风扇与转子一起抽出。

（5）抽出转子　小型电动机的转子可用手将转子、端盖等一起抽出。大型电动机转子较重，可用起重设备将转子吊出，抽转子时，应小心缓慢，特别要注意不可歪斜，以免碰伤定子绕组，必要时可在线圈端部垫纸板保护线圈。

（6）拆卸轴承　一般使用拉具拆卸。选用大小合适的拉具，其丝杠中心对准电动机的转轴中心，开始拉力要小，将轴承慢慢拉出。若轴承良好，则不必拆卸。

2. 电动机的装配

电动机的装配顺序大致按拆卸时的逆顺序进行。在装配前，应做好各部件的清洁工作，各配合处要先清理除锈。装配时，应将各部件按拆卸时所作标记复位。

（1）装轴承

1）用煤油将轴承盖及轴承清洗干净，然后察看、检查轴承以决定是否更换。

若不需更换，再将轴承用汽油洗干净，用清洁的布擦干待装；若需更换新轴承，应将其置放在 70~80℃ 的变压器油中加热 5min 左右，等全部防锈油熔去后，再用汽油洗净，用洁净的布擦干待装。

2）将轴颈部位擦干净，套上清洗干净并已加好润滑脂的内轴承盖。

3）在轴和轴承配合部位涂上润滑油后，把轴承套到轴上，用一根内径略大于轴颈直径的铁管，一端顶在轴承的内圈上，用锤子敲打铁管另一端，将轴承逐渐敲打到位。最好是用压床压入。必要时，也可采用热套法。

4）在轴承滚珠间隙及轴承盖里装填洁净的润滑脂，一般只要装满空腔容积的 2/3 即可。高速电动机宜再少加些。

（2）安装后端盖　将轴伸端朝下垂直放置，在其端面上垫上木板，将后端盖套在后轴承上，用木锤敲打，把后端盖敲进去，然后装轴承外盖，紧固内外轴承盖的螺栓时要轮番拧紧螺钉，不要一次拧到底。

（3）安装转子　把转子对准定子孔中心，缓缓向定子里送，注意不要擦碰定子绕组，后端盖要对准与机座的标记，旋上后端盖螺栓，但不要拧紧。

（4）安装前端盖　将前端盖对准与机座的标记，用木锤均匀敲击端盖四周，端盖与机座合拢后，拧上端盖紧固螺钉。拧紧前后端盖的紧固螺钉时，应按对角线逐步拧紧，不能先拧紧一个，再拧紧另一个。

安装前轴承盖之前，先用一根一头与轴承内端盖螺孔相配的穿心钢丝拧在轴承内盖的任一螺孔上，然后将前轴承外盖套入轴颈并将钢丝穿入任一螺孔。外盖与端盖合拢后，使得内外盖及端盖的三个螺孔也在同一条中心线上，拧上螺钉。取出穿心钢丝，将其余螺栓依次穿入并旋紧。

（5）检查转子　用手转动转轴，转子转动应灵活均匀，无停滞、偏重现象。

（6）安装刷架、风扇和风罩　绕线转子异步电动机要按所作标记装上刷架、刷握和电刷等，保证集电环与电刷吻合良好，弹簧压力均匀适当。

（7）安装带轮或联轴器　安装时先将键槽和定位螺钉对准，然后在其端面垫上木块，用锤子打入。

1.3.3　三相异步电动机的使用

三相异步电动机是基于电磁感应原理工作的。在它的定子绕组上通入三相对称电流，就产生了旋转磁场，旋转磁场切割转子闭合导体，使之产生感应电动势和感应电流，此电流又受到旋转磁场的作用力，因而就使得转子与旋转磁场同方向旋转起来。这里首先介绍三相异步电动机在使用中应该了解和注意的问题。

1. 三相异步电动机的铭牌数据

三相异步电动机的铭牌示例如图1-61所示。现以此实例说明其意义。

三相异步电动机		
型号　Y132M-4	功率　7.5kW	频率　50Hz
电压　380V	电流　15.4A	接法　△
转速　1440r/min	绝缘等级　B	工作方式　连续
年　月	编号	××电机厂

图1-61　三相异步电动机的铭牌示例

1) 型号

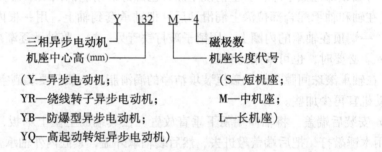

2) 功率：额定运行时，电动机轴上输出的机械功率值。

3) 接法与电压、电流：电动机在额定运行时定子绕组按规定的接法所应该加的线电压值，额定运行时定子绕组的线电流值。本例中，该三相异步电动机定子绕组为△联结。应该接于线电压380V的三相电源，轴上为额定负载时定子线电流15.4A。

4) 转速：转速与磁极数有关，与轴上负载大小有关。铭牌上给出的转速是定子绕组加额定电压，轴上为额定负载时的转速。定子绕组加额定电压后产生旋转磁场，旋转磁场的转速称为同步转速 n_0

$$n_0 = \frac{60f_1}{p}$$

式中，f_1 为电源频率；p 为磁极对数。

本示例中 $f_1 = 50\text{Hz}$，$p = 2$（4极）。由此可以列出 $n_0 = f(p)$ 的关系，如表1-11所示。

表1-11　同步转速与磁极对数的关系

p	1	2	3	4	5	6
$n_0/\text{r} \cdot \text{min}^{-1}$	3000	1500	1000	750	600	500

转子转速 n 略低于且接近于同步转速 n_0，所以称为"异步"电动机。通常用转差率表示转子转速 n 与同步转速 n_0 相差的程度，即

$$s = \frac{n_0 - n}{n_0}$$

一般在额定负载时三相异步电动机的转差率为 $1\% \sim 9\%$ 。

2. 三相异步电动机使用中的几个问题

（1）三相异步电动机的起动　起动时 $n=0$ ，$s=1$ 。此时的定子电流即起动电流

$$I_{st} = (5 \sim 7)I_N$$

直接起动设备简单，投资少，操作方便。对于容量在 10kW 以下，且小于供电变压器容量 20% 的异步电动机，一般尽可能地采用直接起动；对于中、大型电动机需要采取措施限制起动电流。常用的方法有：丫-△换接起动、自耦变压器减压起动。绕线转子异步电动机还可以采用转子串接电阻起动。

（2）三相异步电动机的调速和正反转

1）变极调速：即通过改变定子绕组的接线，改变磁极对数，因而改变了旋转磁场的转速，进而改变转子转速。此种调速需要用特制的多速电动机，为有级调速。

2）变频调速：采用变频器将工频电源频率改变，从而将转速改变，为无级调速。变频调速的应用日益广泛。

3）变转差率调速：在绕线转子异步电动机转子电路中接入调速电阻，改变电阻的大小，就可以得到平滑调速。此种调速方法广泛用于起重设备中。

4）三相异步电动机的正反转：要改变三相异步电动机的转向即正反转，需要改变通入三相绕组的电源相序。具体的做法是：将同三相电源连接的三根导线中的任意两根的一端对调位置即可。

（3）三相异步电动机的制动　电动机的转动部分由于有惯性，所以在切断电源后，电动机还会继续转动一定时间才停止。为了缩短辅助工时，提高效率和安全，往往要求电动机迅速停车。这就需要对电动机制动。

1）能耗制动：在切断三相电源的同时，接通直流电源，使 $(0.5 \sim 1)I_N$ 的直流电流通入定子绕组，此时产生的固定磁场对由于惯性转动的转子产生阻转矩，消耗转子动能而迅速停转。

2）反接制动：在电动机停车时，可以将接到电源的三根导线中的任意两根的一端对调位置，即改变了引入电源的相序，产生和原转动方向相反的转矩，从而迅速停车。当转速接近零时立即切断电源，否则电动机将要反转。

1.3.4　三相异步电动机的选用

三相异步电动机应用广泛，是一种主要的动力源。若电动机选用合理、安装和接线良好并规范操作，它就会按设计规定的特性正常运行。对电动机进行选择时，主要应考虑负载设备的种类、容量等级、使用环境和电源条件等多方面因素。

1. 三相异步电动机的选用要点

1）根据机械负载特性、生产工艺、电网要求、建设费用、运行费用等综合指标，合理选择电动机的类型。

2）根据机械负载所要求的过载能力、起动转矩、工作制及工况条件，合理选择电动机的功率，使功率匹配合理，并具有适当的备用功率，力求运行安全、可靠而经济。

3）根据使用场所的环境，选择电动机的防护等级和结构型式。

4）根据生产机械的最高机械转速和传动调速系统的要求，选择电动机的转速。

5）根据使用的环境温度，维护检查方便、安全可靠等要求，选择电动机的绝缘等级和安装方式。

6）根据电网电压、频率，选择电动机的额定电压以及额定频率。

2. 根据负载设备要求选配电动机

选用三相异步电动机，首先应满足负载设备的需要。这时应考虑的主要有负载设备的功率、转速等。

（1）按功率选配 一般来说，选用异步电动机的额定功率均要比负载设备的功率稍大些，以留有适当的裕度。当然，这个裕度也不要留得太多，以免造成"大马拉小车"的现象。因为这样不仅浪费了设备容量，而且也将因负载较小而降低电动机的效率和功率因数，以致造成不必要的损失。反之，若电动机的功率选择得比负载功率小，又会产生"小马拉大车"的现象。这势必使电动机超载运转而致绕组严重发热，如长期运行，电动机绕组有烧毁的危险。因此，三相异步电动机的功率必须与负载有合适的匹配。

（2）按转速选配 各种负载设备都有一定的转速要求，在选择三相异步电动机时必须满足负载的要求，否则负载设备将不能正常工作。若电动机转速与负载转速不一致时，可用带轮或齿轮等变速装置进行变速。若负载设备对转速没有严格要求时，一般选用4极异步电动机为宜。因为在同容量情况下，2极电动机的机械磨损大且可能发生的故障多，其起动电流大、起动转矩小；6、8极电动机则体积大用料多，并且空载损耗也大，所以都不尽相宜。

（3）按负载性质选配 由于负载机械设备的工作性质复杂多样，因此为避免所配异步电动机出现不必要的故障，在选定电动机时应详细了解负载类型及其特性，然后选择尽可能满足要求的异步电动机。一般在选择时应注意：

1）负载机械的工作类型：应根据负载机械的工作类型，如连续工作、短时工作、断续工作和变负载工作等，应选配具有合适工作方式的三相异步电动机。

2）负载机械的转速-转矩特性：要尽可能选择与负载机械有相近转速-转矩特性的三相异步电动机，并使之配套。

3）负载机械起动时的负载型式：应按照负载机械起动时的负载型式，如空载起动、轻载起动和重载起动等，选配三相异步电动机的起动转矩和最大转矩。

3. 按负载机械调速要求选配电动机

若负载机械有转速调节要求，如有级变速、无级变速等，可根据调速范围和调速平滑程度选择异步电动机。例如有级变速的小功率机械如只要求具有几种转速，就可选用变极调速电动机（有双速、三速、四速等几种）；调速范围不大且调整平滑程度要求不高的负载机械，可选用三相绕线转子异步电动机；调速范围较大并需要连续稳定平滑调速的负载机械，就可选用三相电磁调速异步电动机及三相换向器调速异步电动机。

4. 按电源电压选配电动机

三相异步电动机的电源均为三相工频50Hz交流电，用户的高压电源电压有6000V、10000V；低压电源电压有380V、660V。因此，在选择电动机时应清楚其额定电压是否与电源电压相同。若电源电压高于电动机额定电压过多时，将会使电动机绕组因电流过大而严重发热烧毁。一般在中、小型三相异步电动机中，低压电源大多为380V电压；高压电源则多数采用6000V和10000V电压。所以，在选择异步电动机时，还应根据供电电源电压和电动机铭牌的电压数据正确选用。

5. 根据电动机的工作环境选配电动机

由于三相异步电动机的工作环境复杂多样且差异很大，因此在选配电动机时必须考虑其工作环境这一重要因素。为适应电动机工作场所高温、粉尘、滴水、爆炸或腐蚀性气体等不同情况的需要，三相异步电动机机壳常采用以下几种防护型式。

（1）开启式机壳　开启式机壳设计有通风孔，它借助冷却用通风扇使电动机周围的空气自由地与电动机内部空气流通以散发热量。这种防护型式的冷却效果比较好，因此与全封闭型式相比它具有体积小和经济实用的优点。若电动机工作条件允许，则应尽可能使用开启式电动机。

（2）防护式机壳　防护式机壳电动机的内部转动部分及带电部分有必要的保护，以防止外部与其意外的接触，但并不明显妨碍通风。如电动机的通风口用带孔的遮盖物盖起来，使电动机的转动及带电部分不能与外界接触，这种结构称网罩式；若电动机通风口结构可防止垂直下落的液体或固体直接进入电动机内部，则这种结构称为防滴式；当电动机通风口结构可防止与垂直线成100°角范围内任何方向的液体或固体进入电动机内部，这种结构即为防溅式。

（3）封闭式机壳　封闭式结构的机壳能够阻止电动机内、外空气的自由交换，因而这种结构的防护性能好，但散热性较差。

（4）防爆式机壳　这种结构的机壳将电动机内部与外部易燃、易爆气体隔开，使外部易燃、易爆气体不能进入机内，多用于易燃性、易爆性气体较多的场所，是全封闭式电动机。

此外，还有防水式、水密式和潜水式等不同程度在水中工作的电动机机壳结构型式，以及其他特殊环境下工作的机壳结构型式。综上所述，当选择三相异步电动机时，应根据电动机使用环境的不同，选择型式合适的电动机。例如，在气温干燥、尘土较少安置机械加工机床的车间，可考虑使用防护式三相异步电动机，因为这种防护型式的电动机价格较为便宜，并且通风散热性能良好。若在潮湿多尘的场所可选择封闭式电动机，它的防护性能十分可靠。如电动机需要在水中工作，可考虑选用水密式或潜水式结构。具有易燃、易爆气体的车间和工厂应选用防爆式电动机。

1.3.5　实习内容与基本要求

通过电动机实习，掌握三相异步电动机拆装的方法，掌握三相异步电动机的选用和使用方法。

拆除三相异步电动机定子绕组：

（1）工具　钢丝钳、斜口钳、扳手、榔头、500mm钢尺、千分尺、铲刀（用废锯条制成）、吹风机、三相调压器等。

（2）实习步骤

1）拆卸电动机：按前述方法拆卸电动机，若轴承良好可不拆卸。

2）记录数据：在拆除旧绕组之前，须详细记录铭牌、绕组和铁心有关数据，填入表1-12中。

表 1-12　数据记录单

铭 牌 数 据	绕组及铁心数据
型号_____　功率_____　转速_____ 接法_____　电压_____　频率_____ 电流_____　绝缘等级_____ 出厂编号_____　制造厂名_____ 出厂日期_____	1. 绕组数据：绕组型式_____ 线圈节距_____　并联支路数_____ 导线线径_____　并绕根数_____ 线圈周长_____　线圈匝数_____ 线圈端部伸出长度_____ 2. 铁心数据：定子铁心外径_____ 定子铁心内径_____　定子铁心长度 _____　定子槽数_____

现举例说明几点具体查测方法如下：

① 判别绕组型式。绕组型式是指绕组的安排结构（显极式或隐极式），不是指绕组形状。可从跨接线的联结方式来判别，若相邻两线圈（组）的跨接线是"尾接尾，头接头"的属显极式绕组，如为"尾接头"的则属隐极式绕组。另外，凡一相绕组中线圈组数是奇数的绕组，必定是隐极式（因电动机极数总是偶数）。

② 判别并绕根数。把两组线圈间的跨接线剪断，数一下里面导线的根数即为并绕根数。

③ 判别绕组并联支路数。若为 6 个头引出的电动机或三个头引出的丫联结接法的电动机，可将引出线的端线剪断，数一下端线导线根数，再除以并绕根数，即为并联支路数。若为三个头引出的△联结的电动机，则端线导线根数需除以两倍的并绕根数才是并联路数。

④ 测量导线直径和线圈周长。量线径时，应烧去绝缘层并用棉砂擦净后进行，可多测几根。测量线圈周长时，要选其中最短的几根求出一平均值。

拆除旧绕组时，应保持几只不变形的完整线圈，以作为制作线模时参考。

3）拆除旧绕组：方法有①冷拆法；②热拆法；③溶剂溶解法。实习时可采用①或②两种方法之一。热拆可在抽出转子后，用三相调压器接入约 50% 的额定电压，间断通电加热至绝缘软化，即可打出槽楔，拆除旧绕组。

4）清理槽内杂物，并用煤油揩擦干净。

5）绘制线槽端部槽形，并标注尺寸。

6）修整碰伤的定子齿槽。

1.3.6　思考题与习题

1. 简述封闭式三相小型异步电动机主要结构。
2. 绕线转子异步电动机的转子和笼型异步电动机的转子有什么不同？
3. 试述三相异步电动机拆卸步骤。
4. 试述三相异步电动机装配步骤。
5. 电动机常用起动方法有哪几种？各有何特点？
6. 什么叫反接制动和能耗制动，各有何特点？
7. 绕线转子异步电动机在轻载和重载情况下，各应采用什么起动方法？为什么？
8. 异步电动机有哪些调速方法？
9. 试述三相异步电动机的选用方法。

1.4 常用低压电器和继电接触器控制电路

工业企业中大量使用三相异步电动机驱动生产设备。不同的生产环境、工艺特点、设备类型，对三相异步电动机的控制要求各不相同。目前使用比较多的继电接触器控制系统属于有触点控制，具有成本低、简便易维修等优点。近年来，在此基础上发展起来的先进的可编程序控制器（PLC）日益得到广泛应用。

1.4.1 常用低压电器

1. 电器基本知识

（1）电器的分类

1）按工作电压等级分：低压电器和高压电器：工作电压在交流 1kV 或直流 1.2kV 以下的各种电器为低压电器；在该值以上的各种电器为高压电器。

2）按不同的动力分

① 自动电器。指不需人工直接操作，而是按照电或非电的信号自动完成指令任务的电器。如断路器、接触器、继电器等。

② 非自动电器。指需要人工直接操作才能完成指令任务的电器。如刀开关、按钮、转换开关等。

3）按用途分

① 控制电器。用于各种控制电路和控制系统的电器。如接触器、各种控制继电器、起动器等。

② 主令电器。用于自动控制系统中发送控制指令的电器。如控制按钮、主令开关、万能转换开关等。

③ 保护电器。用于保护电路及用电设备的电器。如熔断器、热继电器、各种保护继电器、避雷器等。

④ 配电电器。用于电能输送和分配的电器。例如刀开关、断路器等。

（2）电磁式电器的基本结构

1）电磁机构：电磁机构主要作用是将电能转换为机械能，带动触点工作，从而完成接通或分断电路。主要由吸引线圈、铁心、衔铁组成，如图 1-62 所示。

2）电磁吸力与反力：电磁机构中，衔铁始终受到反力弹簧、触点弹簧反作用力的作用。

3）电器的触点系统：触点是电器的执行部分，起着接通和分断电路的作用。因此，要求触点导电、导热性能良好，通常用铜或银质材料制成。触点的结构形式很多，按其接触形式有点接触、线接触和面接触三种。

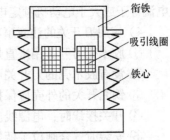

图 1-62 常用电磁机构

（3）低压电器的灭弧

1）电弧的产生：在大气中断开电路时，如果电源电压超过 20V，被断开的电流超过 1A，在触点间隙（简称弧隙）中，通常会产生一团温度极高，发出强光和能够导电的近似圆柱形的气体，这就是电弧。触点间隙中产生的电弧，一方面使电路仍旧保持原状态，延迟了电路的断开；另一方面，将烧蚀触点并可能破坏绝缘，在严重的情况下，甚至可能引起电器的爆炸而酿成火灾。

弧隙中的气体由绝缘状态变为导电状态，使电流得以通过的现象，也叫做气体放电。

2）灭弧：熄灭电弧可以从两方面着手，一方面是尽量减少输入电弧的能量，另一方面尽量把电弧中的能量尽快地散失掉，为达到上述目的，其基本方法有以下几种。

① 速断灭弧。利用储能弹簧的反作用力加快触点断开速度来灭弧。

② 电动力灭弧。图 1-63 是一种桥式结构双断口触点，当触点打开时，在断口中产生电弧维持电流导通。图中以⊕表示触点回路电流磁场的方向，根据左手定则，电弧电流要受到一个指向外侧的电动力 F 的作用，使电弧向外运动并拉长，以至迅速穿越冷却介质而熄灭。交流接触器就采用这种灭弧方法。

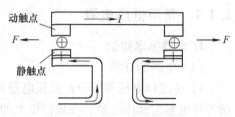

图 1-63 电动力灭弧示意图

③ 磁吹灭弧。通过与触点电路串联的吹弧线圈产生的磁场，使电弧在该磁场中受到一个向外的电动力而拉长电弧（即吹弧）。

④ 灭弧罩。它通常用耐高温陶土、石棉水泥或耐热塑料制成。其作用一是分隔各路电弧，以防止发生短路；作用二是使电弧与灭弧罩的绝缘壁接触，使电弧迅速冷却而熄灭。

2. 开关电器

（1）刀开关

1）瓷底胶盖刀开关（又称开启式负荷开关）：刀开关在低压电路中，起不频繁接通和分断电路用，或用来将电路与电源隔离。

2）铁壳开关（又称封闭式负荷开关）：这种开关装有速断弹簧，且外壳为铁壳，故称为铁壳开关。

为了保证用电安全，铁壳上装有机械联锁装置，当箱盖打开时，不能合闸；合闸后，箱盖不能打开。

3）刀开关的选用：用于照明电路时可选用额定电压 250V，额定电流等于或大于电路最大工作电流的单极开关；用于电动机的直接起动时，可选用额定电压为 380V 或 500V，额定电流等于或大于电动机额定电流 3 倍的三极开关。

4）使用刀开关的注意事项

① 胶木壳刀开关用来直接控制电动机时，只能控制 5.5kW 以下的电动机。

② 没有胶木壳的刀开关不能使用。

③ 铁壳开关的外壳应保护接地。

④ 开关接线时，电源线应接在刀座上端，熔断器接在负荷侧。

⑤ 安装时，合闸位手柄要向上，不得倒装。开关距地面的高度为 1.3～1.5m。

⑥ 刀开关在接、拆线时，应首先断电。

（2）组合开关 组合开关又称为转换开关，是一种结构更为紧凑的手动电器。它是由装在同一根转轴上多个单极旋转开关叠装在一起组成的。当转动手柄时，每一动片即插入相应的静片中，使电路接通。

在机床电气设备中，主要作为电源引入开关，也可用来直接控制小容量异步电动机非频繁起动和停止。组合开关的图形和文字符号如图1-64所示。

（3）低压断路器　低压断路器用于交流1200V、直流1500V及以下电路中。主要用于保护交、直流电网内电气设备，使之免受过电流、短路、欠电压等不正常情况的危害，同时也可用于不频繁起动的电动机操作或转换电路。低压断路器有好多种类型，这里介绍一种常用的低压断路器。

低压断路器也叫自动开关，它的外观、一般原理和图形文字符号如图1-65所示。

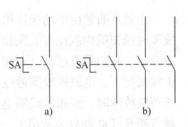

图 1-64　组合开关的图形及文字符号
a）单极　b）三极

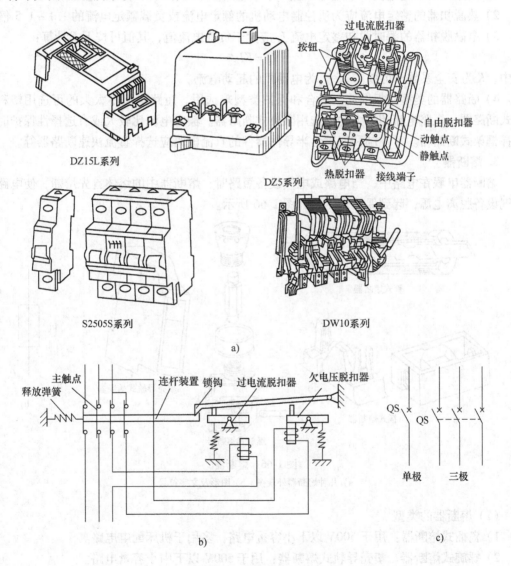

a)

b)　c)

图 1-65　低压断路器
a）几种断路器的外观　b）一般原理　c）图形及文字符号

主触点通常由手动操作机构来闭合，主触点闭合后被脱扣机构的锁钩锁住。当电路发生故障时脱扣机构就在有关脱扣器的作用下将锁钩脱开，于是主触点就在释放弹簧的作用下迅速分断。脱扣器有过载（过电流）和欠电压脱扣等；执行机构有电磁铁的也有双金属片的。正常情况下，电磁铁线圈通过的电流产生的吸力很小，衔铁是释放着的，而当发生严重过载或短路故障时，脱扣器线圈电流大增，导致电磁铁吸力大增，把衔铁吸合而顶开锁钩，使主触点断开（此处只表示出了一相）。欠电压脱扣器电磁铁在电压正常时吸住衔铁，主触点才得以闭合；一旦电压下降或断电时，衔铁释放往上顶起锁钩而使主触点断开。当电源电压恢复正常后必须重新合闸才能工作，实现了欠电压保护。

断路器的选择：

1）断路器的额定电流和额定电压应不小于电路正常工作时的电流和电压。

2）热脱扣器的整定电流应为所控制电动机的额定电流或负载额定电流的 1.1 ~ 1.5 倍。

3）电磁脱扣器的瞬时脱扣整定电流 I_S 应大于负载电流值，其值可按下式计算：

$$I_S = KI_{st}$$

式中，K 为安全系数，可取 1.7；I_{st} 为电动机的起动电流。

4）断路器的类型应根据使用场合和保护类型来选用。短路电流不太大的可选用塑料外壳式断路器。短路电流相当大的可选用限流式断路器。额定电流比较大或有选择性保护时应选择框架式断路器。对控制和保护含半导体器件的直流电路应选择直流快速断路器等。

3. 熔断器

熔断器串联在电路中，当电路或电气设备短路时，熔断器中的熔体首先熔断，使电路或电气设备脱离电源，起到保护作用，如图 1-66 所示。

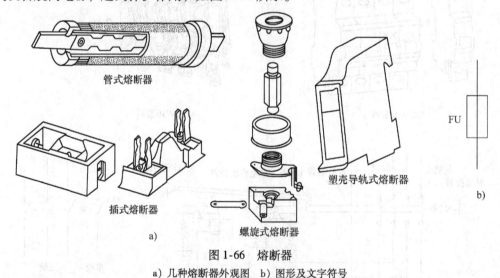

管式熔断器

插式熔断器

螺旋式熔断器

塑壳导轨式熔断器

FU

a)

b)

图 1-66　熔断器

a）几种熔断器外观图　b）图形及文字符号

（1）熔断器的类型

1）瓷插式熔断器：用于 500V 以下小容量电路，多用于机床配电电路。

2）螺旋式熔断器、塑壳导轨熔断器：用于 500V 以下中小容量电路。

3）封闭管式熔断器：该熔断器分为有填料和无填料两种。管式熔断器主要用于大电流的配电装置中。

4）快速熔断器：主要作为硅整流管及成套设备的短路保护。

（2）熔断体的选择

1）对于电阻性负载

$$I_{FN} = 1.1 I_N$$

式中，I_{FN}为熔断体额定电流；I_N为负载额定电流。

2）单台电动机

$$I_{FN} \geq (1.5 \sim 2.5) I_N$$

式中，I_{FN}为熔断体额定电流；I_N为负载额定电流。

3）多台电动机

$$I_{FN} \geq (1.5 \sim 2.5) I_{Nmax} + \sum I_N$$

式中，I_{FN}为熔断体额定电流；I_{Nmax}为最大一台电动机额定电流；$\sum I_N$为其余小容量电动机额定电流之和。

（3）使用熔断器注意事项

1）铭牌不清的熔丝不能使用。

2）不能用铜丝或铁丝代替熔丝。

3）熔断器的插片接触要保持良好。若发现插口处过热或触点变色，则说明插口处接触不良，应及时修复。

4）更换熔体或熔管时，必须将电源断开，以免发生电弧烧伤。

5）安装熔丝时，不要把它碰伤，也不要将螺钉拧得太紧，使熔丝压伤。熔丝应按顺时针方向弯过来，这样在拧紧螺钉时就会越拧越紧。熔丝只需弯一圈即可，不要多弯。

6）如果连接处的螺钉损坏而拧不紧，则应更换新的螺钉。

7）对于有指示器的熔断器，应经常注意检查。若发现熔断体已烧断，应及时更换。

4. 主令电器

主令电器是主要用来接通和分断控制电路以达到发号施令目的的电器。最常见的有按钮、行程开关、主令开关和主令控制器等。另外还有踏脚开关、接近开关、倒顺开关、紧急开关、钮子开关等。

（1）按钮　按钮是用来接通或断开控制电路，从而控制电动机或电气设备运行的电器。按钮外观与结构如图 1-67a、b 所示，图形及文字符号如图 1-67c 所示。

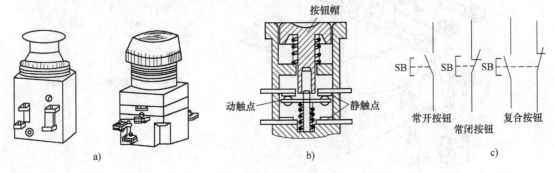

图 1-67　按钮

a）几种按钮的外观图　b）剖面图　c）图形及文字符号

在没有操作，即没有按下按钮时，下面一对静触点是断开的，称为常开触点；上面一对静触点是闭合的，称为常闭触点。按下按钮以后，常开的闭合，常闭的断开。松开按钮，各触点恢复原态。

常用按钮技术数据见本书附录。

（2）行程开关　行程开关又名限位开关，是一种利用生产机械某些运动部件的碰撞来发出控制指令的主令电器。用于控制生产机械的运动方向、行程大小或位置保护。

行程开关的种类很多，图1-68所示的是几种常见的行程开关的外观和一般结构及电气图形、文字符号。

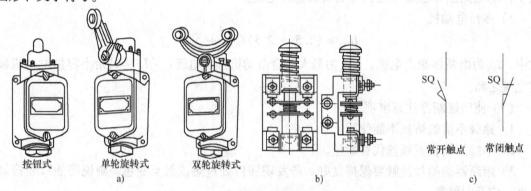

图1-68　行程开关

a）几种行程开关　b）一般结构　c）图形及文字符号

行程开关和按钮一样，也有常开、常闭触点，只不过它是靠装在运动部件上的挡块撞动它而变化状态的。

5. 接触器

交流接触器常用来接通或断开电动机或其他电气设备的主电路，如图1-69所示。

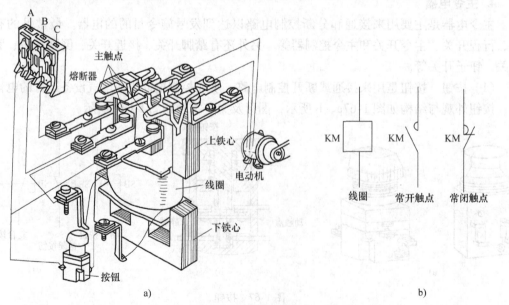

图1-69　交流接触器

a）主要结构　b）图形及文字符号

接触器主要由电磁机构和触点两部分组成，比较大的接触器还有灭弧装置。线圈没有通电时断开的触点称为常开触点，此时已经闭合的触点称为常闭触点。当线圈通电后，电磁铁产生吸力，吸引山字形衔铁，而使常开触点闭合，常闭触点断开。线圈失电后，各触点恢复原态。

接触器的主要类型和技术参数：

（1）接触器的主要类型　接触器分为直流和交流两种。

（2）接触器的技术参数

1）额定电压：指主触点的额定电压。交流有 220V、380V、660V；直流有 110V、220V、440V。

2）额定电流：指主触点的额定电流。范围为 10～800A。

3）吸引线圈的额定电压：交流有 36V、127V、220V 和 380V；直流有 24V、48V、220V 和 440V。

4）电气寿命和机械寿命：以万次表示。

5）额定操作频率：以次/h 表示。一般为 300 次/h、600 次/h 和 1200 次/h。

6）动作值：规定接触器的吸合电压大于线圈额定电压 80% 是可靠吸合，释放电压不高于线圈额定电压 70%。

（3）接触器的选择

1）额定电压的选择：接触器的额定电压应大于或等于负载回路电压。

2）额定电流的选择：接触器的额定电流是指主触点的额定电流，它应大于或等于被控回路的额定电流。

3）吸引线圈的额定电压的选择：吸引线圈的额定电压应与所接控制电路的电压相一致。

4）接触器的触点数量、种类选择：其触点数量和种类应满足主电路和控制电路的要求。常用交流接触器型号及技术数据见本书附录。

6. 继电器

（1）电磁式继电器　继电器是一种根据电量或非电量（热、时间等）的变化接通或断开控制电路，以完成控制或保护任务的电器。继电器一般由感测机构、中间机构和执行机构三个基本部分组成。虽然继电器与接触器都用于自动接通或断开电路，但是它们仍有很多不同之处，其区别如下：

继电器一般用于小电流的电路，触点额定电流不大于 5A，所以不加灭弧装置，而接触器一般用于控制大电流的电路，有灭弧装置。

其次，接触器一般只能用于对电压的变化作出反映，而各种继电器可以在相应的各种电量或非电量作用下动作。

再次，继电器一般用于控制和保护目的；接触器用于通断主电路。

1）电流继电器：电流继电器的线圈与被测量电路串联，以反映电路电流的变化。为不影响电路工作情况，其线圈匝数较少，导线粗，线圈阻抗小。

电流继电器又有欠电流继电器和过电流继电器之分。

2）电压继电器：电压继电器的线圈并联在电路中，线圈匝数多，导线细，阻抗大。电压继电器有过电压继电器和欠电压继电器之分。

3）中间继电器：它的触点多，一般用于控制回路。

以上是电磁式继电器。电磁式继电器的图形符号如图 1-70 所示。电流继电器的文字符号为 KI，电压继电器的文字符号为 KV，而中间继电器的文字符号为 KA。

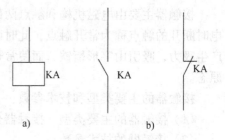

图 1-70　电磁式继电器的图形及文字符号
a）线圈　b）触点

（2）时间继电器　时间继电器是一种利用电磁原理、机械装置或电子电路实现触点延时接通或断开的自动控制电器，其种类很多，常用的有电磁式、空气阻尼式、电动式和晶体管式等。电磁式时间继电器结构简单，价格低廉，但延时短；电动式时间继电器的延时精度高，延时可调范围大（有的可达到几小时），但价格较贵；空气阻尼式时间继电器的结构简单，价格低，延时范围较大（0.4~180s），有通电延时和断电延时两种，但延时误差较大；晶体管式时间继电器的延时可达几分钟到几十分钟，比空气阻尼式长，比电动式短，延时精度比空气阻尼式高，比电动式略差。随着电子技术的发展，它的应用日益广泛。时间继电器的图形符号如图 1-71 所示，文字符号为 KT。

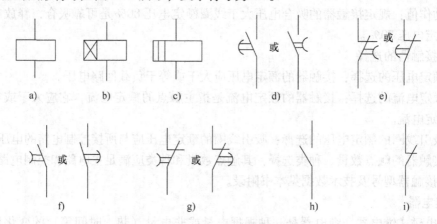

图 1-71　时间继电器的图形符号
a）线圈　b）通电延时线圈　c）断电延时线圈　d）延时闭合常开触点　e）延时断开常闭触点
f）延时断开常开触点　g）延时闭合常闭触点　h）瞬动常开触点　i）瞬动常闭触点

本书附录中列举了 ST3P 系列时间继电器的接线图。现以 ST3PA 为例，简要说明它的用法和特点。

ST3PA 是电子式时间继电器。它的延时范围有多种可供选择，见本书附录 B。它分为面板式安装方式和导轨式安装方式，可以根据设计需要选用。它的接线底座 2、7 脚是继电器线圈（要根据电源选定额定电压），1、3 和 6、8 脚接的是两副延时闭合常开触点，1、4 和 5、8 脚接的是两副延时断开常闭触点（要注意它的接线底座编号不是按顺序排列的）。

（3）热继电器　当电动机工作于过载状态时，电流比较大，但熔断器又没有熔断，时间一长，发热过多，对电动机是有危害的。因此采用热继电器进行过载保护。

热继电器是利用电流的热效应而动作的，如图 1-72 所示。

热元件是一段电阻不大的电阻丝，串接在电动机的主电路中，流过电动机的全部电流，正常时发热不多。双金属片系由两种热膨胀系数不同的金属碾压而成。图中，下层金属的膨

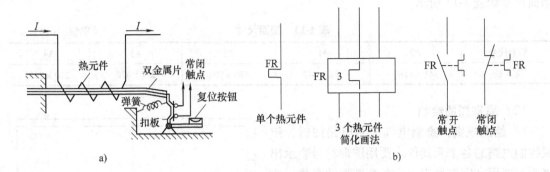

图 1-72　热继电器

a) 结构图　b) 图形及文字符号

胀系数大，上层的小。当主电路中电流超过容许值而使双金属片受热时，它便向上弯曲，因而脱扣，扣板在弹簧的拉力下将常闭触点断开。该触点是接在电动机的控制电路中的，控制电路断开而使接触器线圈断电，从而断开了电动机的主电路，起到了保护作用。热继电器有两相结构的，也有三相结构的。

热继电器的主要技术数据是额定电流和整定电流。

应根据电动机或负载的额定电流选择热继电器和热元件的额定电流，一般整定电流应与电动机的额定电流相等。但当电动机拖动的是冲击性负载或不允许设备停电时，热继电器的整定电流可比电动机的额定电流高 1.1~1.5 倍。

常用 T 系列热继电器技术数据见本书附录。

7. 接线端子板

一般设备的控制电路板是安放在电器箱中的，而按钮等需要操作的电器是安装在按钮盒上的，电动机也不会与它们在一起放置。这些是通过接线端子板把应该接在一起的导线连接起来的。接线端子板的外观如图 1-73 所示。

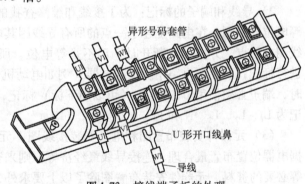

图 1-73　接线端子板的外观

1.4.2　三相异步电动机的基本控制电路

1. 电气图的绘制

国家规定：从 1990 年 1 月 1 日起，电气系统图中的文字符号和图形符号必须符合最新的国家标准。电气设计完成时需要提供的技术文件有：电气原理图、元器件安装布置图、电气安装接线图、控制面板布置图、元器件明细表、材料清单、设计说明书等。这里简要介绍绘制电气原理图和安装接线图的基本要求。

（1）图纸的幅面要求　完整正规的电气图纸由边框线、图框线和标题栏等组成。由边框线所围成的部分称为图纸的幅面。幅面尺寸分为 5 类：A0~A4。其中，A0~A2 一般不得加长，而 A3、A4 号图纸可根据需要沿短边加长。图 1-74 所示是图纸的基本格式。A0~A4

幅面尺寸如表 1-13 所示。

表 1-13 幅面尺寸 （单位：mm）

幅面代号	A0	A1	A2	A3	A4
宽×长	841×1189	594×841	420×594	297×420	210×297

（2）原理图的绘制

1）绘图规则：绘制电气控制电路图时，组成控制电路的各个元器件均要用图形符号表示出来而且要用文字符号表示出各个图形的名称。为了便于设计、阅读、安装和使用，电气控制电路必须采用统一标准的符号、文字和画法。绘制电气原理图所用电器图形符号和文字符号应遵照国家标准 GB 4728—1996～2000 年新版符号规定。

电气原理图是为了便于阅读与分析控制电路，根据简明、清晰、易懂的原则，采用电器元件展开的形式绘制而成。但并不按照电器元件的实际布置来绘制，也不反映电器元件的大小。

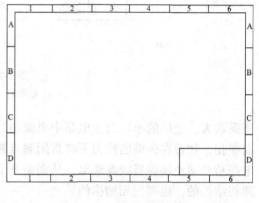

图 1-74 电气图纸格式

原理图一般分为主电路和其他电路两部分：主电路就是从电源至电动机大电流通过的路径；其他电路包括控制电路、辅助电路等。

2）导线和端子的标记：为了接线和维修查找的方便，要把每一根导线编上记号。根据等电位的原则，在电路上连于一点的所有导线因其电位相等，而采用相同的标记。当导线经线圈或触点、开关等（断开时）已不是等电位，所以应采用不同的标记。一般导线用数字进行标记；而控制电路中所接的电器（例如电动机），它的端子直接或间接与三相电源相接时，端子必须使用 U、V、W（可以加下标）标记；另外，三相五线制引入线端子应分别标记为 L_1、L_2、L_3、N 和 PE。

（3）元器件安装布置图和电气安装接线图 元器件安装布置图和电气安装接线图是根据电器位置布置最合理、连接导线最经济等原则来安排的，是安装电气设备、排除电气故障等必要的资料。元器件安装布置图除了以上要求外，还要考虑各元器件的实际安装尺寸，需要查阅产品样本。

一般来说，绘制电气安装接线图应按照下列原则进行：

1）电器不画实体，以图形符号代表，各电器元件的位置均应与实际安装位置一致。与原理图不同的是，同一电器上的各部件（例如接触器的线圈和触点）要画在一起。

2）接线图中的各电器元件的文字符号及接线端子的编号应与原理图一致，并按原理图连接。

3）不在同一处的电器元件（例如按钮与控制板之间）的连接应通过接线端子进行。

4）连接导线时，应标明导线的规格、型号、根数及穿线管的尺寸。

（4）控制实例 卧式车床控制电路。

1）CW6140 卧式车床控制电路原理图如图 1-75 所示。图 1-76 是它的电气安装接线图。

2）实现该车床控制电路的控制要求

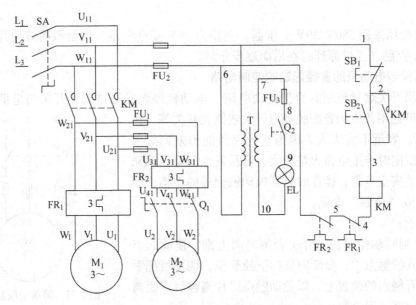

图 1-75 CW6140 卧式车床控制电路原理图

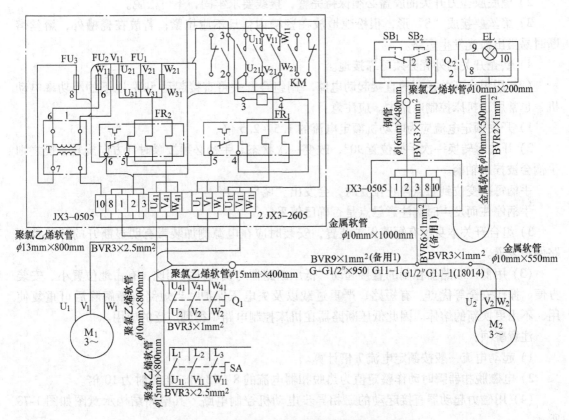

图 1-76 CW6140 卧式车床控制电路的安装接线图

① 主拖动电动机 M_1 采用直接起动方式，有过载保护（FR_1）和零电压保护（KM）。

② 冷却泵电动机 M_2 通过转换开关 Q_1 手动控制，有短路保护（FU_1）和过载保护

（FR$_2$）。

③辅助照明采用380V/36V变压器，变换为36V安全电压，供给照明灯使用。照明灯通过开关Q$_2$控制（工件原理将在后面逐步介绍）。

2. 三相异步电动机的直接起动的控制电路

（1）利用开关熔丝控制的直接起动电路　电动机经熔丝通过三相开关与电源接通或断开。刀开关可选用普通的瓷底胶盖刀开关或铁壳开关等。如图1-77所示。容量不宜太大。因为它的灭弧能力差，如果电流太大，拉闸时产生电弧火焰较大，容易发生危险。铁壳开关比刀开关安全可靠，操作时只需扳动铁壳外的手柄，即可"接通"或"分断"电源。

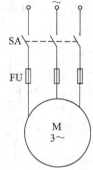

图1-77　简单全压起动电路

注意事项：

1）分合闸时动作要快，开关合闸时向上推，使动触点刀片完全插入静触点中；分断时要向下拉到位，切不可把手柄停在刚离开触点的位置上，以免动触点刀片离静触点距离太近而发生电弧或误合闸。

2）瓷底胶盖刀开关的胶盖必须保持完整，接线要求牢固，不可松脱。

3）熔丝要接成"S"形，很松弛地放在瓷槽内，且不应拉紧；若放在瓷槽外，熔丝熔断时易溢出弧光发生短路。

4）铁壳开关的外壳必须可靠接地。

（2）用组合开关控制的直接起动电路　用组合开关可直接起动5kW以下的小功率电动机，也常用于机床控制电路中。应注意：

1）开关额定电流应为电动机额定电流的1.5～2.5倍。

2）开关每转换一次手柄位置90°，改变一次状态。手柄必须按顺时针方向旋转，反之则手柄会被拧出轴柄。

手柄每次变位到触点停止位置时，会发出"嗒"一声。

手柄停住而发声时应注意触点是否确已停妥。

3）组合开关本身没有短路保护装置，安装时应在电源侧加装带有明显断开的开关及短路保护装置。

（3）用低压断路器控制的直接起动　低压断路器与负荷开关相比，有占地位置小、安装方便、操作安全等优点。有短路、严重过载以及失电压保护，当短路故障解除后可重复使用，不用更换新的熔体。因此低压断路器在机床控制电路中得到广泛的应用。

注意事项：

1）起动电流一般按额定电流7倍计算。

2）电磁脱扣器瞬时动作整定值为热脱扣器电流的8～12倍，出厂时为10倍。

（4）用磁力起动器直接起动的三相异步电动机控制电路　其电路结构示意图如图1-78所示。

图中，（常开）按钮SB$_2$为起动按钮。起动过程为：首先闭合组合开关SA，按下SB$_2$，电流由1→SB$_1$（常闭的）→按下SB$_2$→接触器KM的线圈经热继电器FR常闭触点到2形成通路。KM吸合，三副主触点闭合，电动机运转。

KM 的一副常开辅助触点与 SB₂ 并联，此时也被吸合，就可以经过它形成通路继续给 KM 线圈供电。即使松开 SB₂，仍然保持 KM 吸合，电动机连续运转。这副触点的作用称为"自锁"。如果没有自锁触点，则在松开按钮后，电动机立即停转。此时称为"点动"。

为了设计电路的方便，控制电路常根据原理，按照统一规定的图形符号绘制，这样的图称为原理图。原理图中，同一电器的各功能部件（譬如接触器的线圈和触点）有可能不画在一起，为了识别，把它们用同一文字符号标注。三相异步电动机直接起动的控制电路原理图如图 1-79 所示。

电路的保护环节：

1）短路保护：采用熔断器进行短路保护。熔断器串联在电路中，当电路或电气设备短路时，熔断器中的熔体首先熔断，使电路或电气设备脱离电源，起到保护作用。

2）零电压（或欠电压）保护：接触器具有零压（或欠电压）保护功能。当电路暂时断电或电压严重下降时，接触器动铁心释放，主触点断开，自锁触点亦已断开。当电源恢复正常时，如果不重按起动按钮，则电动机就不能自行起动。如果不是采用继电接触控制而是直接用刀开关或组合开关进行手动控制时，由于在停电时未及时断开开关，故当电源电压恢复时，电动机会自行起动，可能造成事故。

3）过载保护：采用热继电器进行过载保护。当电动机过载时，过大的定子电流使热元件发热过多，而使双金属片变形动作，从而自动断开控制电路，起到保护作用。

3. 顺序控制

在某些电路中，要求某一电动机先运行，而另一电动机后运行，于是对控制电路提出了按顺序工作的要求。

例如车床主轴转动前，要求润滑泵电动机先运行，即给齿轮箱供足润滑油后才允许主轴电动机转动。主轴电动机与润滑泵电动机的联锁控制如图 1-80 所示。

1）合上刀开关 SA。

2）按下 SB₂，KM₂ 线圈得电，KM₂ 主、辅触点闭合，润滑泵电动机 M₂ 运转。松开 SB₂，因 KM₂ 线圈自锁而保持得电。

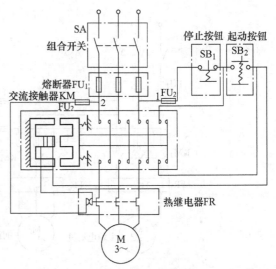

图 1-78 用磁力起动器直接起动的三相异步电动机控制电路结构示意图

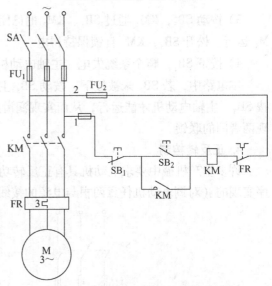

图 1-79 三相异步电动机直接起动的控制电路原理图

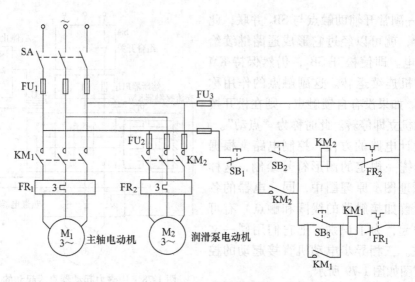

图 1-80 主轴电动机与润滑泵电动机的联锁控制

3）按动 SB_3，KM_1 通过 SB_1、KM_2 的已闭合的常开辅助触点、SB_3 而得电，主轴电动机 M_1 运行，松开 SB_3，KM_1 自锁保持得电。

4）按下 SB_1，整个系统失电，主轴电动机和润滑泵电动机同时停止运转。

本电路中，若 SB_2 未被按下，按动 SB_3 主轴电动机不能得电运行，只有按下 SB_2 后，再按 SB_3，主轴电动机才能运行，从而实现润滑泵电动机和主轴电动机顺序工作的要求，即实现两者间的联锁。

4. 正反转控制

许多生产机械中要求电动机具有正反转功能。电动机的正反转是通过改变三相电源的相序实现的（对调电动机任意两根与电源的接线）。其控制电路如图 1-81 所示。

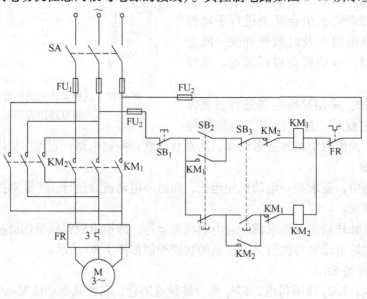

图 1-81 三相异步电动机的正反转控制电路

主电路通过 KM_1 或 KM_2 主触点分别使电动机引入电源的相序改变来实现的。这样,控制 KM_1 和 KM_2 就需要两个相同的线路。但正反转电路不能同时运转,必须保证正反转要互相锁定,从而防止相间短路。这里,利用接触器 KM_1、KM_2 的两个常闭触点串入对方支路,起相互控制作用,即利用一个接触器通电时,其常闭辅助触点的断开来锁住对方线圈的电路。这种利用两个接触器的常闭辅助触点互相控制的方法叫作"互锁"。而这两对起互锁作用触点便叫作互锁触点,也叫电气互锁。图中同时还采用复合按钮 SB_2、SB_3 进行互锁,这叫做机械互锁。双重互锁保证了电路可靠地工作。

工作过程简述为

1)合上开关 SA。

2)按 $SB_2 \rightarrow KM_1^+$（常闭触点同时断开 KM_2 电路,即互锁）$\rightarrow$ M 正转。

3)按 $SB_3 \rightarrow KM_1^- \rightarrow$ M 停止正转 $\rightarrow KM_2^+$,常闭触点同时断开 KM_1 电路,即互锁 $\rightarrow$ M 反转。

（注:KM^+ 表示接触器线圈得电,对应常开触点闭合、常闭触点同时断开;KM^- 表示接触器线圈失电,常开触点断开、常闭触点同时闭合。继电器也同样表示。）

5. 行程控制

行程开关控制的半自动循环电路如图 1-82 所示,一台电动机正反转控制的电路中,如果正转时（KM_1 吸合）对应工作台前进,而反转（KM_2 吸合）对应工作台后退。当前进到终点挡铁撞动终点行程开关 SQ_b,KM_1 断电,电动机停转;在终点 SQ_b 的常开触点闭合,接通 KM_2 线圈,自动起动反转,工作台后退。后退到原位时,挡铁撞动安装在原位的行程开关 SQ_a,因而使 KM_2 断电,停止后退,完成一个半自动循环。

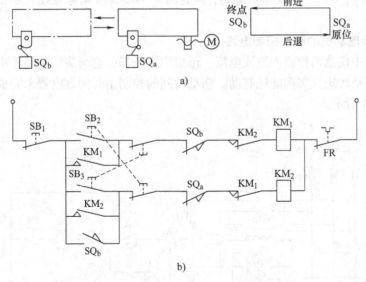

图 1-82　行程开关控制的半自动循环电路

a) 行程示意图　b) 控制电路

行程开关还可以实现终端保护、自动循环等功能。

6. Y-△换接起动的控制电路

Y-△换接起动是将正常工作时 △联结的电动机在起动时改接为Y联结来降低起动电压。

这种起动装置结构比较简单。电动机起动时丫联结使电压降低为直接起动时为 $1/\sqrt{3}$，起动转矩和起动电流降低为直接起动时的 1/3。因此丫-△起动用在起动转矩要求不高的空载或轻载的情况下，是控制起动电流的一种经济有效的方法。图 1-83 是 13kW 以下电动机常用的可自动切换的丫-△换接起动控制电路。

按一下起动按钮 SB_2 使 $KM_丫$、KM、KT 的吸引线圈接通，$KM_丫$、KM 的常开触点闭合，电动机在丫联结下起动。过一段时间（转速基本上稳定），时间继电器 KT 的延时断开触点、延时闭合触点同时动作，使 $KM_丫$ 线圈断电，$KM_△$ 线圈得电并自锁，$KM_△$ 的常开主触点闭合，使电动机在△联结下运行。此电路有热继电器作过载保护，$KM_△$ 和 $KM_丫$ 有互锁可防止 $KM_△$、$KM_丫$ 同时得电而造成三相电源短路的危险。

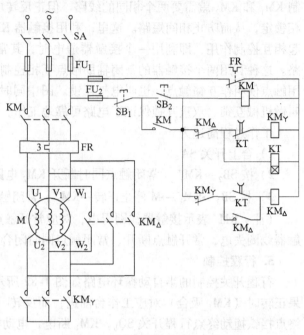

图 1-83　丫-△换接起动控制电路

工作过程简述为

按 $SB_2 \rightarrow KM_丫^+$、$KT^+ \rightarrow M$（星形起动，经延时）$\rightarrow KM_丫^-$（解除互锁）$\rightarrow KM_△^+ \rightarrow M$（三角形运行）。

7. 三相异步电动机的制动控制电路

在定子绕组中任意两相通入直流电流，形成固定磁场，它与旋转的转子中的电流相互作用，从而产生制动转矩，实现能耗制动。制动时间的控制由时间继电器来完成。能耗制动控制电路如图 1-84 所示。

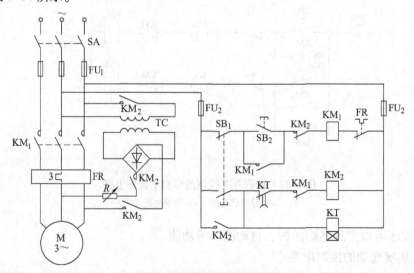

图 1-84　能耗制动控制电路

控制过程：

1）按动 SB_2，KM_1 得电且自保持，电动机运转。

2）欲使电动机停止，可按下 SB_1，则 KM_1 失电，同时 KM_2 得电，然后 KT 得电，KM_2 的主触点闭合，经整流后的直流电压通过限流电阻 R 加到电动机两相绕组上，使电动机制动。制动结束，时间继电器 KT 延时触点动作，使 KM_2 与 KT 线圈相继失电，整个电路停止工作，电动机停车。

制动过程简述为

$$SB_1 \rightarrow KM_1^- \rightarrow KM_2^+ 、 KT^+ \rightarrow M \text{ 能耗制动（延时一会）} \rightarrow KM_2^- \rightarrow KT^- \rightarrow M \text{ 停车。}$$

1.4.3 几种金属切削机床和设备的电气控制

为保证机床设备的安装、调试和维修，必须了解工艺过程（特别是电气、机械或液压之间的相互关系）并对其电气控制图进行阅读分析。主要应掌握以下内容：

（1）阅读设备说明书

1）了解机械、液压传动等技术指标、工艺过程。

2）了解电动机的用途、布置和型号。

3）了解设备使用方法、手柄开关、旋钮布置及作用。

（2）分析电气控制原理图

1）主电路：由电动机的用途去理解其控制要求、控制内容。

2）控制电路：基本方法是把电路"化整为零"，用"查线法"读图。

3）其他电路：如照明、报警及指示电路等。

4）总体检查：看是否有遗漏。

5）看懂电器安装布置图、接线图、安装及维修的资料。

1. 车床的电气控制电路（C650）

（1）车床的用途　车床能车削工件外圆、内圆、端面、螺纹和定型表面。并可用钻头、绞刀、镗刀进行加工。

（2）主要结构和运动形式

1）车床由床身、主轴变速箱、进给箱、溜板箱、刀架和丝杠等构成。

2）主运动：主轴通过卡盘带动工件旋转运动，它消耗切削时的主要功率。进给运动为溜板带动刀架移动使刀具直线移动。辅助运动为刀架的快进与快退、尾架的移动和工件的夹紧与松开。

（3）控制电路　C650 卧式车床主电动机功率为 30kW，该机床采用反接制动，为减小制动电流，制动时定子回路串入限流电阻 R，机床还设置了一台 2.2kW 的快速移动电动机（M_3）和 0.5kW 的冷却泵电动机（M_2），如图 1-85 所示。

1）主电路：组合开关 SA 将三相电源引入，FU_1 为主电动机 M_1 的短路保护熔断器，FR_1 为 M_1 的过载保护热继电器，R 为限流电阻，防止点动时连续的起动电流造成电动机过热。通过电流互感器 TA 接入电流表 A 以监视电动机的绕组电流，熔断器 FU_2 为 M_2、M_3 电动机短路保护熔断器，KM_4、KM_5 为 M_2、M_3 电动机起动用接触器，FR_2 为 M_2 过载保护热继电器，快速移动电动机 M_3 因工作时间短，不需设过载保护装置。

2）控制电路

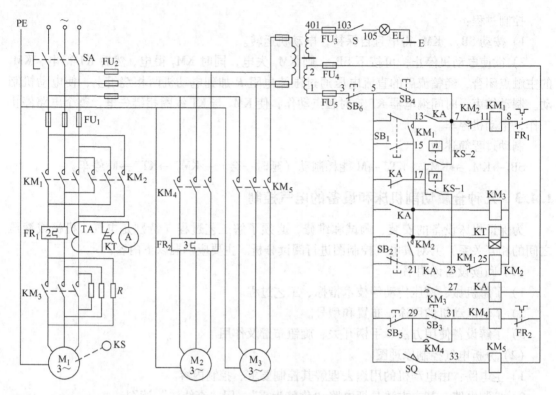

图 1-85　C650 车床电气原理图

① 主电动机的点动控制：按下 SB₄，KM₁ 得电吸合，它的主触点闭合，由于 KM₃ 主触点断开电动机串电阻限流起动，松开 SB₄，KM₁ 断电，电动机停止，实现低速点动控制。

② 主电动机正反转控制：主电动机正转由 SB₁ 控制。按下 SB₁ 时，KM₃ 首先得电动作，其主触点闭合将 R 短接。辅助触点同时闭合，使 KA 得电吸合，KA 辅助触点（13-7）闭合，KM₁ 得电，电动机全压起动；KM₁ 的常开触点（13-15）、KA 的常开触点（5-15）闭合，将 KM₁ 自锁。主电动机反转由 SB₂ 控制。按下 SB₂，KM₃ 首先得电，然后 KA 得电，它的辅助触点（21-23）闭合，使 KM₂ 得电吸合，KM₂ 的主触点将三相电源相序改变，使电动机全压下反转起动，KM₂ 的常开触点（15-21）和 KA 的常开触点（5-15）闭合，将 KM₂ 自锁，KM₂ 和 KM₁ 的常闭触点分别串在对方的接触器线圈回路中，起互锁作用。

③ 主电动机的反接制动：速度继电器与被控电动机同轴连接，当电动机正转时 KS-1（17-23）闭合。反转时，KS-2（17-7）闭合。在正转时，KM₁、KM₃ 和继电器 KA 皆处于得电状态，KS-1（17-23）也是闭合的，这样就为正转反接制动作好准备。当需停车时，按下 SB₆，KM₃ 失电，主触点断开，R 串入主回路，同时 KM₁ 失电。断开电动机的电源，KA 同时失电，使它的常闭触点闭合。这样就使 KM₂ 通过 1-3-5-17-23-25 电路得电，电动机反接制动。当转速下降为复位转速时，速度继电器的正转常开触点 KS-1（17-23）断开，切断了 KM₂ 通电回路，电动机脱离电源而停止。电动机反转时制动与正转相似。反转时 KS-2 闭合。按下 SB₆，正转线圈 KM₁，通过 1-3-5-17-7-11 得电吸合，将电源反接并串入电阻，使电动机制动停止。

④ 刀架快移与冷却泵控制：刀架快移是由转动刀架的手柄压动限位开关 SQ，使接触器

KM_5 吸合，M_3 电动机运转来实现的。按钮 SB_3、SB_5 控制 M_2 的起动与停止。

（4）其他辅助电路　反映主回路负载的电流表是通过电流互感器接入的。为防止起动、点动和制动时的大电流对电流表的冲击，电路中采用了时间继电器 KT，例如当起动时，KT 通电，而 KT 的延时断开触点尚未动作，电流互感器二次电流只能经该触点构成闭合回路，电流表中无电流流过；起动后，KT 断开，此时电流才流过电流表，避免了大电流对电流表的冲击。

2. 磨床的电气控制电路（M-7475B）

（1）磨床的用途　磨床是用砂轮对工件进行精加工的精密机床。

（2）磨床的种类　一般有内圆磨床、外圆磨床、平面磨床、无心磨床及各种专用磨床等。

（3）磨床的特点　多电动机单独拖动，相互间存在简单的联锁、必要的信号和保护环节。

（4）主要结构及运动形式

1）磨床由床身、工作台、电磁吸盘、砂轮箱、滑座、立柱等部分组成。

2）主运动为砂轮的旋转运动。进给运动为工作台的纵向往返运动和主轴的横向进给运动。辅助运动为砂轮箱的升降。

（5）控制电路的分析（见图 1-86 和图 1-87）

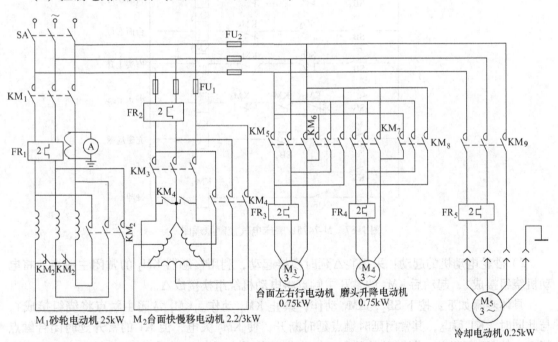

图 1-86　M-7475B 磨床电气主电路图

1）平面磨床的快、慢转与冷却泵电动机控制：以上是用手动开关操纵，为防止停止后再通电时发生自起动，电路设置了中间继电器 KA 作零电压保护。

按 $SB_1 \rightarrow KA$（自锁）$\rightarrow$ 提供控制电源（如果断电解除自锁切断控制电源，起零电压保护作用）。

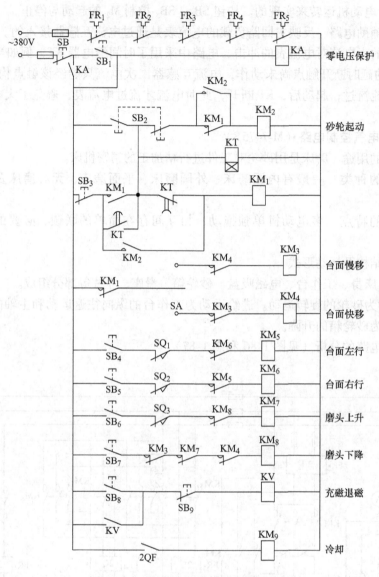

图 1-87 M-7475B 磨床电气控制原理图

2）砂轮电动机的起动：采用丫-△延时换接起动，利用接触器 KM_2 的常闭主触点，将电动机绕组接成丫，起动后 KM_2 的常开主触点将电动机绕组换接成△。

具体步骤如下：按下 SB_2，KM_1 动作，禁止 KM_2 动作。KM_2 常闭主触点将绕组接成丫，与此同时，KT 得电，其常闭延时触点延时断开，使 KM_1 失电，但 KT 的常开延时闭合触点闭合，使 KT 仍得电，所以砂轮机以丫起动若干秒后，因 KM_1 失电而短时断电，KM_2 则由 SB_3（常闭）、KT（已闭合的触点）、SB_2（常闭）、KM_1（常闭触点）通路得电并自锁，此时 KM_2 的常开辅助触点闭合，使 KM_1 再次通电，电动机以△联结运行。这种电动机丫起动后短时停电，再换接成△运行，可有效地防止两接触器的电弧引起的相间短路。

3）任一台电动机过载使相应热继电器动作都能切断控制电路电源，使各接触器断电，所有电动机停车，熔断器 FU_1、FU_2 作短路保护。由变压器提供局部照明及指示灯电源，限

位开关 SQ_1、SQ_2、SQ_3 控制台面左行、右行及磨头上升的极限位置，作限位保护。

4）台面的快移与慢移用 SA 操纵：SA 接通 KM_3，调速电动机接的每相绕组中两个线圈串线，Y绕组呈两对磁极，电动机慢速旋转。若 SA 接通 KM_4，电动机的每相绕组中两个线圈并接，绕组接成双星形（一对磁极），电动机高速旋转。

5）按钮 SB_8 与 SB_9 控制 KV 的通与断，其触点去控制机床附件——电磁吸盘，实现充磁与退磁。

6）SB_4、SB_5、SB_6、SB_7 分别控制台面左行、台面右行、磨头上升、磨头下降。KM_3、KM_4 的常闭触点串接于 KM_8 线圈电路中，可保证台面快、慢速时，磨头不能下降。台面左行与右行、磨头上升与下降间的互锁关系，读者可以自行理解。

1.4.4　变频调速器及异步电动机的变频调速

变频器是一种静止的频率变换器，可将配电网电源 50Hz 的恒定频率变成可调频率的交流电源，作为电动机的电源装置，当前国内外交流电动机的调速中使用较为普遍。使用变频器可以节能、提高产品质量和劳动生产率。

1. 变频器的分类

（1）按变换频率的方法分类

1）交-直-交变频器：交-直-交变频器首先将恒定 50Hz 的交流经整流，变换成直流，经过滤波，再将平滑的直流逆变成频率可调的交流。

2）交-交变频器。

（2）按照开关方法分类

1）PAM 控制：PAM 控制是 Pulse Amplitude Modulation（脉冲振幅调制）的简称，是一种改变电压源的电压或电流源的电流的幅值进行输出控制的方式。

2）PWM 控制：PWM 控制是 Pulse Width Modulation（脉冲宽度调制）的简称，是通过改变输出脉冲的宽度来达到控制电压（电流）的目的。目前在变频器中多采用正弦波进行 PWM 控制方式。

（3）按电压等级分类　变频器按电压等级分为两类，一种是变频器电压等级为 200 ~ 460V 的低压型变频器；另一种是高压型变频器，电压等级为 3kV、6kV、10kV。

（4）按不同用途分

1）通用变频器：指对普通的异步电动机进行调速控制，如风机、泵类变频器。

2）高性能专用变频器：如地铁机车用变频器、轧机用变频器。

2. 变频器的原理及功能

变频器将交流变为直流，经直流滤波器滤波后，由逆变将它变为频率可调的交流。变频器输出的电压波形不是正弦波，而是脉冲（PWM）波形，此 PWM 波作用于三相异步电动机，使流入三相异步电动机的三相电流接近正弦波。为了对交流异步电动机的调速，所给出的操作量有电压、电流、频率。

（1）主要参数及功能

1）输入信号有：正转指令、自由运转指令、复位输入、加速、减速时间转换、多段频率选择、自保持运转电路等。

2）频率设定：由可调电位器（1 ~ 5kΩ）进行频率设定。上升/下降控制能通过外部信号（接点信号）进行控制，在其接通期间，频率上升（UP 信号）或下降（DOWN 信号）；多段频率选择是根据外部信号（接点信号）的组合，最多能进行 7 段运转的选择。

3）运转状态信号有：运转中、频率到达、频率检测、过载预报等。模拟信号有：输出频率、输出电流、输出转矩、负载率等。

4）加速时间、减速时间：能独立设定 4 种加速、减速，并能由外部信号选择，能选择线性加速减速，曲线加速减速（S 形曲线除外）。

5）能设定上限、下限频率。

6）其他还有频率设定增益、偏置频率、跳跃频率、直接切换运转、瞬间停电时再起动、转差补偿控制、再生回馈控制等设定。

（2）显示内容

1）无论运转中还是停止中都能显示输出频率、输出电压、电动机旋转速度、负载轴旋转速度、输出转矩等，并显示其单位。在 LCD 画面上能显示其单位。测试功能输入信号和输出信号的有无（模拟信号的大小）。

2）设定时用来显示功能码和数据（带单位显示）。

3）跳闸时用来区分跳闸的原因，并显示。

（3）保护环节

1）变频器保护有：电涌保护、过载保护、再生过电压保护、欠电压保护、接地过电流保护、冷却风机异常、过热保护、短路保护。

2）异步电动机保护有：过载保护、超频（超速）保护。

3）其他保护有：防止失速过电流、防止失速再生过电压。

3. 变频调速

异步电动机调速传动时变频器可以根据电动机的特性对供电电压、电流、频率进行适当的控制，不同的控制方式所得到的调速性能、特性以及用途是不同的。

控制方式大体可分为 V/F 控制方式，转差频率控制和矢量控制等方式。

（1）V/F 控制 通过调整变频器输出侧的电压（Voltage）与频率（Frequency）的比值（V/F），来改变电动机在调速过程中机械特性的控制方式。既要在低频运行时同时降低输出电压，又要保证此时能输出足够的转矩以拖动负载，这就要求根据不同负载特性适当调整 V/F，以得到需要的机械特性。

V/F 控制比较简单，这种变频器采用的是开环控制方式，多用于通用变频器、风机、泵类传动等。另外，空调等家用电器也采用 V/F 控制的变频器。

（2）转差频率控制 首先要检出电动机的转速，构成速度闭环，速度调节器的输出为转差频率，然后以电动机速度与转差频率之和作为变频器的输出频率。由于通过控制转差频率来控制转矩和电流，与 V/F 控制相比其加减速特性和限制过电流的能力得到提高，也适用于自动控制系统。

（3）矢量控制 其基本原理是控制电动机定子电流的幅值和相位（即电流矢量），来分别对电动机的励磁电流和转矩电流进行控制，从而达到控制电动机转矩—电流特性的目的。

4. 变频器的应用

某些小功率（<5kW）的变频器，输入电压可采用交流 220V 的单相电源，此时输出端连接的三相异步电动机应采用三角形联结，额定电压为交流 220V。

（1）主电路的连接　下面以三菱 FR-A140E 为例介绍主要端子规格及连接，如图1-88 所示。

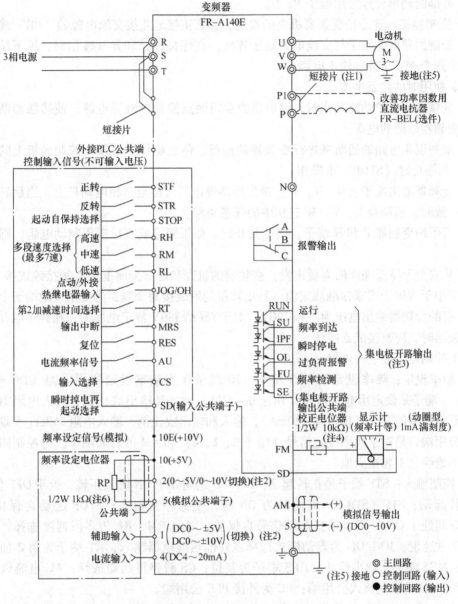

图1-88　变频器接线图

1）主电路电源端子 R、S、T 端子经接触器和空气开关与电源连接，无需考虑相序；变频器输出端 U、V、W 和三相电动机连接。

2）直流电抗器连接用端子和 P1、P 连接，用以改善功率因数。出厂时 P1、P 间有短路片短接。

3）外部制动单元连接用端子 P、N。

4）变频器接地这是指变频器机壳的接地，要真正接地或接交流电源的"PE"线。

5）控制回路电源端子与交流电源端子连接。在保持显示和异常输出时，拆下端子排短路片，由这个端子从外部输入电源。

（2）使用时的注意事项

1）变频器的保护功能动作时，继电器的常闭触点控制接触器电路，使接触器断开，从而切断变频器电路的电源。

2）请勿以主电路的通断来进行变频器的运行、停止操作。必须用控制面板上的运行键（RUN）和停止键（STOP）来操作。

3）变频器输出端子（U、V、W）最好经热继电器再接至三相电动机上，当旋转方向与设定不一致时，请调换 U、V、W 三相中的任意两相。

4）若不用变频器 P 和 N 端子，则使其开路。如果短路或直接接入制动电阻，则会损坏变频器。

5）从安全及降低噪声的需要出发，变频器的机壳和内部金属框架必须接地或接 PE，接地电阻应小于或等于国家标准规定值，且用较粗的短线接到变频器的专用接地端子上。

6）有的变频器输出电压为三相 220V，对于丫联结 380V 额定电压的三相异步电动机，在接入变频器时，应改接成△接法。

（3）控制电路端子的连接

1）频率设定：频率设定有三个端子，10 端子作为频率设定器用电源（DC = + 5V，10mA）；2 端子是设定用电压输入（DC：0 ~ 5V），输入和输出成比例，输入电阻 10kΩ；4 端子是设定用电流输入（DC：4 ~ 20mA），输入和输出成比例，输入电阻 250Ω；5 端子是频率设定公用端，是对于频率设定信号（端子 2、1、4）和 AM 的公共端子，与控制回路的公共回路不绝缘，不要接大地。

2）控制输入：STF 端子是正转起动，STF-SD 之间处于 ON 时便正转，处于 OFF 便停止；STR 反转起动；STF，STR-SD 间同时为 ON 时，便为停止指令；STOP 起动自保持选择，STOP-SD 间处于 ON，可以选择起动信号自保持；RH、RM、RL 为多段速度选择，最多可以选择 7 种速度；JOG/OH 为点动模式选择或外部热继电器输入，RT 端子为第 2 加减速时间选择；MRS 端子为输出停止；RES 端子为复位；CS 瞬停再起动选择；AU 电流频率信号输入选择；SD 端子是输入公用端；PC 为外接 PLC 公用端。

3）控制输出：RUN 为异常输出端子；SU 为频率到达端子；OL 为过负荷报警；IPF 为瞬时停电；FU 为频率检测；SE 集电极开路输出公共端；FM 为脉冲输出用于仪表；AM 为模拟信号输出。

1.4.5 实习内容与基本要求

1. 继电器、接触器拆装

了解继电器和接触器的结构与工作原理。

2. 三相异步电动机正反转控制电路设计与安装

1）给出 1 台 Y112M-2 型三相异步电动机，它的技术数据可以从本书附录中查出。根据数据选配开关、熔断器、热继电器、接触器和按钮等元器件。设计并绘制三相异步电动机正反转控制的电气原理图。

2）根据电气原理图绘制电气安装接线图。要求如下：

① 电源开关、熔断器、交流接触器、热继电器画在配电板内部，电动机、按钮画在配电板外部。

② 安装在配电板上的元器件布置应根据配线合理、操作方便、保证电气间隙不能太小，重的元器件放在下部，发热元器件放在上部等原则进行，元器件所占面积按实际尺寸以统一比例绘制。

③ 安装接线图中各元器件的图形符号和文字符号，应和原理图完全一致，并符合国家标准。

④ 各元器件上凡是需要接线的部件端子都应绘出并予以编号，各接线端子的编号必须与原理图的导线编号相一致。

⑤ 配电板内元器件之间的连线可以互相对接，配电板内接至板外的连线通过接线端子板进行，配电板上有几个接至外电路的引线，端子板上就应有几个线的接点。

⑥ 走向相同的相邻导线可以绘成一条线。

3）根据绘制的三相异步电动机正反转控制电路的安装接线图进行接线练习。

4）推荐的实习器材：B9 型交流接触器，线圈电压 220V 或 380V 2 只；RL1-15 型螺旋式熔断器或 RT18-32 型塑壳熔断器 5 只；T16 型或 JR0—20/3 型热继电器 1 只；LA19 型按钮 1 只；HZ10—10/3 型组合开关 1 只；JX2—10 型 10 节接线端子板 1 只；配电板 1 块；主电路用 BV1.5mm² 塑料皮铜线，控制电路用 BV1.0mm² 塑料皮铜线，接入按钮用 BVR0.75mm² 塑料皮铜心软线，接入电动机用 YHZ 四芯橡套电缆。

3. 三相异步电动机的时间控制电路设计与安装

1）三相异步电动机 3 台，型号均为 Y100L1-4。根据其技术数据选配开关、熔断器、热继电器、时间继电器、接触器及按钮等元器件。设计并绘制按预定先后顺序及间隔时间的顺序控制电气原理图，控制要求：电动机 M_1 起动后 10s，M_2 起动；M_2 起动后 10s，M_3 自行起动。

2）根据电气原理图绘制电气安装接线图，列出元器件明细表。

3）根据电气安装接线图进行元器件的安装固定与连接。

4）检查无误后通电试车，如发生故障应断电检查，排除故障后再通电试车，直至运行正常。

4. 三相异步电动机的时间和顺序控制电路设计与安装

1）3 台三相异步电动机：M_1 为 4kW，M_2、M_3 均为 2.2kW。查阅本书附录，确定电动机型号及技术数据。

2）控制要求：M_1 起动 10s 后，M_2 自行起动。M_1、M_2 均起动后，M_3 才能起动运转，M_3 可以控制正反转。M_3 正转时驱动运动部件前进，前进到终点自行返回（反转）。后退到原位，自行停止运转。

3）绘制电气控制原理图。

4）根据电动机技术数据选配元器件，列出明细表。

5）绘制电气安装接线图。原理图、接线图的导线编号应规范和一致。

6）根据布线图进行操作。完成后，经检查无误，进行试车。

5. 三相异步电动机变频调速的控制电路设计与安装

1）选用一台额定功率为 3kW 左右的变频器，认真阅读使用说明书，了解其参数及使用方法。

2）前述实习项目 4 中电动机 M_3 使用调速器进行控制，其余控制要求不变。

3）应用变频器调节：①电动机 M_3 的正反转；②电动机 M_3 的转速，要求外接 $\frac{1}{2}$ W、1kΩ 电位器进行调节。

4）绘制电气原理图和安装图。

5）对照说明书对变频器进行参数设置。

6）注意电动机的三相绕组接法与额定电压要求和调速器的输出电压匹配。

7）用转速表测量调速范围。

8）对项目 4 中所要求的控制功能和控制方式进行总调试。

1.4.6　思考题与习题

1. 低压电器如何分类？

2. 交流电磁线圈误接入直流电源，直流电磁线圈误接入交流电源，会发生什么问题？为什么？

3. 常用的灭弧方法有哪几种？各用在什么电器上？

4. 线圈电压为 220V 的交流接触器，误接入 380V 的交流电源会发生什么问题，为什么？如果线圈电压为 380V 的，接入 220V 的交流电源会发生什么问题？为什么？

5. 接触器与继电器有何不同？常用的有哪几种继电器？

6. 触点系统有哪几种形式？常见的故障有哪些？如何修理？

7. 常用的熔断器有哪几类？如何选择熔断器熔断体的额定电流？

8. 既然在电动机的主电路中装有熔断器，为什么还安装热继电器？装有热继电器是否就可以不装熔断器？为什么？

9. 电气原理图和接线图有何区别？绘制接线图时应遵循哪些原则？

10. 电气控制中最常用的基本规律有哪些？各有何用途？

11. 电动机常用起动方法有哪几种？各有何特点？画出 Y-△ 减压起动控制电路图。

12. 分别画出采用时间控制和速度控制的制动控制电路。

13. 异步电动机有哪些调速方法？

14. 直流电动机控制电路和交流电动机控制电路的最大区别是什么？分析并励直流电动机电枢回路串电阻起动与调速控制电路的原理。

15. 分析电气控制电路时，分析哪些内容？一般分析方法有哪些？

16. C650 车床电气控制原理及工作过程是什么？

17. 机床控制电路包括哪些部分？保护环节有哪些？

18. 对机床的照明电路和信号指示电路有哪些要求？

19. 防止多台电动机误动作的控制方法有哪些？

20. 三相异步电动机变频调速的优点是什么？

1.5　PLC 原理及应用

可编程序控制器（Programmable Logic Controller，PLC）起源于 20 世纪 60 年代，当时利用计算机的逻辑控制来替代传统的继电器控制，以执行逻辑判断、计时、计数等顺序控制功能。随着电子技术的进步，现代的可编程序控制器包含计算机、控制和通信等技术，其功能除具有基本的逻辑控制、定时、计数、算术运算等功能外，配合功能模块还可实现定位控制、过程控制、通信网络等功能。

可编程序控制器具有高可靠性、编程方便、控制功能强、扩展及外部连接方便等优点，应用范围极其广泛。目前，PLC 已成为工厂自动化的一个重要支柱，得到了广泛的应用。

1.5.1　PLC 的组成和原理

不同品牌的 PLC 虽然结构多样、指令格式相异，但其硬件组成和工作原理基本相同，即都是以微处理器为核心，并外加输入/输出等部件。PLC 与普通计算机一样要实现控制除了有硬件外，还必须靠软件来支持。

1. PLC 的组成

PLC 硬件主要由中央处理单元 CPU、存储器、输入/输出部件、电源和外部设备等几大部分组成，其结构框图如图 1-89 所示。

（1）中央处理器（CPU）与通用计算机一样，CPU 是 PLC 的核心部件，整个 PLC 的工作过程都是在 CPU 的统一指挥和协调下进行的。它的主要功能有以下几点：读入现场状态、控制存储和解读用户逻辑、执行各种运算程序、输出运算结果、执行系统诊断程序、与外部设备或计算机通信等。

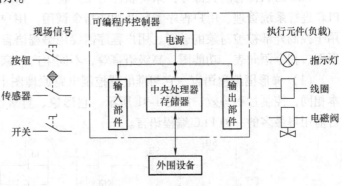

图 1-89　可编程序控制器结构框图

PLC 常用的 CPU 有通用微处理器、单片机和位片式微处理器。PLC 的档次越高，所用的 CPU 的位数也越多，运算速度也越快，功能也越强。

（2）存储器　PLC 配有系统存储器和用户存储器。系统存储器用来存放系统程序，用户无法改变其内容。系统存储器一般由只读存储器 ROM 实现。用户存储器用来存放用户程序和数据，分程序存储器和数据存储器。程序存储器用来存放用户编写的应用程序，一般用 E^2PROM 实现；数据存储器用来存放控制过程中需要不断改变的信息，一般用 RAM 实现。

（3）输入/输出（I/O）部件　输入/输出部件也称为输入/输出接口电路，是 CPU 与现场输入/输出设备之间的连接部件，起着信号变换、信息传递的作用。PLC 输入/输出模块的电路框图如图 1-90 所示。

1）输入部件：用来接收现场输入信号，具有光电隔离、RC 滤波器，用以消除输入触点的抖动和外部噪声的干扰，同时具有信号输入指示。

2）输出部件：驱动外部负载（如接触器、电磁阀、指示灯等），用来控制或指示现场设备所进行的工作。输出部件除具有一定的驱动能力外，还具有光电隔离、电平转换、输出指示的功能。

PLC 的输出有三种形式：继电器（R）输出、晶体管（T）输出和双向晶闸管（S）输出。其中继电器输出型最常用，晶体管输出响应速度最快。

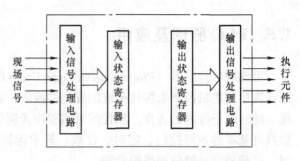

图 1-90　PLC 输入/输出模块的电路框图

（4）电源　PLC 的电源为一般市电，其内部为开关电源，输出 5V 和 24V，5V 为 CPU、存储器和 I/O 单元等供电，24V 主要供外部输入信号使用。PLC 中另外还有一个后备锂电池，当 PLC 外部电源断电时，用来保存 PLC 内部程序和数据等重要信息。大中型 PLC 采用模块式或叠装式结构，配有专用电源模块。

（5）外围设备　PLC 外围设备主要是编程设备，早些时候采用编程器进行程序的录入、检查、修改、调试与在线监视 PLC 的工作状况。现在基本上采用计算机，通过专用软件进行程序的编辑、离线仿真、在线调试等，功能十分强大。

2. PLC 的编程语言

PLC 的软件有两大部分：系统软件与用户程序。系统软件由制造商固化在机内，用于对 PLC 进行系统管理、用户程序解释及功能指令调用。用户程序由 PLC 的使用者编制并输入，用于控制外部被控对象的运行。用户程序需要用编程语言来实现。PLC 常用的编程语言有梯形图、指令语句表、功能图、高级语言等，不同生产厂家的 PLC 编程语言会略有不同。

（1）梯形图编程语言　它与继电器控制电路原理图十分相似，它们的输入/输出信号基本相同，控制过程等效，如图 1-91 所示。它形象、直观、实用，易被电气人员所接受，是目前用得最多的一种 PLC 编程语言。

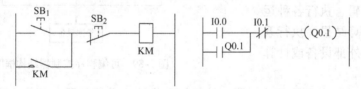

图 1-91　电气原理图与 PLC 梯形图对照

（2）指令语句表编程语言　它是一种与计算机汇编语言相类似的助记符编程方式。用户可以根据梯形图，写出指令语句，并通过编程器逐句写入 PLC 中。与图 1-91 的梯形图相对应的指令语句表如下：

指令符号	元件号
A	I 0.0
O	Q 0.1
AN	I 0.1
=	Q 0.1

（3）功能图编程语言　这是一种基于顺序控制的编程方法，表达控制过程。目前，国

际电工协会（IEC）正在实施发展这种新式的编程标准。

（4）高级语言　采用高级语言编程后，用户可以像使用普通微机一样操作 PLC。除了完成逻辑功能外，还可以进行 PID 运算、数据采集和处理以及与上位机通信等。

3. PLC 的基本原理

PLC 的工作方式与继电器控制电路或微型计算机有很大不同。PLC 采用循环扫描工作方式，整个工作过程分为若干个阶段来完成，如图 1-92 所示。

1）自诊断：PLC 检查 CPU 模块的硬件是否正常，复位监视定时器等。

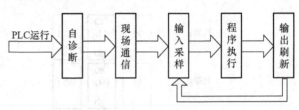

2）现场通信：PLC 与一些智能模块通信、现场其他设备之间的通信等。

3）输入采样：PLC 读入所有输入端的 ON/OFF 状态，并将此状态存入输入映像寄存器，此时输入映像寄存器被刷新，

图 1-92　PLC 扫描过程

接着进入程序执行阶段。在程序执行时，输入映像寄存器与外界隔离，即使输入信号发生变化，其输入映像寄存器的内容也不发生变化，只有在下一个扫描周期的输入采样阶段才能被读入。这是 PLC 独特的工作方式，也是与传统的继电控制系统的重要区别之一。

4）程序执行：此过程是 CPU 对用户程序逐句运算，并将其运算结果存储在有关的寄存器中。除输入映像寄存器外，其他映像寄存器中寄存信息会随着程序的进程而变化。

5）输出刷新：全部程序扫描运算完毕后，CPU 将输出映像寄存器的 ON/OFF 状态送向输出锁存器，即 PLC 的实际输出。

PLC 运行后，始终执行输入采样、程序执行和输出刷新这三个过程，把这个过程称为扫描过程，完成一个扫描过程所需要的时间称为扫描周期。当 PLC 处于（STOP）状态时，只进行自诊断和现场通讯任务。

1.5.2　S7-300 系列 PLC 简介

西门子 S7-300 系列 PLC 属于中型 PLC 控制系统，具有模块化结构，适合最大输入和输出共 1000 点左右的控制系统。S7-300CPU 集成了各种中断处理能力，具有强大的通信能力，如 MPI、现场总线、工业以太网。通过扩展具有独立处理能力的特殊模块，S7-300 系列 PLC 可以实现高速计数、单轴定位、具有插补功能的 4 轴路径控制，而不会影响 CPU 的处理速度。S7-300 系列 PLC 使用 STEP7 进行编程，该版本除支持 Win XP 系统外，还支持 Win7 等操作系统下安装使用。

1. S7-300 系列 PLC 硬件系统基础

一个典型的 S7-300 系统主要由导轨（RACK）、电源模块（PS）、中央处理单元（CPU 模块）、接口模块（IM）、信号模块（SM）、功能模块（FM）等几部分组成。

（1）导轨　导轨（RACK）在 S7-300 系统中作为主机架，各个模块均安装在该机架上，机架中设有背板总线，导轨长度可以选择，也可以按照实际需要切割成任意尺寸。机架上的 CPU 通过 U 形背板总线与各个模块连接。每个机架上面，除了电源、CPU 和接口模块外，最多可以插入 8 个模块，每个模块均占用一个槽号。

当系统模块超过 8 个时就需要新增机架和接口模块。PLC 系统的模块扩展能力因 PLC

型号而异，S7 系列 314 及以上型号的 CPU 最大扩展能力为 32 个模块，每个机架（层）安装 8 个模块，最多扩展 3 层机架。对于信号模块、功能模块和通信处理器没有槽位限制，可插到任何一个槽位中。机架扩展示意图如图 1-93 所示。在机架上安装模块时，应该注意的是机架前 3 个槽位所安装的模块是固定的，1 号槽位为电源，2 号槽位为 CPU，3 号槽位为接口模块。接口模块 IM360（发送）和 IM361（接收）用来在机架之间传递总线。IMS 接口代表发送，IMR 接口代表接收。接口模块必须安装到特定的插槽（3 号槽）。

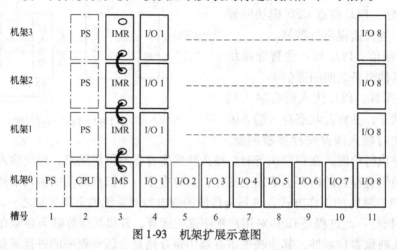

图 1-93 机架扩展示意图

两层机架之间的电缆长度有一定限制，采用 IM360/361 的多层组态之间最大长度为 10m，采用 IM365 的两层组态之间最大长度为 1m。经济型的接口模块 IM365 支持扩展一层机架，扩展机架上不需要电源模块，由于 IM365 不提供 K 总线，所以扩展机架上只能安装 SM 模块，不能安装 FM 和 PC 模块。

（2）电源模块 电源模块（PS307）将 AC120/230V 的电压转换为 DC24V 工作电压后，供给 S7-300 及其 DC24V 负载电路。在 S7-300PLC 系统中，PS307 向 CPU 或接口模块提供 DC 24V 电源，CPU 和接口模块将 24V 电源转换为 5V，向背板总线供电。PS307 常见的输出电流为 2A、5A 和 10A，根据系统的实际需求，可以选择不同的电源模块。S7-300 系列 PLC 每个模块都会消耗一定的电流，选择电源模块时，所有模块所消耗的电流总和不能超过电源模块的输出电流。

PS307 与 CPU 之间没有背板总线连接，可以与 CPU 机架分离安装，CPU 不能对电源模块进行诊断。系统也可以选择其他品牌的开关电源，但在输出功率和滤波功能等方面必须满足 CPU 的供电要求。

（3）CPU 模块 S7-300 系列 PLC 的 CPU 根据功能的不同，有 CPU312 到 CPU319 等众多型号。序号从低到高，CPU 的功能逐渐增强。其技术指标主要区别于计算速度、通信资源和编程资源，如计数器、定时器的个数等。

1）模式选择开关：选择 PLC 的运行模式。

2）指示灯：指示 PLC 运行的状态。

3）存储器卡：PLC 断电时用来保存程序。

4）电池盒：早期 CPU，在前盖下有一个装锂电池的空间，当出现断电时锂电池用来保存 RAM 中的内容。以后的 CPU 则不需要电池。

5）MPI 接口：用 MPI 接口连接到编程设备或其他设备。

6）DP 接口：分布式 I/O 直接连接到 CPU 的接口。

（4）信号模块　S7-300 系列 PLC 的信号模块可分为数字量输入模块（SM321）、数字量输出模块（SM322）、数字量输入/输出模块（SM323）、模拟量输入/输出模块（SM333）、模拟量输入模块（SM331）、模拟量输出模块（SM332）6 种。

数字量输入模块是 PLC 系统采集数字量信号的通道，可连电压为 DC/AC24～48V、DC48～125V、AC120～230V 的输入信号。输入模块的点数分为 8、16、32 点 3 种类型。

数字量输出模块是 PLC 系统控制数字量负载的通道，可连电压为 DC24～48V、DC48～125V、AC120～230V 的负载。数字量输出模块分为晶体管输出和继电器输出两种类型，输出模块的点数分为 8、16、32 点 3 种类型。

模拟量输入/输出模块是将模拟量输入功能和模拟量输出功能集成在一起的模块，其功能与模拟量输入模块和模拟量输出模块相同。

2. S7-300 系列 PLC 内部资源

（1）输入继电器　输入继电器是 PLC 采集外部开关量信号的唯一通道。在 PLC 每个扫描周期的开始，CPU 扫描输入点的状态，并将这些状态存入输入映像寄存器中。S7-300 PLC 的输入映像寄存器的助记符是 I，可以按位、字节、字和双字寻址。其格式为

按位寻址：I（字节地址）（位地址）　如：I0.0，I0.1，I1.0，I1.1。

按字节、字、双字寻址：I（长度）（起始字节地址）　如：IB1，IW3，ID4。

输入继电器是只读型继电器，有常开和常闭两付触点。其状态只能由外部硬件线路通断状态决定，当外部线路闭合时，常开触点导通，常闭触点断开。当外部线路断开时，常开触点断开，常闭触点导通。

（2）输出继电器　输出继电器是 PLC 控制外部开关量负载的唯一通道。在 PLC 每个扫描周期的结束，CPU 将程序运算结果的状态赋值给输出映像存储区，进而控制 PLC 输出继电器触点的通断，从而来控制外部负载的状态。S7-300 PLC 的输出映像寄存器的助记符是 Q，可以按位、字节、字和双字寻址。其格式为

按位寻址：Q（字节地址）（位地址）　如：Q0.0，Q0.1，Q1.0，Q1.1。

按字节、字、双字寻址：Q（长度）（起始字节地址）　如：QB2，QW4，QD6。

输出继电器有线圈、常开触点和常闭触点。线圈的通断状态由程序逻辑决定，当线圈得电时，其常开触点导通，常闭触点断开；反之，常开触点断开，常闭触点导通。使用时线圈只能用一次，触点可以使用多次。

（3）辅助继电器　辅助继电器相当于中间继电器，在 PLC 中用来存取中间控制状态，有线圈和常开、常闭触点。S7-300 PLC 辅助继电器的助记符是 M，可以按位、字节、字和双字寻址。其格式为

按位寻址：M（字节地址）（位地址）　如：M0.1，M10.2。

按字节、字、双字寻址：M（长度）（起始字节地址）　如：MB2，MW4，MD6。

（4）定时器　S7-300PLC 定时器内部是一个 16 位的计数器，以 BCD 码的格式存放定时时间值，时间常数为 0～999，最高 4 位定义时间基准，分别为 0.01s、0.1s、1s 和 10s。定时器数据格式如图 1-94 所示。

图 1-94　定时器数据格式

定时器定时范围：1~9990s。

S7-300PLC 中有 5 种不同类型的定时器：

1）接通延时定时器（S_ODT）：如图 1-95 所示，各引脚功能说明如下：

Tno：定时器编号，其范围与 CPU 的型号有关。

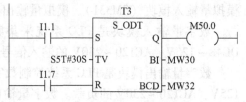

S：定时器启动端，上升沿触发定时器开始定时。延时时间到，Q 端输出"1"信号（即启动后延时一段时间才有输出）。

R：定时器复位端。上升沿使定时器的当前值清零。

图 1-95 接通延时定时器应用

TV：定时时间值输入端。定时时间值输入格式：S5T#1h30m，S5T#15m20s100ms 等。

BI：剩余时间常数值输出端。以十六进制格式表示的剩余时间常数值，不用时可悬空。

BCD：剩余时间常数值输出端。以 BCD 码格式表示的剩余时间常数值，采用 S5 系统时间格式，不用时可悬空。

Q：定时器状态输出端。定时时间到输出"1"信号。

注意：接通延时定时器在工作时必须要求启动端 S 保持"1"信号，否则定时器将停止工作。其时序图如图 1-96 所示。

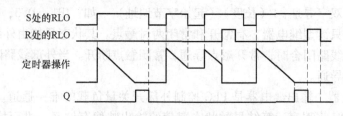

图 1-96 接通延时定时器时序图

2）保持型接通延时定时器（S_ODTS）：如图 1-97 所示，保持型接通延时定时器与接通延时定时器的不同点在于启动定时器以后，不需要 S 端维持"1"信号定时器也能正常工作，但是定时器的复位只能通过 R 端的"1"信号。其时序图如图 1-98 所示。

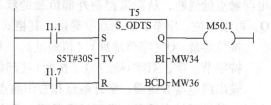

图 1-97 保持型接通延时定时器应用

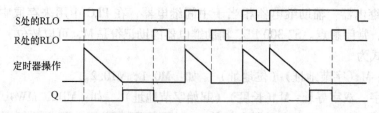

图 1-98 保持型接通延时定时器时序图

3）断开延时定时器（S_OFFDT）：如图 1-99 所示，断开延时定时器的工作特点是启动端 S 的上升沿使 Q 端输出"1"信号（即设备立即开始工作），启动端 S 的下降沿触发定时器计时，延时时间到 Q 端输出"0"信号（即启动端关断后设备延时一段时间才停止工作）。

其时序图如图 1-100 所示。

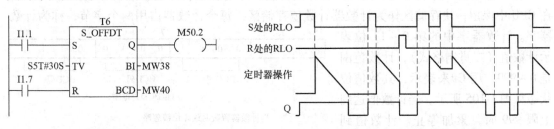

图 1-99　断开延时定时器应用　　　　图 1-100　断开延时定时器时序图

4）脉冲定时器（S_PULSE）：如图 1-101 所示，用户可以利用脉冲定时器设置一段定长的时间。例如，要求某台设备加热 30s。脉冲宽度可由定时器的时间值确定。

注意：脉冲定时器在工作时必须要求启动端 S 保持"1"信号，否则定时器将停止工作，Q 端输出"0"信号，不能满足要求的工作时间。其时序图如图 1-102 所示。

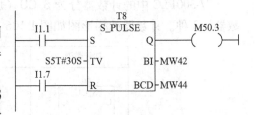

图 1-101　脉冲定时器应用

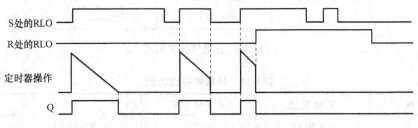

图 1-102　脉冲定时器时序图

5）扩展脉冲定时器（S_PEXT）：如图 1-103 所示，扩展脉冲定时器与脉冲定时器的不同点在于启动定时器以后，不需要 S 端维持"1"信号定时器也能正常工作，保证 Q 端输出定宽的"1"信号。其时序图如图 1-104 所示。

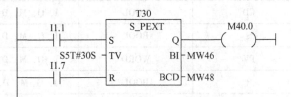

图 1-103　扩展脉冲定时器应用

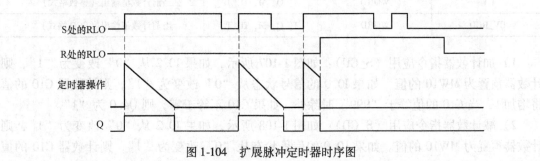

图 1-104　扩展脉冲定时器时序图

（5）计数器　计数器主要用来完成计数功能，可实现加法计数和减法计数。S7-300PLC
在 CPU 中保留一块存储区作为计数器计数值存储区，每个计数器占用两个字节，称为计数
器字。计数器字中的第 0 ~ 11 位表示计数值（二进制格式），计数范围是 0 ~ 999，用 C# 来表示，其数值位状态如图 1-105 所示。当计数值达到上限 999 时，累加停止。计数值到达下限 0 时，将不再减小。

图 1-105　计数器字格式

S7-300PLC 中的计数器分为 S_CU（加计数器）、S_CD（减计数器）和 S_CUD（加减计数器）3 种。计数器的梯形图如图 1-106 所示。其引脚功能如表 1-14 所示。

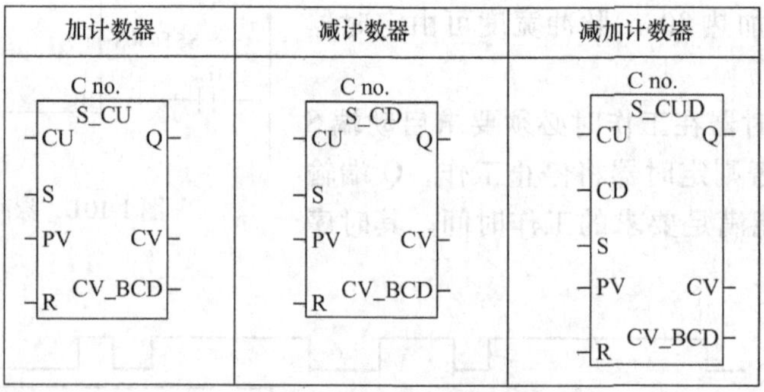

图 1-106　计数器的梯形图

表 1-14　计数器引脚功能

引　　脚	数据类型	存　储　区	说　　明
NO.	COUNTER		计数器标识号
CU	BOOL	I, Q, M, D, L	加计数输入
CD	BOOL	I, Q, M, D, L	减计数输入
S	BOOL	I, Q, M, D, L	计数器预置输入
PV	WORD	I, Q, M, D, L	计数初始值（0 ~ 999）
R	BOOL	I, Q, M, D, L	复位计数器输入
Q	BOOL	I, Q, M, D, L	计数器状态输出
CV	WORD	I, Q, M, D, L	当前计数值输出（整数格式）
CV_BCD	WORD	I, Q, M, D, L	当前计数值输出（BCD 格式）

1）加计数器指令应用（S_CU）：如图 1-107 所示，如果 I0.2 从"0"改变为"1"，则计数器预置为 MW10 的值。如果 I0.0 的信号状态从"0"改变为"1"，则计数器 C10 的值将增加 1，当 C10 的值等于"999"时除外。如果 C10 不等于零，则 Q4.0 为"1"。

2）减计数器指令应用（S_CD）：如图 1-108 所示，如果 I0.2 从"0"改变为"1"，则计数器预置为 MW10 的值。如果 10.0 的信号状态从"0"改变为"1"，则计数器 C10 的值将减 1，当 C10 的值等于"0"时除外。如果 C10 不等于零，Q4.0 为"1"。

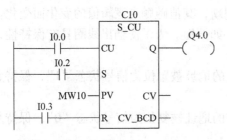

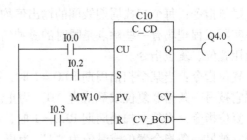

图 1-107　加计数器指令应用　　　　　图 1-108　减计数器指令应用

3）加减计数器指令应用（S_CUD）：如图 1-109 所示，如果 I0.2 从"0"改变为"1"，则计数器预置为 MW10 的值。如果 I0.0 的信号状态从"0"改变为"1"，则计数器 C10 的值将增加 1，当 C10 的值等于"999"时除外。如果 I0.1 从"0"改变为"1"，则 C10 减少 1，但当 C10 的值为"0"时除外。如果 C10 不等于零，则 Q4.0 为"1"。

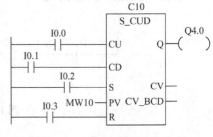

图 1-109　加减计数器指令应用

3. 常用位逻辑操作指令

（1）常开常闭指令　常开触点（动合触点）元素和参数如表 1-15 所示。

表 1-15　常开触点（动合触点）元素和参数

LAD 元素	参　数	数据类型	存　储　区	说　明
地址	地址	BOOL，TIMER，COUNTER	I，Q，M，T C，L，D	地址指明要检查信号状态的位

常闭触点（动断触点）元素和参数如表 1-16 所示。

表 1-16　常闭触点（动断触点）元素和参数

LAD 元素	参　数	数据类型	存　储　区	说　明
地址	地址	BOOL，TIMER，COUNTER	I，Q，M，T C，L，D	地址指明要检查信号状态的位

（2）线圈　线圈即输出指令，把状态字中 RLO 的值赋给指定的操作数，其线圈元素和参数如表 1-17 所示。

表 1-17　线圈元素和参数

STL 指令	LAD 指令	功　能	操　作　数	数据类型	存　储　区
= ＜地址＞	＜地址＞ －－－（ ）	逻辑串赋值输出	＜位地址＞	BOOL	Q，M，D，L
	＜地址＞ －－（#）－－	中间结果赋值输出	＜位地址＞	BOOL	Q，M，D，L

（3）赋值、置位、复位指令　赋值指令每个扫描周期被刷新；置位、复位指令具有保持性。

86

赋值指令：每个扫描周期线圈的输出值均被刷新，其值随触点逻辑值的变化而变化。但是在实际工程现场有一些触点是瞬时的脉冲信号，如按钮。为了使输出线圈具有保持性，可以使用置位、复位指令。

置位指令：当某个扫描周期 RLO=1 时，指定的地址被置位为信号状态"1"，保持置位直到它被另一条指令复位或赋值为"0"为止。

复位指令：当某个扫描周期 RLO=1 时，指定的地址被复位为信号状态"0"，保持复位直到它被另一条指令置位或赋值为"1"为止。

置位、复位指令应用如图 1-110 所示。

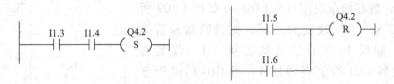

图 1-110　置位、复位指令应用

（4）触发器指令　触发器指令有优先置位（SR 触发器）和复位优先指令（RS 触发器）。当 S 为"1"，R 为"0"时，两种触发器均置"1"；当 S 为"0"，R 为"1"时，两种触发器均复位为"0"；当 S 端和 R 端同时为"1"时，SR 触发器的结果为"1"，而 RS 触发器的结果为"0"。即当置位 S 和复位 R 端的条件均为 1 时，后面的指令具有优先权，如图1-111 所示。

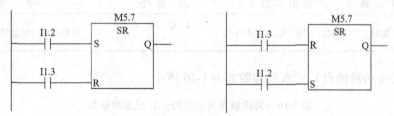

图 1-111　触发器的置位/复位指令应

（5）边沿检测指令　边沿检测指令中要用存储器的某一个位与当前值做比较，判断是否有上升沿或下降沿。检测逻辑操作结果 RLO 的上升沿。M1.0 用来记录前一个扫描周期 RLO 的信号状态，当 A 点的 RLO 由"0"变为"1"时，当前的 RLO 与 M1.0 的记录值做比较，表明有上升沿，M8.0 输出一个扫描周期的"1"信号。同时当前的 RLO 存入 M1.0，为下一个扫描周期做准备。其应用示例如图 1-112 所示。

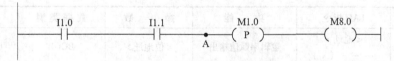

图 1-112　上升沿检测应用示例

检测 RLO 的下降沿。M1.1 用来记录前一个扫描周期 RLO 的信号状态，当 B 点的 RLO 由"1"变为"0"时，当前的 RLO 与 M1.1 的记录值做比较，表明有下降沿，M8.1 输出一个扫描周期的"1"信号。同时当前的 RLO 存入 M1.1，为下一个扫描周期做准备。其应用示例如图 1-113 所示。

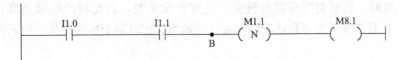

图 1-113　下降沿检测应用示例

RLO 的边沿检测指令的时序图如图 1-114 所示。

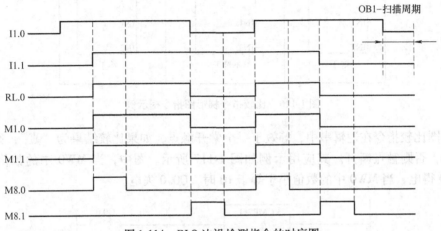

图 1-114　RLO 边沿检测指令的时序图

4. 常用数字操作指令

（1）数字传输指令（MOVE）　数字传输指令如表 1-18 所示。

表 1-18　数字传输指令

LAD 指令	参　数	数据类型	存储区	说　明
	EN	BOOL		允许输入
	ENO	BOOL	I、Q、	允许输出
	IN	8、16、32 位长的所有	M、D、L	源数据，可为常数
	OUT	数据类型		目的操作数

需要注意的是，数据传送使高位赋值给低字节，低位赋值给高字节。图 1-115 所示为数据传送示例及结果，当按下按钮 I0.0 时，输出 Q0.0 为 1。

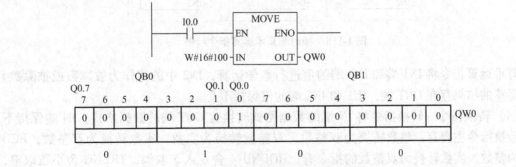

图 1-115　数据传送示例及结果

（2）比较指令　比较指令用于比较累加器 2 与累加器 1 中的数据大小。比较时应确保两个数的类型相同，数据类型可以是整数、长整数或实数。若比较的结果为真，则 RLO 为 1，否则为 0。比较指令分为整数比较和实数比较两类，比较指令梯形图指令框示例如图 1-116 所示。

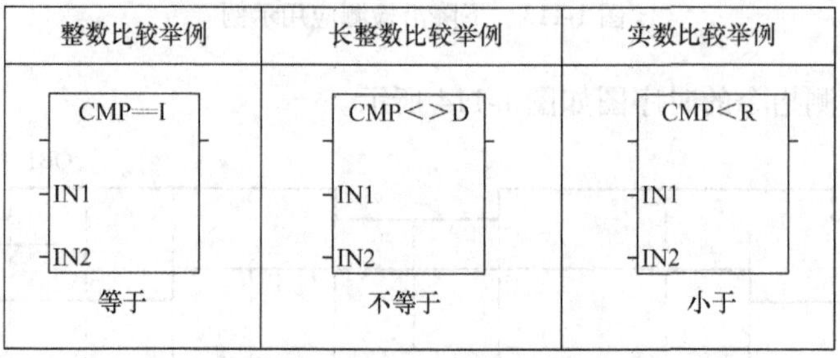

整数比较举例
长整数比较举例
实数比较举例
CMP==I
IN1
IN2
等于
CMP<>D
IN1
IN2
不等于
CMP<R
IN1
IN2
小于

图 1-116　比较指令梯形图指令框示例

梯形图比较指令在逻辑串中，等效于一个常开触点，如果比较结果为“真”，则该常开触点闭合，否则触点断开。其应用示例如图 1-117 所示。图中，当 MW0 中的数值大于 10 时，Q0.0 得电，当 MW0 中的数值小于等于 10 时，Q0.0 失电。

CMP>I
Q0.0
MW0
IN1
10
IN2

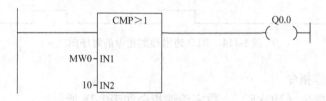

图 1-117　比较指令应用示例

（3）算术运算指令　在 STEP 7 中可以对整数、长整数和实数进行加、减、乘、除算术运算。梯形图算术运算指令示例如图 1-118 所示。

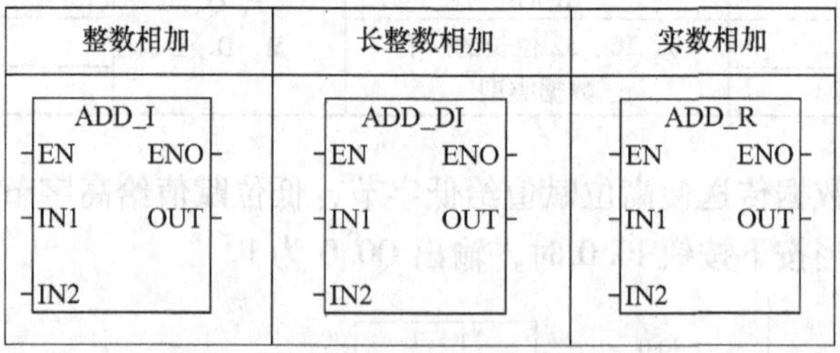

整数相加
长整数相加
实数相加
ADD_I
EN
ENO
IN1
OUT
IN2
ADD_DI
EN
ENO
IN1
OUT
IN2
ADD_R
EN
ENO
IN1
OUT
IN2

图 1-118　梯形图算术运算指令示例

算术运算指令将 IN1 端和 IN2 端的值进行数学运算，IN2 中的值作为被减数或被除数。算术运算的结果存在 OUT 端，IN1 和 IN2 端的值保持不变。

（4）转换指令　转换指令将 IN 端的数据格式转换为 OUT 端的数据格式，IN 端保持不变。转换指令主要有：整数转换为双整数，双整数转换为实数，实数转换为双整数，BCD 转换为整数。实数转换为双整数的指令有：ROUND-4 舍 6 入 5 取偶，TRUNC-舍小数取整，CEIL-向上取整，FLOOR-向下取整。使用转换指令时，数据源地址和目的地址要与数据类型相匹配。BCD 转换为整数输入端的数据类型必须为 BCD 码，否则将引发 BCD 码转换错误，导致 CPU 停机故障。

1.5.3 PLC 系统设计步骤与选型

1. PLC 系统设计步骤

（1）熟悉控制特点确定控制任务 首先要了解被控对象的特点和生产工艺过程，弄清楚控制对象的相互关系，归纳出工作流程图。其次要了解工艺过程和机械运动与电器执行元件之间的关系和系统控制的要求。根据控制对象的工业环境、安全性、可靠性、经济性等因素，确定用 PLC 控制是否合适。程序设计流程如图 1-119 所示。

（2）制定控制方案，选定 PLC 类型 根据工艺过程和机械运动的控制要求，确定电气控制的工作方式。例如手动、半自动、全自动、单机运行、多机联线运行等。另外，还要考虑系统的其他功能，例如紧急处理、故障检测、故障显示与报警、通信联网功能等。通过对系统中各控制对象工作状态的分析，确定各种控制信号和检测反馈信号的相互转换和联系，由此确立 PLC 的输入信号和输出信号，确定输入/输出信号是模拟量还是开关量。根据所得的分析情况，选定合适的 PLC 型号及有关模块（例如扩展模块、功能模块等）。

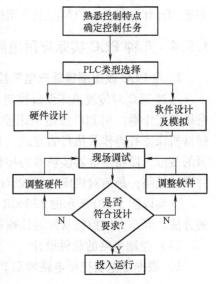

图 1-119 程序设计流程

（3）硬件设计和软件设计 硬件设计包括 PLC 选型、I/O 配置、线路设计、电气元件选择、系统安装图等。软件设计包括 PLC 输入/输出信号的定义及地址分配、程序框图的绘制、程序的编制、程序说明书的编写等。

（4）模拟运行与调试程序 将设计好的程序通过计算机输入 PLC 内部之后，对输入 PLC 的程序进行模拟运行和程序调试。通过观测输入信号对输出信号的控制检查运行情况，若发现问题，则应及时修改，直到满足工艺流程和状态流程图的要求为止。

（5）现场运行调试 模拟调试后的 PLC 再现场调试，如果达不到控制要求，应修改软件或硬件，直到符合工艺控制要求为止。

2. PLC 选型

（1）PLC 机型与功能 现在，市面上有许多不同厂家生产的 PLC 出售，它们的性能、指令、价格等均不一样。设计者在选型时，要考虑产品的技术先进性、价格合理性等因素。在选择主机时，还应考虑是否要配其他模块（接口），例如开关量输入/输出模块、模拟输入/输出模块、高速计数模块、通信模块、人机界面单元等。

（2）I/O 类型及点数 根据被控对象，考虑输入、输出信号的性质、参数和特性要求等。例如输入信号的电压类型、等级和变化频率；信号源是电压型还是电流型；是 PNP 型输出型还是 NPN 型输出等。还应注意 PLC 输出负载的电压类型、电压高低、响应速度等来确定 PLC 输入/输出类型。根据被控对象的输入信号和输出信号的总点数，并考虑今后调整和扩充，一般应加上 10% ~ 15% 的备用量。

（3）存储器容量　PLC 的程序存储容量通常以字或步为单位。例如 1K、2K 都是以步为单位。每个程序步占用一个存储单元。所以，要预先估计用户程序的容量。对于开关控制系统，用户程序所占用的程序步约等 I/O 总点数乘以 8；对于数据处理、模拟量输入、输出的系统应考虑大些。

（4）编程器与外围设备　对小型 PLC 控制系统常采用廉价的简易编程器。如果系统大，多采用计算机编程，但要配上专用软件包及专用带接口的电缆。

1.5.4　几种 PLC 实际应用电路

1. 用 PLC 改造摇臂转床电气控制电路

通过 PLC 对传统机床设备控制系统进行改造，可提高原有设备运行的可靠性、减少日常维护工作等。用 PLC 改造机床控制电路时，首先弄清楚机床电路的控制特点；其次，在保持机床原有操作及执行的方式（即输入与驱动要求）不变情况下，对控制电路进行非逻辑的变形，即将继电器接触器的控制电路转换为 PLC 的梯形图；再次输入控制语句，连接并调试线路；最后对机床进行试运行。

下面以图 1-120 所示的 Z3040B 摇臂钻床的控制电路为例，叙述用 PLC 对机床电路改造的方法。着重介绍控制软件的处理和硬件接线。

（1）控制电路的软件设计

1）根据继电器控制电路确定 PLC 的型号规格及 I/O 地址，如表 1-19 所示。

表 1-19　确定 PLC 的型号规格及 I/O 地址

输　入				输　出			
序号	电器符号	地址	功　能	序号	电器符号	地址	功　能
1	SB1	I0.0	总起动按钮	1	KA_1/KM_1	Q0.0	主电动机旋转
2	SB2	I0.1	主电动机起动按钮	2	KA_2/KM_2	Q0.1	摇臂上升
3	SB3	I0.2	摇臂上升点动按钮	3	KA_3/KM_3	Q0.2	摇臂下降
4	SB4	I0.3	摇臂下降点动按钮	4	KA_4/KM_4	Q0.3	主轴箱、立柱、摇臂松开
5	SB5	I0.4	主轴箱、立柱、摇臂松开	5	KA_5/KM_5	Q0.4	主轴箱、立柱、摇臂夹紧
6	SB6	I0.5	主轴箱、立柱、摇臂夹紧	6	KA_6/YA_1	Q0.5	主轴箱松开夹紧电磁铁
7	SB7	I0.6	总停止按钮	7	KA_7/YA_2	Q0.6	立柱松开夹紧电磁铁
8	SB8	I0.7	主电动机停止按钮				
9	SQ1	I1.0	主轴箱松开夹紧				
10	SQ2	I1.1	立柱松开夹紧				
11	SQ3	I1.2	摇臂上限位				
12	FR1	I1.3	主轴电动机过载保护				
13	FR2	I1.4	液压电动机过载保护				
14	SA	I1.5 I1.6	主轴/立柱松紧选择				

2）控制电路处理方法：控制电路在用 PLC 改造时，常用方法有逻辑代数法和功能法，逻辑代数法是根据各线圈得电的回路方程进行 PLC 改造，功能法是根据电路控制功能和要求进行 PLC 改造，在此采用功能法改造比较方便。

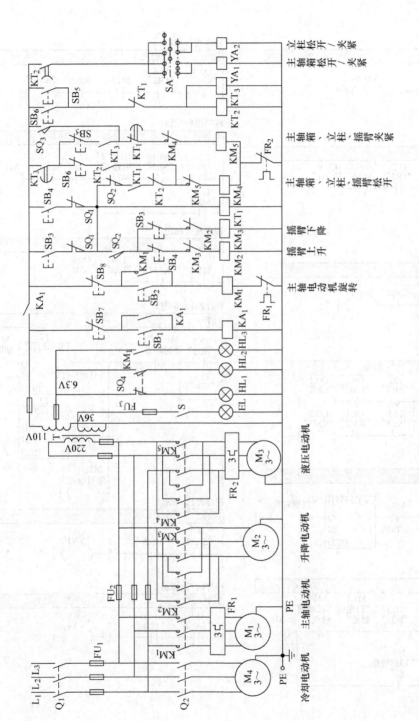

图 1-120　Z3040B 摇臂钻床电气控制电路图

92

Z3040B 摇臂钻床梯形图如图 1-121 所示。

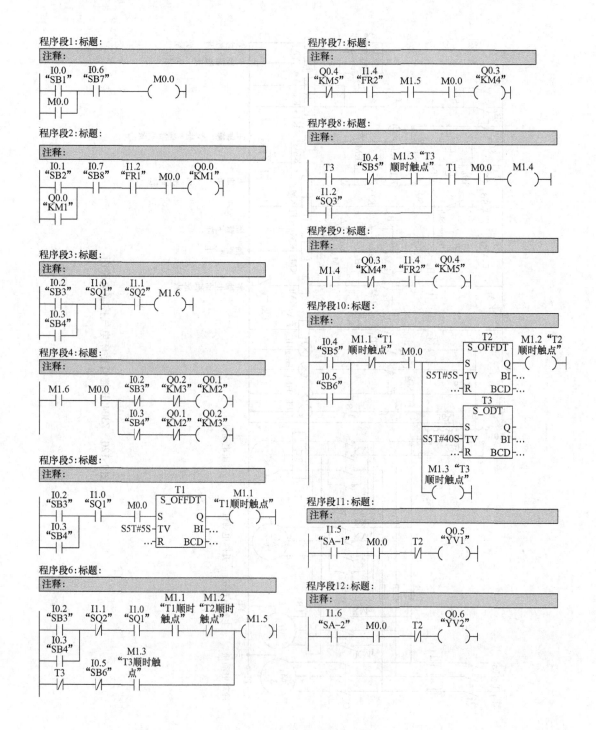

图 1-121　Z3040B 摇臂钻床梯形图

（2）硬件接线　Z3040B 摇臂钻床硬件接线图如图 1-122 所示。

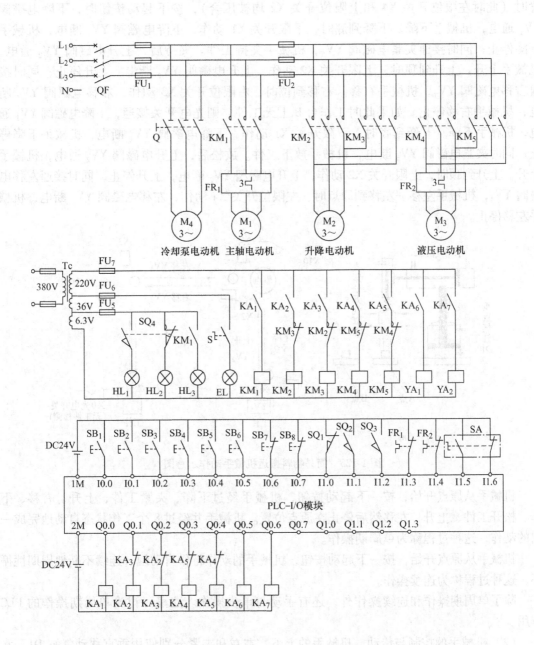

图 1-122　Z3040B 摇臂钻床硬件接线图

94

2. PLC 在机械手控制上的应用

（1）机械手的工作原理　图 1-123 是简易物料搬运机械手动作示意图。该机械手能通过水平、垂直位移将物料从左工作台搬运到右工作台上。当机械手处于左上角即原点位置时（此时左限位开关 X4 和上限位开关 X2 均被压合），按下起动按钮时，下降电磁阀 YV_1 通电，机械手下降。下降到底时，下限开关 X1 动作，下降电磁阀 YV_1 断电，机械手下降停止；同时接通夹紧电磁阀 YV_5，机械手夹持工件。夹持后，上升电磁阀 YV_2 通电，机械手上升。上升到顶时，上限开关 X2 动作，上升电磁阀 YV_2 断电，上升停止；同时接通右移电磁阀 YV_3，机械手右移。右移到位时，右限位开关 X3 动作，右移电磁阀 YV_3 断电，机械手右移停止。如果此时工作台 B 上无工件，则光电开关接通，下降电磁阀 YV_1 通电，机械手下降。下降到底时，下限开关 X1 动作，下降电磁阀 YV_1 断电，机械手下降停止；同时夹紧电磁阀 YV_5 断电，机械手放下工件。放松后，上升电磁阀 YV_2 通电，机械手上升。上升到顶时，上限开关 X2 动作，上升电磁阀 YV_2 断电，上升停止，同时接通左移电磁阀 YV_4，机械手左移。左移到原点时，左限位开关 X4 动作，左移电磁阀 YV_4 断电，机械手左移停止。

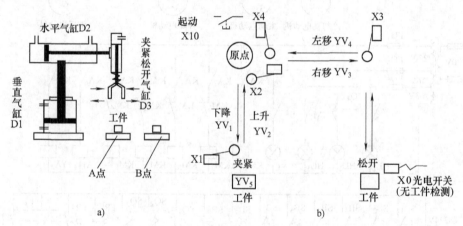

图 1-123　简易物料搬运机械手动作示意图

机械手从原点开始，按一下起动按钮，机械手经过下降、夹紧工件、上升、右移、下降、松开工件、上升、左移然后停止在原点位置。机械手共经过 8 个工作状态自动地完成一周的动作，这种过程称为单周期操作。

机械手从原点开始，按一下起动按钮，机械手的动作将作自动地、连续不断地周期性循环，这种过程称为连续操作。

除了单周期操作和连续操作外，还有手动与单步操作。这里只讨论单周期操作的 PLC 应用。

（2）机械手的控制与传动　机械手的上下、左右和夹紧分别使用垂直移动气缸 D1、水平移动气缸 D2 和夹紧气缸 D3 来驱动。下降/上升，左移/右移采用双位电磁阀换向控制，夹紧采用电磁阀开通控制。

起动电动机，气泵 P 开始管路供压力气。当电磁阀线圈通电时，电磁阀将切换气路，使各气压缸实现其机械动作。图 1-124 中各阀状况是机械手夹紧并下降的动作情况。

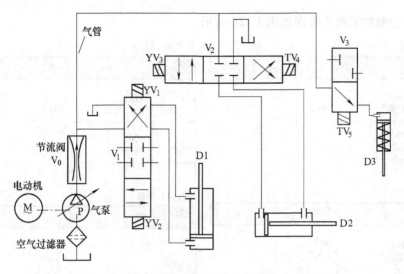

图 1-124 机械手气动示意图

（3）机械手程序设计

1）PLC 的 I/O 口分配表如表 1-20 所示。

表 1-20 I/O 口分配表

序　号	电器符号	地　址	功　能	序　号	电器符号	地　址	功　能
1	X0	I0.0	工件检测	1	YV$_1$	Q0.0	下降
2	X1	I0.1	下限位	2	YV$_2$	Q0.1	上升
3	X2	I0.2	上限位	3	YV$_3$	Q0.2	右移
4	X3	I0.3	右限位	4	YV$_4$	Q0.3	左移
5	X4	I0.4	左限位	5	YV$_5$	Q0.4	夹紧
6	X10	I0.5	启动				
7	X11	I0.6	停止				

2）PLC 控制的机械手的硬件接线图如图 1-125 所示。

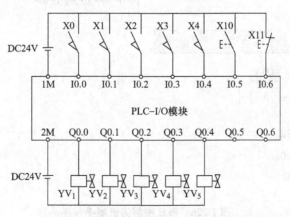

图 1-125 PLC 控制的机械手硬件接线图

3）PLC 控制的机械手程序如图 1-126 所示。

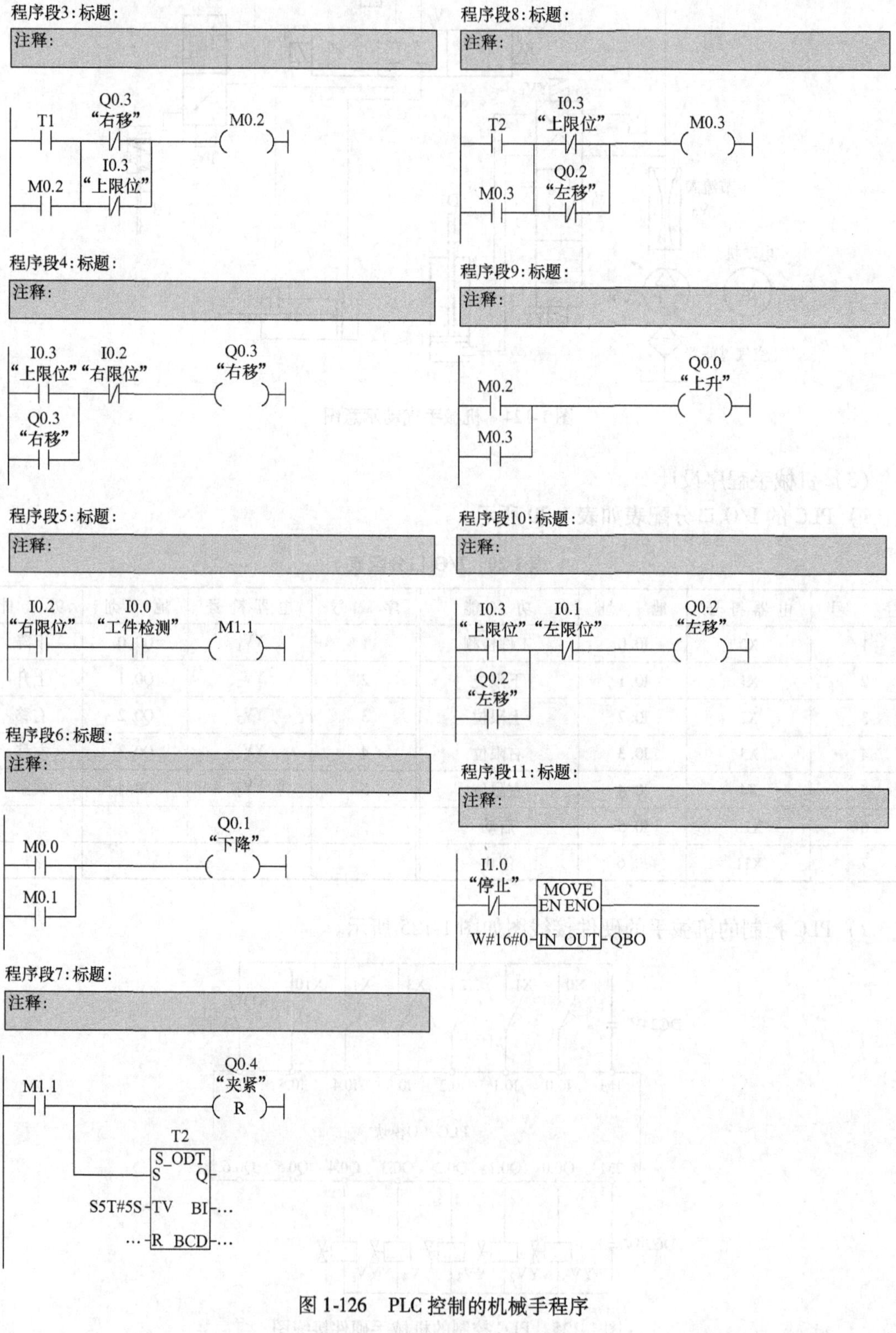

程序段3：标题：

注释：

```
         Q0.3
   T1    "右移"           M0.2
  ─┤├──────┤/├──────────( )──┤
   M0.2    I0.3
  ─┤├──────┤/├──
          "上限位"
```

程序段4：标题：

注释：

```
   I0.3    I0.2         Q0.3
  "上限位" "右限位"       "右移"
  ─┤├──────┤/├──────────( )──
   Q0.3
   "右移"
  ─┤├──
```

程序段5：标题：

注释：

```
   I0.2    I0.0
  "右限位" "工件检测"     M1.1
  ─┤├──────┤├──────────( )──┤
```

程序段6：标题：

注释：

```
                      Q0.1
   M0.0               "下降"
  ─┤├──────────────────( )──┤
   M0.1
  ─┤├──
```

程序段7：标题：

注释：

```
                      Q0.4
   M1.1               "夹紧"
  ─┤├──────────────────( R )──┤

                  T2
              ┌─────────┐
              │  S_ODT  │
              ┤S       Q├
              │         │
   S5T#5S────┤TV     BI├──...
              │         │
    ...───────┤R   BCD ├──...
              └─────────┘
```

程序段8：标题：

注释：

```
         I0.3
   T2    "上限位"          M0.3
  ─┤├──────┤/├──────────( )──┤
   M0.3    Q0.2
  ─┤├──────┤/├──
          "左移"
```

程序段9：标题：

注释：

```
                      Q0.0
   M0.2               "上升"
  ─┤├──────────────────( )──┤
   M0.3
  ─┤├──
```

程序段10：标题：

注释：

```
   I0.3    I0.1         Q0.2
  "上限位" "左限位"       "左移"
  ─┤├──────┤/├──────────( )──┤
   Q0.2
   "左移"
  ─┤├──
```

程序段11：标题：

注释：

```
   I1.0
   "停止"      ┌─────────┐
  ─┤/├────────┤  MOVE   │
              │ EN  ENO ├──────────
              │         │
   W#16#0────┤IN   OUT ├── QB0
              └─────────┘
```

图 1-126 PLC 控制的机械手程序

1.5.5 实习内容与基本要求

1. 三相异步电动机正反转的 PLC 控制

1）根据控制对象 Y801-4 型三相异步电动机选配开关、熔断器、热继电器、接触器及按钮等元器件。

2）绘制对上述电动机进行正反转运行控制的电气原理图、电气安装接线图。

3）编制实现上述控制要求的 PLC 指令程序，要求正反转控制电路有互锁功能，以防发生使电源短路的事故。

4）制作控制目标板并按经检查无误的原理图和接线图接线。用三芯电缆线与被受控电动机连接。

2. 两台三相异步电动机顺序运行的 PLC 控制

1）Y801-4 型三相异步电动机两台，根据其技术参数选配开关、熔断器、热继电器、接触器及按钮等元器件。

2）绘制对上述两台电动机进行顺序运行控制的电气原理图、电气安装接线图。

3）编制实现上述控制要求的 PLC 指令程序，要求第 1 台电动机 M1 起动后 10s，M2 起动，M1 不能单独停车，M2 可以单独停车。

4）制作控制目标板并按经检查无误的原理图和接线图接线。用三芯电缆线与被受控电机连接。

3. 模拟城市交通红绿灯管制的 PLC 控制

1）实验器材：PLC 一台、220V15W 红黄绿白炽灯各两个、250V3A 灯座 6 个、热保护开关 1 个、RT14—16A 熔断器（5A）1 个、HH53P 型中间继电器 6 个、相应数量的连接导线与接线端子及实验板 1 块。

2）控制要求

①"东西"与"南北"方向绿灯不允许同时亮。

②"东西"向红灯与"南北"向绿灯同时亮 30s 熄灭后两方向黄灯同时亮 10s，并在熄灭前闪 3 下。

③黄灯闪亮后"东西"向绿灯与"南北"向红灯同时亮 30s 熄灭后两方向黄灯同时亮 10s，并在熄灭前闪 3 下。

④能按上述变换周而复始。

3）绘制对"东西"及"南北"方向红绿灯进行控制的电气原理图、电气安装接线图。

4）制作控制目标板并按经检查无误的原理图和接线图接线。

5）将 PLC 与控制目标板连接，检查所有接线无误后通电并执行控制程序。

1.5.6 思考题与习题

1. PLC 由哪几部分组成？各有什么作用？

2. PLC 程序可用哪几种方式表达？

3. 为什么 PLC 中器件触点可以无数次使用？

4. S7-300 中常用有哪几种器件？它们的作用是什么？

5. 试设计一个对两台电动机运行具有如下功能的程序。

（1）电动机 M1 起动后，经过延时 20s，电动机 M2 能自动起动；M2 起动后，M1 立即停止；（2）电动机 M1、M2 能单独点动。

6. 有红、黄、绿、红、…、黄、绿顺序布置的 12 只节日彩灯，要求：

1）每 1s 移动一个灯位；

2）每次亮 0.5s；

3）有一选择开关：a. 每次只点亮一只白炽灯；b. 每次点亮连续三只白炽灯。

请设计控制程序，绘出梯形图。

第 2 部分　电　子　实　习

2.1　电子技术工程实践基础知识

2.1.1　半导体器件资料的查询方法

半导体器件主要是半导体二极管、稳压管、双极型晶体管、场效应晶体管以及集成电路等。半导体器件的参数是其特性的定量描述，也是实际工作中根据要求选用器件的主要依据。各种器件的参数都可由器件手册或从互联网上相关专业网站查得。

查阅资料前还需了解半导体器件的命名法。半导体器件按材料不同，分为硅材料和锗材料；按工艺结构特点，分为点接触型、面结触型、平面型、金属半导体型等。而各个国家的分类方式又不尽相同，掌握了半导体器件的命名特点后便可以了解其部分基本参数了，但也有采用简化标记的，如国产的 3DD15A 标为 DD15A，日本的 2SC1942 标为 C1942。另一种是只标明数字的，如韩国的 9012、9013 等，都必须要查手册才知其详细参数。

1. 我国半导体分立器件的命名法（见表 2-1）

表 2-1　我国半导体分立器件的命名法

第 一 部 分		第 二 部 分		第 三 部 分				第四部分	第五部分
用阿拉伯数字表示器件的电极数目		用汉语拼音字母表示材料和极性		用汉语拼音字母表示类型				用阿拉伯数字表示序号	用汉语拼音字母表示规格号
符 号	意 义	符 号	意 义	符 号	意 义	符 号	意 义	意 义	意 义
2	二极管	A	N 型，锗材料	P	小信号管	D	低频大功率管（f_a $<3\mathrm{MHz}, P_a \geq 1\mathrm{W}$）	反映了极限参数、直流参数和交流参数等的差别。	反映了承受反向击穿电压的程度。如规格为 A 承受的反向击穿电压最低，B 高之，C 更高
		B	P 型，锗材料	V	混频检波管				
		C	N 型，硅材料	W	电压调整管和电压基准管	A	高频大功率管（f_a $\geq 3\mathrm{MHz}, P_a \geq 1\mathrm{W}$）		
		D	P 型，硅材料						
3	三极管	A	PNP 型，锗材料	C	变容管	Y	体效应器件		
		B	NPN 型，锗材料	Z	整流管	T	闸流管		
		C	PNP 型，硅材料	L	整流堆	B	雪崩管		
		D	NPN 型，硅材料	S	隧道管	J	阶跃恢复管		
		E	化合物材料	N	阻尼管	CS	场效应晶体管		
				U	光电器件	BT	特殊晶体管		
				X	低频小功率（$f_\alpha <$ $3\mathrm{MHz}, P_a <1\mathrm{W}$）	FH	复合管		
				G	高频小功率（$f \geq$ $3\mathrm{MHz}, P_a <1\mathrm{W}$）	PIN	PIN 型管		
						JG	整流管阵列		

100

注：例如

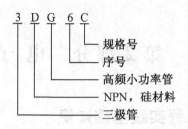

规格号
序号
高频小功率管
NPN，硅材料
三极管

2. 国产集成电路型号命名法（见表2-2）

表2-2　国产集成电路型号命名法

第一部分	第二部分	第三部分	第四部分	第五部分
中国制造	器件类型	器件系列品种	工作温度范围	封装
	T：TTL 电路	TTL 电路分为		F：多层陶瓷扁平封装
C	H：HTL 电路	54/74×××①	C：0 ~ 70℃⑥	B：塑料扁平封装
	E：ECL 电路	54/74H×××②		H：黑瓷扁平封装
	C：CMOS 电路	54/74L×××③	G：-25 ~ 70℃	D：多层陶瓷双列直插
	M：存储器	54/74S×××④		封装
	μ：微型机电路	54/74LS×××⑤	L：-25 ~ 85℃	J：黑瓷双列直插封装
	F：线性放大器	54/74AS×××		P：塑料双列直插封装
	W：稳压器	54/74ALS×××	E：-40 ~ 85℃	S：塑料单列直插封装
	D：音响电视电路	54/74F×××		T：金属圆壳封装
	B：非线性电路	CMOS 电路为	R：-55 ~ 85℃	K：金属菱形封装
	J：接口电路	4000 系列		C：陶瓷芯片载体封装
	AD：A/D 转换器	54/74HC×××	M：-55 ~ 125℃⑦	E：塑料芯片载体封装
	DA：D/A 转换器	54/74HCT×××		G：网络针棚陈列封装
	SC：通信专用电路	⋮		⋮
	SS：敏感电路			SOIC：小引线封装
	SW：钟表电路			PCC：塑料芯片载体封装
	SJ：机电仪表电路			LCC：陶瓷芯片载体封装
	SF：复印机电路			⋮
	⋮			

① 74 表示国际通用 74 系列（民用）；54 表示国际通用 54 系列（军用）。

② H 表示高速。

③ L 表示低速。

④ S 表示肖特基。

⑤ LS 表示低功耗。

⑥ C 表示只出现在 74 系列。

⑦ M 表示只出现在 54 系列。

注：例如
　　　　C T 74LS160 C J

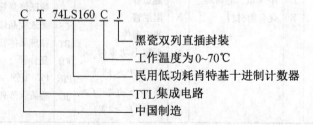

黑瓷双列直插封装
工作温度为0~70℃
民用低功耗肖特基十进制计数器
TTL集成电路
中国制造

3. 美国半导体器件命名方法（见表2-3）

表2-3　美国半导体器件命名方法

第一部分		第二部分		第三部分		第四部分		第五部分	
用符号表示类别		用数字表示PN结数目		注册标记		登记号		用字母表示器件分级	
符号	意义	符号	意义	符号	意义	符号	意义	符号	意义
JNA 或 J	军用品	1 2 3 n	二极管 三极管 三个PN结器件 n个PN结器件	N	该器件已在美国电子工业协会（EIA）注册登记	多位数字	该器件在美国电子工业协会（EIA）登记	A B C D ⋮	同一型号的不同级别
—	非军用品								

注：例如　JNA 2 N 3553 A

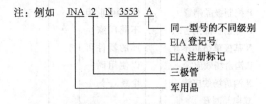

同一型号的不同级别
EIA登记号
EIA注册标记
三极管
军用品

4. 国际电子联合会半导体器件命名法（见表2-4）

　　德国、法国、意大利、荷兰、比利时、匈牙利、罗马尼亚、波兰等许多欧洲国家，都采用国际电子联合会半导体器件命名法。

表2-4a　国际电子联合会半导体器件命名法

第一部分		第二部分			
用字母表示材料		用字母表示类型和特性			
符号	意义	符号	意义	符号	意义
A B C D R	锗材料 硅材料 砷化镓材料 锑化铟材料 复合材料	A B C D E F G H K L	检波二极管、开关二极管、混频二极管 变容二极管 低频小功率三极管 低频大功率三极管 隧道二极管 高频小功率三极管 复合器件及其他器件 磁敏二极管 开放磁路中的霍尔元件 高频大功率三极管	M P Q R S T U X Y Z	封闭磁路中的霍尔元件 光敏元件 发光器件 小功率晶闸管 小功率开关管 大功率晶闸管 大功率开关管 倍增二极管 整流二极管 稳压二极管

表2-4b　国际电子联合会半导体器件命名法

第三部分		第四部分	
用数字或字母加数字表示等级号		用字母对同一型号器件进行分级	
符号	意义	符号	意义
三位数字	代表通用半导体器件的等级序号	A B C D E ⋮	表示同一型号的半导体器件按某一参数进行分级的标志。 A F 293 S 　　　　器件的S级 　　通用器件登记号 高频小功率三极管 锗材料
一个字母二位数字	代表专用半导体器件的等级序号		

5. 日本半导体器件命名法（见表2-5）

表2-5　日本半导体器件命名法

第一部分		第二部分		第三部分		第四部分		第五部分	
用数字表示有效电极数目或类型		注册标记		用字母表示使用材料极性和类型		登记号		同一型号的改进型标志	
符号	意义	符号	意义	符号	意义	符号	意义	符号	意义
0	光敏二极管或三极管及包括上述器件的组合管	S	已在日本电子工业协会（JERA）注册登记的半导体器件	A	PNP 高频晶体管	多位数字	器件在日本电子工业协会（JERA）注册登记号性能相同，但不同厂家生产的器件可以使用同一个登记号	A	表示这一器件是原型号产品的改进型
1	二极管			B	PNP 低频晶体管				
2	三极管或三个电极的其他器件			C	NPN 高频晶体管				
3	具有 4 个有效电极的器件			D	NPN 低频晶体管				
:				F	P 控制极晶闸管				
n	具有 n 个有效电极的器件			G	N 控制极晶闸管				
				H	N 基极单结晶体管				
				J	P 沟道场效应管				
				K	N 沟道场效应管				
				M	双向晶闸管				

注：例如　2 S C 502 A

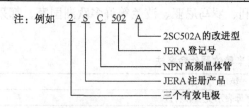

├─ 2SC502A 的改进型
├─ JERA 登记号
├─ NPN 高频晶体管
├─ JERA 注册产品
└─ 三个有效电极

　　日本半导体器件型号除上述 5 个基本部分外，有时还附加有后缀字母及符号，以便进一步说明该器件的特点。后缀的第一个字母一般说明器件的特定用途，第二个字母常用来作为器件的某个参数的分档标志，例如日立公司用 A、B、C、D 等标志说明该器件 β 值的分档情况。

6. 韩国器件命名法（见表2-6）

表2-6　韩国器件命名法

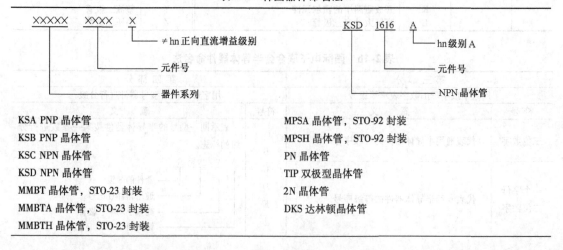

XXXXX XXXX X

KSD 1616 A

├─ ≠hn 正向直流增益级别
├─ 元件号
└─ 器件系列

├─ hn 级别 A
├─ 元件号
└─ NPN 晶体管

KSA PNP 晶体管
KSB PNP 晶体管
KSC NPN 晶体管
KSD NPN 晶体管
MMBT 晶体管，STO-23 封装
MMBTA 晶体管，STO-23 封装
MMBTH 晶体管，STO-23 封装

MPSA 晶体管，STO-92 封装
MPSH 晶体管，STO-92 封装
PN 晶体管
TIP 双极型晶体管
2N 晶体管
DKS 达林顿晶体管

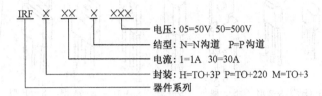

IRFP100~400 系列：TO-3P 型封装 N 沟道　　　IRF9100~9400 系列：TO-3 型封装 P 沟道

IRFP9100~9200 系列：TO-3P 型封装 P 沟道　　IRFA120：TO-126 型封装 N 沟道

IRF500~800 系列：TO-3P 型封装 N 沟道　　　IRF MOS 功率晶体管

IRF9500~9600 系列：TO-3P 型封装 P 沟道　　IRFA MOS 功率晶体管

IRF100~400 系列：TO-3P 型封装 N 沟道　　　IRFP MOS 功率晶体管

　　以上介绍了世界主要国家的半导体器件的命名法，需要说明的是，在使用某一具体器件时，还需要从手册中查阅半导体器件的封装形式和尺寸，了解器件的形状、管脚排列位置，以便于进行工艺设计和正确地使用器件。

7. 常用半导体分立器件的外形及其封装形式

　　国产半导体分立器件的封装形式很多，通常用字母和数字表示，如图 2-1 所示。

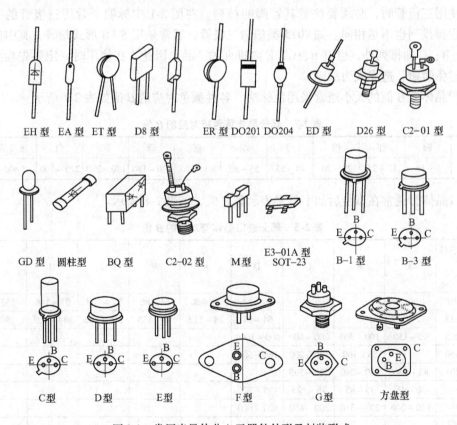

图 2-1　常用半导体分立元器件外形及封装形式

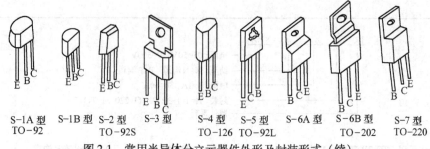

S-1A 型　　S-1B 型　S-2 型　　S-3 型　　S-4 型　　S-5 型　　S-6A 型　　S-6B 型　　S-7 型
TO-92　　　　　　TO-92S　　　　　　TO-126　TO-92L　　　　　　　TO-202　　TO-220

图 2-1　常用半导体分立元器件外形及封装形式（续）

常见的二极管有玻璃封装的 EA 型、塑料封装的 EH 型、陶瓷封装的 ET 型、ER 型以及螺栓状的 C2-01、C2-02 型等。也有少数因特殊需要而制成圆柱状或圆盘状的。

常见的晶体管有金属封装的 B 型、C 型、D 型、E 型、F 型、G 型和塑料封装的 S 型系列。

每一个相同的类型内，根据外形尺寸的不同，又可分为若干类别，如塑料封装 S 系列有 S-1～S-8 等。其中 S-1、S-2 为小功率三极管，S-4 为中功率三极管，S-3、S-5、S-6、S-7、S-8 为大功率晶体管。

进口管如日本的 2SA、2SB、2SC、2SD 系列和美国的 2N 系列，普遍采用 TO 系列形式封装。其中 TO-92 与 S-1 相似，TO-92L 与 S-5 相似，TO-126 与 S-4 相似，TO-202 与 S-6B 相似，TO-220 与 S-7 相似，TO-3、TO-66 分别与国产金属封装的 F2、F3 相似。

在使用三极管时，必须要注意其管脚的排列。在图 2-1 中标明了常用三极管的引脚排列，但管脚排列也不尽相同。如 9013 类塑封三极管，通常采用 S-1B 形式封装，其引脚除图示的 E、B、C 向排列外，也有 B、C、E 向排列的产品。因此，在使用时一定要先检测管脚排列，避免装错，造成人为故障。

国产晶体管 β 值的大小通常采用色标法，各种颜色对应的 β 值如表 2-7 所示。

表 2-7　部分晶体管色标对应的 β 值

色　标	棕	红	橙	黄	绿	蓝	紫	灰	白	黑（或无色）
β	5～15	15～25	25～40	40～55	55～80	80～120	120～180	180～270	270～400	400 以上

进口晶体管通常在型号后加字母来表示其 β 值，如表 2-8 所示。

表 2-8　部分进口晶体管对应的 β 值

β 字母 型号	A	B	C	D	E	F	G	H	I
9011，9018				29～44	39～60	54～80	72～108	97～146	132～198
9012，9013				64～91	78～112	96～135	118～166	144～202	180～350
9014，9015	60～150	100～300	200～600	400～1000					
8050，8550		85～160	120～200	160～300					
5551，5401	82～160	150～240	200～395						
BU406	30～45	35～85	75～125	115～200					
2SC2500	140～240	200～330	300～450	420～600					
BC546 547 BC556 557	110～220	200～450	420～800						

8. 常见集成电路管脚标记

使用集成电路（IC）特别要注意管脚的编号，切记不要插反，一旦焊接到印制电路板上，很难拆下。通常 IC 插座及芯片本身都有明显的定位标志，如图 2-2 所示。

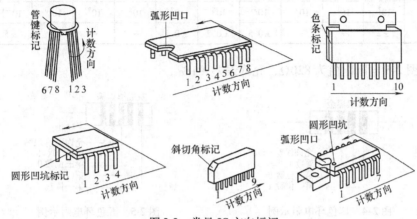

图 2-2　常见 IC 方向标记

2.1.2　电子元器件基本知识

1. 电阻器

常用电阻器分固定电阻和可变电阻两大类，如图 2-3 所示。电阻器按制做材料分有碳膜电阻、金属膜电阻和线绕电阻等。

长期连续负荷而又不改变其性能的允许电功率称其为额定功率，常见的有 1/8W、1/4W、1/2W、1W、…等。额定功率越大，电阻的体积就越大。电阻的实际阻值与标称值之差和标称值的百分比是电阻的精度。电阻的精度级别如表 2-9 所示。

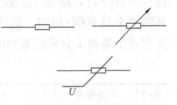

图 2-3　电阻器符号

表 2-9　电阻的精度级别

精度级别	005	01	02	Ⅰ	Ⅱ	Ⅲ
误 差 值	±0.5%	±1%	±2%	±5%	±10%	±20%

（1）电阻的四色环标注法　电阻的标称值现多采用色标法。四环标注法其中第一色环和第二色环分别表示阻值的第一位和第二位有效数字，第三色环表示有效数值后乘 10 的方次数，从而构成最小阻值以 Ω 为单位的读数。第四道色环表示实际阻值与标称值间的最大允许误差等级。色环参数如表 2-10 所示。

表 2-10　四色环电阻的标注

色　别	棕	红	橙	黄	绿	蓝	紫	灰	白	黑	金	银	无色
阻值与误差	1	2	3	4	5	6	7	8	9	0	±5%	±10%	±20%

例如：图 2-4 所示电阻为 10Ω，误差 ±5%。

（2）电阻五色环标注法　五色环电阻的前三环为有效数字，第四环为有效数值乘 10 的方次数，第五环为误差值。色环参数如表 2-11 所示。

表 2-11　五色环电阻的标注

色别	棕	红	橙	黄	绿	蓝	紫	灰	白	黑	金	银
数值	1	2	3	4	5	6	7	8	9	0	—	—
乘数	10^1	10^2	10^3	10^4	10^5	10^6	10^7	10^8	10^9	10^{10}	10^{-1}	10^{-2}
误差%	±1	±2	—	—	±0.5	±0.2	±0.1	—	—		±5	±10

例如：图 2-5 电阻阻值为 820Ω，允许误差 ±1%。

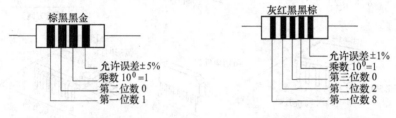

图 2-4　四色环电阻示例　　　　　　图 2-5　五色环电阻示例

（3）常用电阻误差等级的选择　一般的电路中只要选择误差在 ±20% 的三色环电阻或误差在 ±5% ~ ±10% 四色环电阻就足够了。测量电路和高精密电路可以选用五色环电阻。

（4）通用电阻的标称值系列　标称值是产品标志的"名义"阻值。通用电阻器的标称值都应符合表 2-12 所示的数值乘以 10^nΩ。选用电阻器时，要选标称系列的。例如，通过计算需要 1 只 500Ω 电阻，就选用标称值与之很接近的 510Ω 或 470Ω 电阻。特殊场合，例如万用表中需要 1 只非标系列的电阻，就需特制。

表 2-12　通用电阻器的标称值系列

系列	允许偏差	电阻的标称值系列
E_{24}	Ⅰ级 ±5%	1.0　1.1　1.2　1.3　1.5　1.6　1.8　2.0　2.2　2.4　2.7　3.0　3.3　3.6　3.9　4.3 5.1　5.6　6.2　6.8　7.5　8.2　9.1
E_{12}	Ⅱ级 ±10%	1.0　1.2　1.5　1.8　2.2　2.7　3.3　3.9　4.7　5.6　6.8　8.2
E_6	Ⅲ级 ±20%	1.0　1.5　2.2　3.3　4.7　6.8

（5）额定功率的选择　选择电阻器时其额定功率应比它在电路中实际消耗的功率大 1.5 ~ 2 倍为好，以保证它在电路中可靠的工作。常用电阻器额定功率系列如表 2-13 所示。

表 2-13　常用电阻器额定功率系列

种　类	电阻器额定功率系列/W
线绕	0.05　0.125　0.25　0.5　1　2　4　8　10　16　25　40　50　75　100　150　250　500
非线绕	0.05　0.125　0.25　0.5　1　2　5　10　25　50　100

（6）电阻的测量与使用常识

1）性能测量：通常在测试 ±5%、±10%、±20% 的电阻器时，可采用万用表的欧姆档。使用指针式万用表时，应使指针尽可能指示在表盘的中部，以提高测量精度。如果用数字式万用表来测电阻器的电阻值，其测量精度要高于指针式万用表。对于大阻值电阻，不能用手捏电阻引出线来测量，防止人体电阻与被测电阻并联，而使测量值不准确。对于小阻值的电阻器，要将引线刮干净，保证表笔与电阻引出线的良好接触。对要求精度高的电阻器，可采用电桥测量。对大阻值、低精度的电阻器可采用绝缘电阻表测量。

2）使用常识：电阻器在使用前应用测量仪表检查其阻值是否与标称值相符。除了不能超过额定功率，防止受热损坏外，还应注意不超过最高工作电压，否则电阻器内部会产生火花引起噪声。在耐热性、稳定性、可靠性要求较高的电路中，应该选用金属膜或金属氧化膜电阻；在要求功率大，耐热性好，工作频率不高的电路中，可选用线绕电阻器；对于无特殊要求的一般电路，可使用碳膜电阻，以降低成本。

（7）敏感型电阻器　常见的敏感电阻器有热敏、光敏、力敏、磁敏、湿敏和气敏电阻器。

（8）电位器　可变电阻又称电位器，是因阻值可连续调节而得名的，其品种和外形十分繁杂，可以通过查阅手册和考证实物来认识该器件。电路中电位器的使用常见有两种方式，图 2-6a 为变阻式，图 2-6b 为分压式。

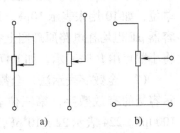

图 2-6　电位器

使用电位器前先要用万用表合适的欧姆档位测量电位器两固定端的电阻值是否与标称值相符，然后再测量滑动端与任一固定端之间阻值的变化情况。慢慢移动滑动端，万用表指针应移动平稳，没有跳动和跌落现象。转动转轴或移动滑动端时，应感觉平滑，且松紧适中，听不到"咝咝"声，表明电位器的电阻体良好，滑动端接触可靠。电阻器和电位器的型号命名法如表 2-14 所示。

表 2-14　电阻器和电位器的型号命名法

第一部分		第二部分		第三部分		第四部分
用字母表示主体		用字母表示材料		用数字或字母表示特征		用数字表示序号符号
符　号	意　义	符　号	意　义	符　号	意　义	包　括
R	电阻器	T	碳膜	1，2	普通	
W	电位器	P	硼碳膜	3	超高频	额定功率
		U	硅碳膜	4	高阻	阻值
		C	沉积膜	5	高温	允许误差
		H	合成膜	7	精密	精度等级
		I	玻璃釉膜	8	电阻器—高压	
		J	金属膜		电位器—特殊函数	
		Y	氧化膜	9	特殊	
		S	有机实芯	G	高功率	
		N	无机实芯	T	可调	
		X	线绕	X	小型	
		R	热敏	L	测量用	
		G	光敏	W	微调	
		M	压敏	D	多圈	

注：例如

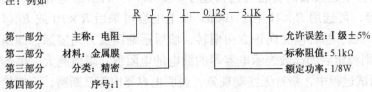

第一部分　主称：电阻
第二部分　材料：金属膜
第三部分　分类：精密
第四部分　序号：1

允许误差：I 级±5%
标称阻值：5.1kΩ
额定功率：1/8W

2. 电容器

电容器的种类很多，常见的有瓷片电容、涤纶电容、聚脂膜电容、聚丙稀电容、云母电容、电解电容等。

电容器的主要参数是标称容量和额定电压，目前国内外电容器标称容量、耐压的表示方法不统一，常见的表示法有以下几种。

（1）直接表示法 直接表示法即是直接标出标称容量的数值和单位，如 470pF、0.22μF、100μF 等。大多数电路图中对以 pF 为单位的小容量电容器，仅标出数值而不标出单位，如 10 用来表示 10pF，1000 表示 1000pF。而对 μF 为单位，而数值上存在小数点的电容器 μF 也均在电路原理图上省略，如 0.22 表示 0.22μF，0.47 表示 0.47μF。也有些电容器将小数点用 R 来表示，如 R47 表示 0.47μF。

（2）全数字表示法 全数字表示法的单位用 pF，由三位数码构成：第一位、第二位表示容量的有效数字，第三位表示在前两位有效数字后面加 "0" 的个数。比如 102 表示 1000pF。224 表示 22×10^4pF，即 0.22μF。

表示 "0" 的个数的第三位数字最大只表示到 "8"，一旦第三位数字为 "9" 时，则表示的是 10^{-1}，如 569 表示 56×10^{-1}pF，即 5.6pF。

（3）字母表示法 这种方法属于国际电工委员会推荐的表示法，使用 4 个字母：p、n、μ、m 来表示电容器的容量单位：

$$1F = 1000mF \quad 1mF = 1000\mu F \quad 1\mu F = 1000nF \quad 1nF = 1000pF$$

通常用两个数字和一个字母表示电容器的标称容量，字母前为容量值的整数，字母后为容量值的小数。如 22n 表示 22000pF 即 0.022μF；4n7 表示 4700pF；4μ7 表示 4.7μF。

（4）电容量的误差表示 电容量的误差常用直接和字母两种表示方法，直接表示即是在容量后面直接表示出误差范围如（1000 ± 1）pF，表示 1000pF 误差 ± 1%，误差值 ± 10pF。字母表示法如表 2-15 所示。

表 2-15　电容量的误差

字　　母	L	P	W	B	C	D	F
误差等级（%）	±0.01	±0.02	±0.05	±0.1	±1	±2	±5

字　　母	G	J	K	M	N	Q	S
误差等级（%）	±2	±5	±10	±20	±30	+30 −10	+50 −20

例如：154K 表示容量为 0.15μF，误差为 ± 10%。

（5）性能测量 电容器在使用以前要对其性能进行检查，通常采用指针式万用表的欧姆档来测量电容器的性能和好坏、电容器的容量、电解电容器的极性。

1）电容器好坏判别及漏电测量：万用表选择到合适的欧姆档（量程的选择应与电容器的电容量大小成反比，即电容量越大表的量程应选得越小。如 0.01 ~ 1μF 的电容器可选用 $R \times 10k$ 档；1 ~ 100μF 的电容，可选用 $R \times 1k$ 档；100μF 以上电容可采用 $R \times 10$ 或 $R \times 100$ 档），将表笔接触电容器的两极，指针应先向正方向偏转，然后逐渐向反方向复原，即退至 $R = \infty$ 处。如果不能复原，则稳定后的读数表示电容器的漏电的电阻值。阻值越大，电容器的绝缘性能越好。如果在测试过程中，指针无摆动现象，说明电容器内部已断路，不能使用

（对于 0.01μF 以下的小电容，因充电极快，指针摆动极小，不易看出，需用专门仪器测量）。如果指针正偏后无返回现象，且电阻值很小或为零，说明电容器内部已短路，同样不能使用。对于可变电容器可将表笔分别接到动片和定片上，然后慢慢转动动片，如出现电阻为零，说明有碰片现象，可用工具消除碰片，恢复正常后电阻值为无穷大。为缩短测量大电容器漏电电阻的时间，可采用如下方法：先用万用表 $R \times 1k$ 档测量，当表针已偏转到最大值时，迅速从 $R \times 1k$ 档拨到 $R \times 1$ 档。由于 $R \times 1$ 档欧姆中心值很小，电容很快就充好了电，指针立即退回∞处，然后再拨回 $R \times 1k$ 档，若指针仍停在∞处，说明漏电值极小，测不出来；若指针又慢慢地向右偏转，最后停在某一刻度上，说明存在漏电，其读数即漏电电阻值。

2）电容量的估测：用表笔接触电容器两端时，开始指针快速正偏一个角度，然后逐渐向∞退回。再互换表笔测量，指针偏转角度比上次更大，这表明电容器的充放电过程正常。指针开始偏转角度越大，退回∞的速度越慢，表明电容量越大。与已知电容量的电容器作测量比较，可以大概估计被测电容量的大小。

3）判别电解电容器的极性：根据电解电容器正接时漏电小、反接时漏电大的现象，可判别其极性。用万用表欧姆档测电解电容器的漏电电阻，并记下该阻值，然后调换表笔再测一次，两次漏电阻中，大的那次，黑表笔接的是电解电容器的正极，红表笔接的是负极。

如果采用数字万用表测量（使用带有电容测量功能的），就可以定量测量电容器的容量。尤其是电解电容在使用 3～5 年以后会出现老化现象，导致电容量下降，影响电气装置的工作。

（6）使用常识

1）选用适当的型号：根据电路要求，一般用于低频耦合、旁路去耦等电气要求不高的场合时，可使用纸介电容器、电解电容器等。低频电路中，级间耦合选用 1～22μF 的电解电容器，射极旁路可采用 10～220μF 的电解电容器；在中频电路中，可选用 0.01～0.1μF 的纸介、金属化纸介、有机薄膜电容器等；在高频电路中，则应选用云母和瓷介电容器。在电源滤波和退耦电路中，可选用电解电容器，一般只要容量、耐压、体积和成本满足要求就可以。

2）电容器额定电压的选择：一般应高于实际电压 1～2 倍，以免发生击穿损坏，但对于电解电容器，实际电压应是电解电容器额定工作电压的 50%～70%。如果实际电压低于额定电压一半以下，反而会使电解电容器的损耗增大。另外，在装配中，应使电容器的标志易于观察到，以便核对。同时应注意不可将电解电容器极性接反，否则会损坏电解电容器，甚至会有爆炸的危险。

3. 电感

电感一般指二端电感线圈器件，常分为专用型电感线圈和通用型电感线圈。常见外形如图 2-7 所示。图 2-7a 为 SP 型、图 2-7b 为 PL 型和图 2-7c 为 L 型。

SP 型电感量标记用三位数字表示，第一、二位数为有效数字，第三位表示有效数字后面加"0"的个数，小数点用 R 表示，最后一位英文字母表示误差范围。PL 型电感常用数字或色点来标称电感量，L 型电感多用色点表示电感量，与电阻的色环表示法相同，单位是 μH。

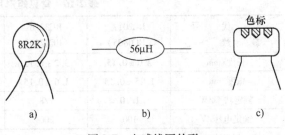

图 2-7　电感线圈外形

专用电感大部分是自制或为专用电路配套使用。

4. 片状元器件

片状元器件是无引线或短引线的新型微小型元器件，它直接安装在印制电路板上，是表面贴装技术的专用器件。目前片状元器件已广泛应用在多种电子产品中。片状元器件具有体积小、重量轻、安装密度高、可靠性好、抗振性强、高频特性好、抗干扰能力强等优点，且易于实现自动化。

片状元器件按形状可分矩形、圆柱形和异形三类，常见的片状元器件的外形如图 2-8 所示。

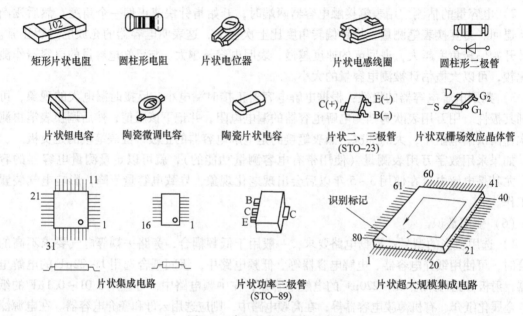

图 2-8 常见片状元器件的外形

（1）片状电阻器 片状电阻器有片状电阻（一般厚 0.5 ~ 0.6mm）、圆柱形电阻（通常直径为 1 ~ 2mm）和片状电位器（常用功率为 1/20 ~ 1/2W）等。矩形片状电阻的阻值用三位数表示；圆柱形电阻的阻值用色环标志。起连接作用的 0Ω 片状电阻，无数字和色环标志，一般用红色和绿色表示，以示区别。

片状电阻因其高频特性好，常用在电子调谐器、移动通信等频率较高的产品中；圆柱形电阻因噪声小、三次谐波失真小，常用在音响设备中。

常见矩形片状电阻的尺寸如表 2-16 所示。

表 2-16 常见矩形片状电阻的尺寸

代 号 参 数	RC2012 （RC0805）	RC3216 （RC1206）	RC3225 （RC1210）	RC5025 （RC2010）	RC6332 （RC2512）
长度/mm	2.0 ± 0.15	3.2 ± 0.15	3.2 ± 0.15	5.0 ± 0.15	6.3 ± 0.15
宽度/mm	1.25 ± 0.15	1.6 ± 0.15	2.5 ± 0.15	2.5 ± 0.15	3.2 ± 0.16
额定功率/W	1/10	1/8	1/4	1/2	1
额定电压/V	100	200	200	200	200

注：括号内为英制代号。

（2）片状电容器　片状电容器有矩形片状陶瓷电容、陶瓷微调电容、片状铝电解电容、片状钽电解电容等多种。矩形片状电容的容量标志法与片状电阻相同，其容量范围为 1 ~ 4700pF，耐压范围 25 ~ 2000V。常见矩形片状陶瓷电容的尺寸如表 2-17 所示。

表 2-17　陶瓷矩形片状电容器尺寸

代　号 参　数	CC2012 （CC0805）	CC3216 （CC1206）	CC3225 （CC1210）	CC4532 （CC1812）	CC4564 （CC1825）
长度/mm	2.0 ±0.2	3.2 ±0.2	3.2 ±0.2	4.5 ±0.2	4.5 ±0.3
宽度/mm	1.25 ±0.2	1.6 ±0.2	2.5 ±0.2	3.2 ±0.2	6.4 ±0.4

注：括号内为英制代号。

陶瓷微调电容器的容量通常在 1 ~ 15pF 之间，常用于电子钟表中调节走时快慢。片状铝电解电容与普通铝电解电容的性能相似，仅引脚形式不同。片状钽电解电容体积较小，但价格较高，适合用在高速运算电路中。片状钽电解电容的标称容量与普通电解电容相同，但最大容量为 330μF，额定电压为 4 ~ 50V。标志打印在元件上，有横标端为正极。容量也用数码法表示，如 105 表示 1000000pF，即 1μF。

（3）片状电感器　片状电感器通常为矩形，包括片状叠层电感和绕线电感。片状叠层电感又叫压模电感，外观与矩形片状电容相似。它尺寸小、Q 值低、电感量小，电感量范围为 0.01 ~ 200μH，额定电流最高为 100mA。具有磁路闭合、磁通泄漏少、不干扰周围元器件和可靠性高的优点。绕线电感采用高导磁的铁氧体铁心，以提高电感量，有垂直缠绕和水平缠绕两种。其电感量范围为 0.1 ~ 1000μH，Q 值为 50 ~ 100，额定电流最高 300mA。铁氧体磁心对振动非常敏感，使用时应注意避免振动。

（4）片状二极管、片状晶体管　片状二极管有矩形和圆柱形两种。圆柱形的外形尺寸有 $\phi1.5mm × 3.5mm$ 和 $\phi2.7mm × 5.2mm$ 两种。矩形的片状二极管采用 SOT-23 形式封装（与片状晶体管封装相同），两引出线的一面，两根引出线均为负极，单引线的一面为正极。

小功率晶体管，也采用 SOT-23 形式封装，其功率一般为 100 ~ 200mW，电流为 10 ~ 700mA。大功率晶体管采用 SOT-89 形式封装，其功率为 1 ~ 1.5W，最大可达 2W。集电极有两个管脚，可任接一脚。片状双栅场效应晶体管，广泛用在彩电电子调谐器中，常见型号有 3SK138、3SK127、3SK134A 等。

（5）片状小型集成电路　片状小型集成电路有双列封装和 4 列封装两种。引线间距为 1.27mm、1mm、0.76mm，厚度一般为 2 ~ 3mm。功率在 1W 以内。目前大部分片状小型集成电路的功能与现在通用的集成电路的功能相似，与双列直插形式封装的集成电路相比，安装时占用的面积小，重量也轻了 1/5 左右。

2.1.3　印制电路板基本知识

印制电路板（PrintedCircuitBoard，PCB）由绝缘基板、连接导线（敷铜条）和装配焊接电子元器件的焊盘组成，具有导线、支撑和绝缘三重作用。它可以实现电路中各个元器件的电气连接，代替复杂的布线，简化电子产品的焊接、装配以及调试等工作环节；可以缩小整机体积，降低成本，提高产品的可靠性和质量；印制电路板具有良好的产品一致性，有利于实现生产过程的机械化和自动化，因此广泛地应用于电子产品的生产制造中。

1. 印制电路板的分类

印制电路板按照结构可以分为5类。

（1）单面印制电路板　在一般要求不太高的电子设备，如电视机、收音机等中，普遍采用单面印制电路板。它是在厚度为0.5～3.0mm的绝缘板上一面敷有铜箔，通过腐蚀、雕刻或印制电路的方法，形成印制电路，无敷铜的一面放置元器件。

（2）双面印制电路板　在一般要求的电子设备，如电子计算机、较复杂的仪器、仪表等电路中，采用双面印制电路板。它在绝缘板的两面均敷有铜箔，可在两面制成印制电路，两面都可以布线，需要金属化孔连通。由于双面印制电路板布线密度较高，所以能减小设备体积。

（3）多层印制电路板　在较复杂且体积要求又比较紧凑的电路中，采用多层印制电路。它是由几层单面板或多面板粘合而成，其厚度在1.2～2.5mm之间，在绝缘板上制成3层以上的印制电路，目前应用较多的是4～6层板。

（4）软印制电路板　在笔记本电脑、数码照相机、摄像机等电子设备上采用。它是用聚酯或聚亚胺做绝缘材料，具有柔韧性，可折叠、弯曲、卷绕。

（5）平面印制电路板　在计算机的键盘、转换开关中采用。它的印制导线嵌入绝缘基板，与基板表面平齐。

制作印制电路板的板材是敷铜板。常用的敷铜板有：酚醛纸质层压板—机械强度偏低，但价格便宜，一般用于低频电路和民用产品中；环氧玻璃布层压板—板质透明度较好，机械加工性能、耐浸焊性好，工作频率较高；聚四氟乙烯板—有良好的高频特性、耐热性、耐湿性，但价格比较贵；三氯氰胺树脂板—高性能板材。可以根据需要进行选择使用。

2. 选择印制电路板的对外连接方式

印制电路板只是整机的一个部件，必然在印制电路板之间、与板外元器件之间、与设备面板之间，都要进行电气连接。就需要使之可靠、安全和调试、拆装、维修方便。

（1）导线连接　在收音机、仪表等设备的扬声器、电池盒的引线等场合经常采用，只需要用导线将印制电路板上的对外连接点与板外的元器件或部件直接焊牢即可。但是为了美观、方便和安全应将对外焊点尽可能引到整板边缘。在印制电路上焊点附近钻孔，让导线穿过后焊接。必要时需要将导线排列整齐或捆扎、固定。

（2）接插件连接　在比较复杂的电子仪器设备中，为了调试、维修方便常采用接插件连接方式。当整机发生故障时，维修人员只需要判断哪一块单元板有故障，换上一块新的，事后再修理有故障的电路板即可。这样可以大大减少停机维修时间。有多种接插件可以用于印制电路板的对外连接，如带状电缆接插件、插针式接插件等已经得到广泛采用。几种常见接插件如图2-9所示。

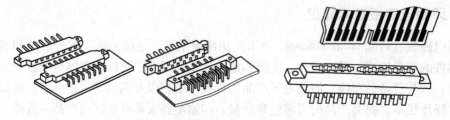

图2-9　几种常见接插件

3. PCB 图绘制的基本要求

（1）合理安排和布置元器件

1）首先应当搞清楚所用元器件的引线方式和安装尺寸，并确定元器件在 PCB 上的装配方式（立式、卧式等）。

2）各元器件之间的连接导线不能交叉。如果实在不能避免，可采用在 PCB 另一面跨接引线的办法，但应尽量避免。

3）比较重的元器件，例如电源变压器等，应尽可能地安装在靠近 PCB 固定端的边缘处，以防 PCB 受力变形。

4）要考虑发热元件的散热以及它对周围元器件的影响，对于大功率器件要预留散热板的安装位置。怕热的元器件要远离发热元件。

5）元器件布置要均匀，密度要尽可能一致。元器件摆放要横平竖直，不允许斜排以及交叉重排。

6）高频电路要考虑相互靠近的器件、引线间的干扰和影响。

设计 PCB 时不是简单地将元器件之间用印制导线连接就成了，而是有一定技术要求和技巧的，需要经过一定实践，才能逐步掌握。

（2）确定合适的印制导线宽度　由于敷铜板的铜箔厚度有限（一般 $35 \sim 70 \mu m$），印制导线设计的宽度不足时，会产生热量和一定压降，因此确定合适的宽度是很重要的。常用的印制导线宽度为 0.5mm、1.0mm、1.5mm、2.0mm 等几种。它们允许通过的电流以及导线的电阻如表 2-18 所示。在设计印制导线宽度时要留有余量。

表 2-18　印制导线允许通过的电流以及导线的电阻

导线宽度/mm	0.5	1.0	1.5	2.0
允许电流/A	0.8	1.0	1.5	1.9
导线电阻/$\Omega \cdot m^{-1}$	0.7	0.41	0.31	0.25

印制导线之间的距离直接影响着电路的电气性能，如绝缘强度、分布电容等。当工作于不同频率时，间距相同的印制导线绝缘强度是不同的。频率越高，相对绝缘强度就会下降；导线间距越小分布电容就越大，在高频状态下对电路的影响就越大。因此，导线间的距离不应小于 0.5mm。当线间电压超过 300V 时，导线间距应大于 1.5mm。

（3）选择合适的焊盘　焊盘是一个与印制导线连接的圆环，元器件的引线通过与它焊接，和印制导线相连接。常用焊盘的形状如图 2-10 所示。

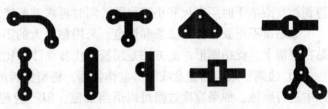

图 2-10　常用焊盘形状

焊盘外径一般为孔径的 2 ~ 3 倍。穿线孔直径一般比引线的直径大 0.2 ~ 0.3mm，如果穿孔直径过大，则会焊接不良，机械强度不好。一般穿线孔直径为 0.8 ~ 1.3mm。在设计 PCB 时，应根据元器件引线的粗细和实际情况，选择合适的焊盘和穿线孔直径。

几种常见的焊盘和印制导线如图 2-11 所示。其中图 a、图 b、图 c 是用于插装的 PCB；

图 d 是表面组装的 PCB 焊盘和印制导线；图 e 是一种被称为万能板的印制电路板，一般分为单孔、两孔、3 孔和 5 孔等几种，用于产品试制和临时搭接电路实验等场合。

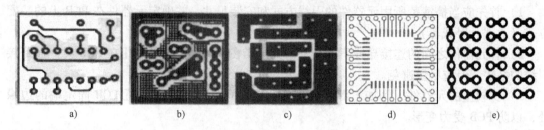

图 2-11　几种常见的焊盘和印制导线

a）圆形焊盘　b）岛形焊盘　c）方形焊盘　d）表面组装焊盘　e）两孔万能板焊盘

2.1.4　印制电路板的制作

1. 小批量制作 PCB

在实际生产和技术改造等环节中，常常需要自己根据情况设计和制作印制电路板，这里介绍实用的印制电路板的制作方法，这些方法在新产品试制以及维修等需要单件和小批量制作时十分有用。

（1）手工描图和贴胶带蚀刻法的工艺过程

1）复印布线图：首先将覆铜板裁剪成需要的尺寸，清理表面（用三氯化铁溶液清洗或用细砂纸打磨）。手工绘制或用计算机绘制的印制电路板布线图用复写纸描绘在覆铜板的铜箔面上。

2）打孔：用小台钻打出焊盘孔，孔的位置要在焊盘中心。一般使用 $\phi0.8mm \sim \phi1mm$ 的钻头，钻头要锋利，下钻要慢，以免将铜箔挤出毛刺或使钻头折断（此项工作也可以放在最后做）。

3）涂覆防腐蚀层：为了把覆铜板上需要保留的部分不被腐蚀，需要涂覆防腐层进行保护。主要有以下方法可以根据条件选择使用：

①使用调和漆描图形和焊盘。首先用毛笔蘸稀稠合适的带有颜色的调和漆，描绘焊盘（圆点），再仔细描绘线条，尽量做到横平竖直，不要造成线间短路。描好后，放置数小时，待到调和漆半干时用直尺和小刀修图，同时再修补断线和缺损图形。

②贴覆不干胶带保护线条和焊盘。采用粘度大的不干胶带，裁成 1：1 的图形和焊盘粘贴在铜箔上，保护图形。此方法是用胶带代替涂漆，比涂漆的方法快速，整洁。

4）蚀刻：采用搪瓷盘或塑料盘作容器，将覆铜板放进浓度为 30% ~ 40% 的三氯化铁溶液中进行腐蚀。如果速度过慢可以适当加温，但不应超过 50℃ 或再加进固体三氯化铁。腐蚀好以后，用竹镊子夹出，用清水冲洗干净。

5）去除保护层：用较稀的稀料将油漆洗掉，注意不要用刀刮，以免刮掉铜皮。用胶带粘贴的印制电路板，用小刀直接将胶条揭掉。

6）涂助焊剂：印制电路板洗净晾干后用配好的助焊剂（松香加酒精）涂在板面上，以防止保留的铜箔被氧化，焊接元件时可以加快焊接速度。

（2）热转印绘图制板法　热转印法是用热转印机和热转印纸在覆铜板上印制布线图。热转印机如图 2-12 所示。热转印法制作印制电路板的过程如下：

1) 用计算机绘制印制电路板的图形。

2) 用激光打印机将图形打印到热转印纸上。

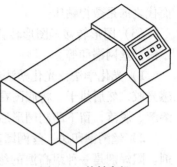

3) 用热转印机将图形转印到敷铜板上，形成由石墨组成的抗腐蚀图形，热转印纸具有耐高温 180.5℃ 的特性。

4) 印制电路板印好后，可以用蚀刻机蚀刻，也可以直接放入三氯化铁溶液中腐蚀，省去了描图、贴不干胶带工序，提高了制板的速度。印制电路板腐蚀完后的加工步骤和前述方法中的 4) ~6) 相同。

图 2-12 热转印机

（3）感光法制作 PCB

1) 把设计好的印制电路板图用激光打印机打印在菲林纸或聚酯薄膜上。

2) 将涂有感光膜的敷铜板裁至合适尺寸。

3) 把印有图形的菲林纸蒙在感光膜上放在紫外线曝光机内曝光 1~2min。

4) 取出曝光后的敷铜板，进行显影后并进行冲洗。

5) 用三氯化铁溶液进行腐蚀。

（4）雕刻机制 PCB 应用软件绘制印制电路板图后，采用印制电路板钻孔雕刻机的串口与 PC 连接，可以自动控制印制电路板的雕刻工作。步进精度：0.1mm，精确度：±1step。最大加工速度：93mm/s。钻孔速度：5hit/s（=18000 孔/h）。大大提高了效率。图 2-11b、c 所示的焊盘和印制导线形状更适合于采用雕刻机制作。

2. 印制电路板生产的基本环节

在基板上再现导电图形的方法主要有两种，即：减成法和加成法。其中，以减成法最常用。

减成法又分蚀刻法和雕刻法。蚀刻法先将设计好的图形转移到覆铜板上，形成防蚀图形，然后用化学蚀刻法除去不需要的铜箔，从而获得导电图形。这种方法制作周期相比雕刻法稍长，但适宜批量生产。而雕刻法是用刀具刻去不需要的铜箔，这种方法工艺简单，制作周期较短，但加工精度不足，不适宜批量生产，常用于新产品的试制。如果采用激光加工方法如：激光成像蚀刻和激光雕刻，则可适合精度要求高的新产品加工。

下面以蚀刻法生产双面板为例介绍生产印制电路板的几个基本工序。

（1）制版 印制电路板的生产，首先需要一套符合质量要求的 1∶1 底图胶片。获得底图胶片的方法通常有两种：一种是现在使用较多的计算机辅助设计软件与光学绘图机相连，直接绘制出来，另一种通常先通过笔墨绘图机绘出 2∶1 的黑白底图，然后照相制版生成 1∶1 的底图胶片。

计算机绘图是保证印制板质量的首要环节，目前，最常用的电子设计软件有 Protel2004SE、Protel99SE、PCADS2000、Powerpcb，而对于高端设计产品常常使用到 Cadence（Orcad）、Mentor、Zuken、Allegro 等。这是设计单位使用 PCB 设计软件设计印制电路板。计算机辅助设计可提供印制电路板制作过程中所需的各种图纸，如元件面、焊接面、助焊、阻焊、印字、钻孔以及安装所需的装配图等。因此，现代电子产品的设计与计算机技术密不可分。

（2）钻孔 印制电路板的孔金属化可实现层与层间电路的电气连接，孔本身也起着固定插件的作用。由于布线密度的提高，早先用人工在钻床或冲床上来进行钻孔已经落后，取而代之的是数控钻床。

（3）图形转移　图形转移是指把底图的电路图形转印到覆铜板上的过程，方法有光化学法、丝网漏印等。

1）光化学法：光化学法精度高，它是将覆铜板表面清洗处理后，涂覆一层厚度均匀的感光胶，然后烘干，将底图在已涂感光胶的覆铜板上曝光、显影，没有感光的胶膜在温水中溶解、脱落，留下印制图形后再固膜、修版。

2）丝网漏印法：丝网漏印与油印相似，工艺简单，精度不高，常用于印字符、涂阻焊剂。阻焊剂是一种耐高温的绝缘涂料，上阻焊剂的作用是限定焊接区域，防止搭焊造成短路，以及防止受潮对板面铜箔的侵蚀。另外，丝网漏印法也常用来印制单面板。

（4）化学蚀刻　化学蚀刻是利用化学的方法腐蚀掉板上不需要的铜箔，留下印制电路图形。常用蚀刻液有酸性氯化铜、碱性氯化铜以及过氧化氢-硫酸等。而作为传统蚀刻液的三氯化铁再生难，污染严重，已被淘汰，只适用于实验室少量加工。

（5）孔金属化与金属涂覆

1）孔金属化：孔的金属化是连接双面或多层板层间导电图形的一道不可缺少工序，实际生产中要经过钻孔、去油、粗化、浸清洗液、孔壁活化、化学沉铜、电镀铜加厚等一系列工艺过程才能完成。

2）金属涂覆：为提高印制电路板的性能，可以在导电图形上镀一层金属，其作用是保护铜箔、增加可焊性和抗腐蚀、抗氧化性。常用的涂覆层有金、银和铅锡合金。其中，镀金层仅用于插头，俗称金手指和某些特殊部位，如常见的计算机插板；镀银法多用于高频电路，起降低表面阻抗所用；铅锡合金成本低，应用最广泛。

综上所述，工厂成批生产印制电路板的主要流程是：首先，设计者根据电路原理图与元器件布局、布线规则，通过计算机辅助设计产生所需的各种电子文件，交给光绘机制版，产生各种底图胶片。生产车间给覆铜板下料，根据成品板的大小裁剪成便于加工的尺寸，然后由数控钻床钻孔，钻好孔的覆铜板经处理后送去化学沉铜，生成金属化孔，并通过电镀铜工艺使孔壁电镀加厚。孔金属化后的覆铜板经处理后上一层感光胶，烘干后将底图胶片放在覆铜板上曝光、显影、电镀锡铜、去膜、腐蚀、退锡、清洗，留下导电图形。经过丝印涂覆防止焊接的阻焊剂，以及丝网漏印字符，再喷涂一层助焊剂——锡，它既可帮助焊接，又可防止氧化。最后由铣床铣出印制电路板的外形，经过高压清洗、电测试、成品检验、包装，一批合格的双面印制电路板就可以出厂了。

2.1.5　电子元器件的安装与焊接技术

焊接是电子制作和维修的主要环节。初学者动手实践首先遇到的问题就是焊接问题，即将元件焊接到印制电路板上。想焊出高质量的焊点来，除要掌握焊接要领外，还要正确使用助焊剂和焊料，合理的使用电烙铁。

1. 手工焊接的工具和材料

手工焊接的主要工具是电烙铁。最常用的电烙铁有：内热式、外热式和恒温电烙铁等类型。内热式电烙铁因其重量轻、体积小、发热快和耗电省等特点，几乎取代了早期的普通外热式电烙铁。内热式电烙铁常用的有 15W、20W、25W、30W、40W、50W、75W 和 100W 等数种。一支 20W 的内热式电烙铁可相当于 25～40W 的外热式烙铁的热量。

烙铁头有多种形状，圆斜面式适用于焊接印制电路板上不太密集的焊点，凿式和半凿式多用于电气维修工作，尖锥式适用于焊接高密度的焊点。新烙铁在使用前必须将吃锡面打磨干净镀上锡，方可使用。烙铁使用时间过长烙铁头表面会氧化，吃锡面甚至会形成空洞，氧化严重时烙铁头就会不蘸锡，这就是所谓的烙铁头烧死，造成电烙铁无法使用。此时将烙铁断电冷却后，把烙铁头吃锡面重新打磨，再镀上锡，电烙铁又可以使用了。烙铁头的吃锡面可以将烙铁的热量尽快的传递到焊接点上，吃锡面的形状和氧化程度也影响烙铁熔锡的快慢，正确的使用和保养烙铁头是能否顺利焊接的基础。焊接所用的其他工具有尖嘴钳、斜口钳、镊子、旋具、元件剪、小刀等。

焊接集成电路、COMS 电路印制电路板一般选用 20W 内热式电烙铁，焊接分立元件、铜铆钉板可选用 35W 内热式电烙铁。焊接温度与焊点的好坏有直接的关系，温度过低焊点熔不开，焊锡点凝固后发暗，形状带尖刺。温度过高，助焊剂蒸发剂蒸发过快，焊锡点凝固后颜色发白，像豆腐渣状。只有温度合适才能焊出光洁、圆润的焊点来。

锡焊材料有焊料和焊剂两种。焊料是焊锡或纯锡。常用的有锭状和丝状两种。焊条常用于焊锡锅和波峰焊机时做焊料，小功率烙铁是熔不化焊条的。焊锡丝最适合于电烙铁焊接元器件。市上供应的 Sn60 焊丝，它的熔点低，电气与机械特性均比较优良。质量低劣的焊丝，尽管表面十分光亮，但焊出来的焊点却十分粗糙，没有光泽，有的还出现麻点。这是由于这种焊锡的杂质含量过高造成的。含铅量过高的焊锡时间一长还会造成焊点变黑。采用优质的焊锡的焊点多年以后仍光亮如初。为提高焊接质量和速度，手工烙铁焊，通常采用有松香芯（焊剂）的焊锡丝。

焊剂又称助焊剂，它的作用是净化焊料和母材表面，清除氧化膜，减小焊料表面张力，提高焊料的流动性，使焊点的每个缝隙都注满焊锡，使焊点更加圆润、牢固。焊剂按其性质可分为无机系列（主要是氯化锌、氯化铵）、有机系列（主要由有机酸、有机卤素组成）和松香系列三类。前两类有腐蚀作用，因此一般在电子产品的焊接中它们基本是不采用的。松香被加热熔化时，呈现较弱的酸性，起到助焊的作用，而常温下无腐蚀作用，绝缘性强，所以电子线路的焊接通常都是采用松香或松香酒精焊剂。

2. 电子元器件的引线成型和插装

（1）电子元器件的引线成型要求　电子元器件引线的成型主要是为了满足安装尺寸与印制电路板的配合等要求。手工插装焊接的元器件引线加工形状如图 2-13 所示，图 2-13a 为卧式，图 2-13b 为立式。需要注意的是：①引线不应在根部弯曲，至少要离根部 1.5mm 以上；②弯曲处的圆角半径 R 要大于两倍的引线直径；③弯曲后的两根引线要与元器件本体垂直，且与元器件中心位于同一平面内；④元器件的标志符号应方向一致，便于观察。

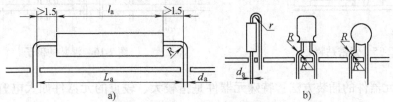

图 2-13　元器件引线加工的形状

a）轴向引线元件卧式插装方式（L_a 为两焊盘的跨接间距，

l_a 为元件轴向引线元器件体的长度，d_a 为元器件引线的直径或厚度）　b）立式

一般元器件的引线成型多采用模具手工成型。另外也可用尖嘴钳或镊子加工元件引线来成型。

（2）电子元器件的插装方法

1）元器件在印制电路板上插装的原则

① 电阻、电容、晶体管和集成电路的插装应将标记和色码朝上，易于辨认。元器件的插装方向在工艺图纸上没有明确规定时，必须以某一基准来统一元器件的插装方向，如设定 X-Y 轴方向，如图 2-14 所示。所有以 X 轴方向插装的元器件读数从左至右，所有以 Y 轴方向插装的元器件读数从下至上。

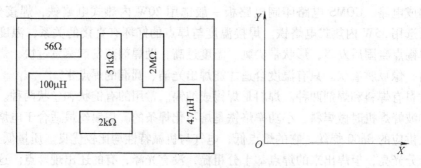

图 2-14 元器件插装方向的确定

② 有极性的元器件由极性标记方向决定插装方向，如电解电容、二极管等，插装时只要求能看出极性标记即可。

③ 插装顺序应该先轻后重、先里后外、先低后高。如先插卧式电阻、二极管，其次插立式电阻、电容和晶体管，再插大体积元器件，如大电容、变压器等。

④ 元器件间的间距。印制电路板上元器件的距离不能小于 1mm；引线间的间隔要大于 2mm；当有可能接触时，引线要套绝缘套管。不管印制电路板的种类如何，一般元器件应紧密安装，使元器件贴在印制电路板上，紧密的容限一般在 0.5mm 以下，如图 2-15 所示。但下列几种情况元器件不要紧密贴装：①轴向引线的元件需要垂直插装的，一般元器件距印制电路板 3~7mm，如图 2-16 所示；②发热大的元器件（1W 以上的电阻、功率管等）；③受热后性能容易变坏的元器件（集成电路）；④结构上不适宜紧密贴装的元器件。

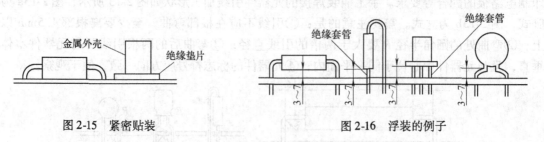

图 2-15 紧密贴装　　　　　　　　　图 2-16 浮装的例子

2）特殊元器件的插装方法：特殊元器件是指较大、较重的元器件如大电解电容、变压器、阻流圈、磁棒等，插装时必须用金属固定件或固定架加强固定。

3）元器件在实习铆钉板上插装方法：铆钉板其中一面的铆钉点是圆形的，另一面的铆钉点不是圆形的。元器件应从铆点不是圆形的一面插入铆钉板，铆点为圆形的那面用来连接布线。元器件在铆钉板上一般采用浮装。

3. 手工烙铁焊接技术

（1）焊前准备　焊接前必须将待焊元器件的引脚导线进行处理，最好用黑橡皮擦干净，（因某些元器件的引线是镀金的，用刃器刮去后就不容易镀锡了。）然后用松香和焊锡在表面镀上一层均匀的薄锡。此项处理直接关系到焊点的优劣。如焊在印制电路板上，应仔细观察焊盘（承受焊锡的圆盘）是否氧化，有无助焊剂，如氧化必须用黑橡皮擦尽后，再涂上助焊剂。

（2）电烙铁和焊锡丝的握持方法　电烙铁握持方法如图 2-17a～c 所示，焊锡丝的握持方法如图 2-18 所示。焊接电子元器件时，电烙铁常采用图 2-17c 的握持方法。

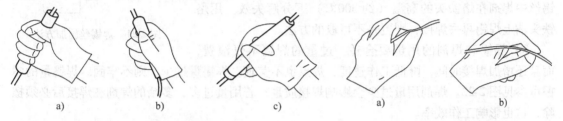

图 2-17　电烙铁握持方法　　　　　　　图 2-18　焊锡丝拿法

（3）操作方法　焊接操作方法有三工序法和五工序法。三工序法如图 2-19 所示，焊接分为准备焊接，送烙铁、焊锡丝，同时移开烙铁、焊锡丝三个工序进行。五工序法如图 2-20 所示，焊接分为准备焊接、送烙铁预热焊件、送焊锡丝、移开焊锡丝、移开烙铁五个工序进行。对于热容量小的焊件，例如印制电路板上元器件细引线的焊接，一般采用三工序法。

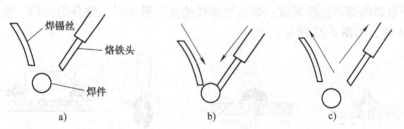

图 2-19　三工序法

a）准备焊接　b）送烙铁、焊丝　c）同时移开

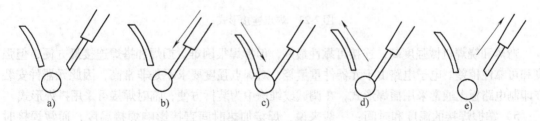

图 2-20　五工序法

a）准备焊接　b）送烙铁　c）送焊丝　d）移焊丝　e）移开烙铁

（4）焊接注意事项

1）加热要靠焊锡桥：焊接时烙铁头表面不仅应始终保持清洁，而且要保留有少量焊锡

（称作焊锡桥），作为加热时烙铁头与焊件间传热的桥梁。这样，由于金属液体的传热效率远高于空气，可使焊件很快加到焊接温度。但焊锡桥的锡量不可过多，否则可能造成焊点的误连。

焊接时不要用烙铁对焊件施加压力，以免加速烙铁头的损坏和损伤元器件。

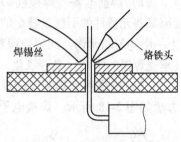

图 2-21　焊锡丝施加方法

2）焊锡丝的正确施加方法：不论采用三工序法或是五工序法操作，不应将焊锡丝送到烙铁头上，正确的方法是将焊锡丝从烙铁头的对面送向焊件，如图 2-21 所示，以避免焊锡丝中焊剂在烙铁头的高温（约 300℃）下分解失效。用烙铁头沾上焊锡再去焊接，则更是不可取的方法。

3）焊锡和焊剂的用量要合适：过量的焊锡不仅浪费，而且还增加焊接时间，降低工作速度，焊点也不美观。焊锡量过少，则不牢固。焊锡量的掌握可参见图 2-22。焊剂用量过少会影响焊接质量；若用量过多，多余的焊剂在焊接后必须擦除，这也影响工作效率。

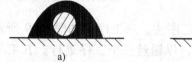 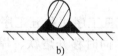 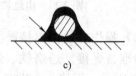

a)　　　　　　　　　　b)　　　　　　　　　　c)

图 2-22　焊锡量的掌握

a）过多，浪费　b）过少，焊点强度差　c）合适的焊点

4）采用合适的焊点连接形式：焊点处焊件的连接形式可大致分为插焊、弯焊（勾焊）、绕焊和搭焊 4 种，如图 2-23 所示。

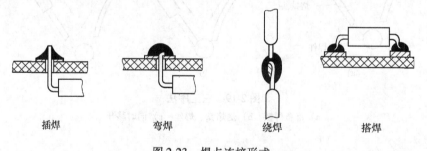

插焊　　　　　　弯焊　　　　　　绕焊　　　　　　搭焊

图 2-23　焊点连接形式

弯焊和绕焊机械强度高，连接可靠性最好，但拆焊很困难。插焊和搭焊连接最方便，但强度和可靠性稍差。电子电路由于元器件重量轻，对焊点强度要求不是非常高，因此元器件安装在印制电路板上通常采用插焊形式，在调试或维修中为装拆方便，临时焊接可采用搭焊形式。

5）掌握焊接的温度和时间：一般来说，焊接加热时间直接影响焊接温度，通常焊接时间控制在 1～2s，如引线粗、焊点大（如地线），焊接时间要适当延长。

焊接时间过长或过短，焊接温度过高或过低对焊接质量都是不利的。根据焊接具体情况，准确掌握火候是优质焊接的关键。这一切主要靠操作者的经验和操作基本功，即操作者的技术水平来保证。

6）在焊锡凝固前焊点不能动：在焊锡凝固过程中，不能振动焊点或碰拨元器件引线，特别要注意的是用镊子夹持焊件时，一定要待焊锡凝固后才能移开镊子，否则会造成虚焊。

（5）焊点质量要求

1）焊接点必须焊牢，具有一定的机械强度，每一个焊接点都是被焊料包围的接点。

2）焊接点的锡液必须充分渗透，其接触电阻要小。

3）焊接点表面光滑并有光泽，焊接点大小均匀。

在焊接中要避免虚焊、夹生焊接等现象的出现。所谓虚焊就是焊料与被焊物的表面没有互相扩散形成金属化合物，而是将焊料依附在被焊物的表面上，这一现象的出现与焊件表面不干净、焊剂用量太少有关。所谓夹生焊接就是焊件表面晶粒粗糙，锡未被充分溶化。其原因是烙铁温度不够高和留焊时间太短。正常的焊点与虚焊的焊点如图 2-24 所示。

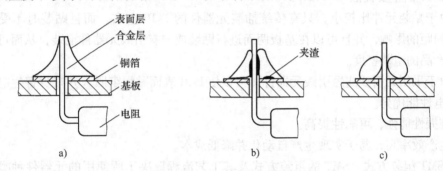

图 2-24　正常焊接与虚焊

a）正常焊接　b）、c）虚焊

2.1.6　工业生产线焊接技术和表面组装技术简介

印制电路板锡焊技术，随着电子产品的多样化而不断发展，以满足产品的工艺、质量和高产、快速的要求。目前使用比较多的有：浸焊、波峰焊和再流焊。

1. 工业生产线常用的几种焊接技术

（1）浸焊　浸焊是将安装好元器件的印制电路板浸入熔化状态的（230～250℃）焊料液（锡锅）中，一次完成印制电路板众多焊点的焊接。焊点之外的不需连接的部分通过在印制电路板上印涂阻焊剂来实现。这种焊接需要操作者一定的焊接技能，才能达到质量要求。对于质量要求不太高，且批量不大的产品可以采用浸焊。

（2）波峰焊　由机械或电磁泵控制熔化的焊料产生波峰，印制电路板以一定速度和倾斜度通过波峰，完成焊接。这种焊接方法对于助焊剂和焊锡温度、传送速度、波峰形状、冷却方式等均有较高的技术要求，使用的主要设备是波峰焊机。波峰焊技术是先进的有利于实现全自动化生产的焊接方式。它适用于品种基本固定、产量较大、质量要求较高的产品。

（3）再流焊　再流焊也称回流焊，它是先将焊料加工成一定粒度的粉末，加上适当的液态粘合剂，使之成为有一定流动性的糊状焊膏，用糊状焊膏将元器件粘贴在印制电路板上，采用红外线等加热方法使焊膏中的焊料熔化再次流动完成焊接。

再流焊技术完全能满足各类表面贴装元器件（本书 2.1.2 所介绍的片状元器件）对焊接的要求，实现可靠的焊接连接。随着 PCB 组装密度的提高和表面贴装技术的推广应用，再流焊技术电路已经成为组装焊接技术的主流。

2. 表面组装技术

表面组装技术（SurfaceMountTechnology，SMT）又称为表面贴装技术，是现代电子产品先进制造技术的重要组成部分，也是一项综合性工程科学技术，目前 SMT 已经在很大程度上取代了传统的通孔插焊技术。采用表面组装工艺使电子电路和系统的微型化、集成化得以实现。表面组装工艺采用特制的表面组装元器件、专门设计的印制电路板和专用的组装材料。焊接采用波峰焊或再流焊等。有专用设备可以快速、大批量的生产，但对于小批量和试制产品，也有手工操作的。手工操作的主要设备有焊膏印刷机、真空吸笔、再流焊机等，本书在 2.5.3 节中有介绍，这里简要介绍自动贴装技术。

（1）SMT 的主要优点

1）由于贴装元件比较小，只有传统插装元器件的 1/10 左右，而且贴装时不受引线间距、通孔间距的影响，并且可以在基板两面进行贴装或与有引线元器件混装，从而可以大大提高电子产品的组装密度。

2）由于采用无引线或短引线元器件，可以使 PCB 表面贴焊牢固，并减少寄生电容的产生，使得电性能优异。

3）抗振性能强，可靠性提高。

4）生产效率高，易于实现生产自动化并降低成本。

（2）SMT 组装方式　SMT 的组装方式及其工艺流程取决于所使用的元器件种类、组装设备条件等因素。组装方式大致有以下几种：

1）单面混装：采用单面 PCB，可以先贴装后插装，工艺较简单，但是组装密度低；也可以先插装后贴装，但工艺较复杂，组装密度高。

2）双面混装：采用双面 PCB，表面安装元器件与插装元器件可以在同一面，也可以在两面。

3）全表面组装：采用单面 PCB，全部是表面贴装元器件，单面表面组装，工艺简单，适用于小型、薄型化的电路组装；采用双面 PCB，全部是表面贴装元器件，双面表面组装，可以高密度组装。

（3）自动组装基本工艺流程　自动组装生产线如图 2-25 所示。

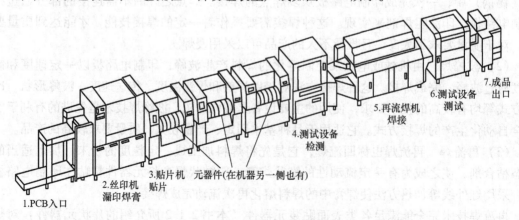

图 2-25　自动组装生产线

由图中可以看出：从入口顺次放入 PCB，由传动机构将它们送到丝印机漏印焊膏，如果双面组装则需要涂敷粘结剂（单面组装不需粘结）。随后进入贴片机进行贴片，每种片状元器件等距离地用薄膜卷成圆盘挂在贴片机外侧，随时输送到机器内，由吸头按要求提取元器件并贴到规定的位置。根据元器件数量和类型决定使用贴片机的数量。贴片后经过检测送入再流焊机焊接。焊接后再次检测，成品送出。

不同的产品工艺流程有所不同，合理的工艺流程是组装质量和效率的保证。贴片精度和质量由丝印机漏印焊膏决定；生产线的效率和精度由贴片机决定；产品质量由焊接设备决定；检测设备是总体质量的监控。在表面组装设备中，是以贴片机为中心，同时不可忽视印刷、焊接和检测。

2.1.7 实习内容与基本要求

（1）设计和制做印制电路板 用 Protel 2004 SE 或 Protel 99 SE 绘制并打印 PCB 图，然后用手工方法制做合格的印制电路板。

（2）认识常用电子元器件 学会识读元器件参数，并初步掌握用万用表判别其极性、管脚、性能好坏的方法。

（3）进行电子技术焊接基本功的训练 可先在空心铆钉板上用细的铜线进行焊接训练，空心铆钉板可用 $\phi1.8$mm 铆钉（长度按板厚加留铆长度决定）自制，铆钉排成间隔为 8mm×8mm 的矩形。然后再在万用印制电路板（简称万能板）进行焊接训练。用铆钉板的最大好处是它可以多次重复使用而不会损坏。也可以使用废旧的印制电路板练习焊接。

（4）电子线路安装 选用合适的单元电路或组合电路，进行电子线路安装训练。可在铆钉板或印制电路板上进行。在铆钉板上进行电子线路安装可按下列步骤进行：

1）按所选定电路图核对所给元器件。

2）用万用表测量并判别所用电子元器件性能的好坏。

3）清除铆钉板、元器件上的氧化层，并镀锡。

4）考虑元件在空心铆钉板上的布局，必要时可先在纸上画出安装图。背面连线要走直线，连线与连线之间不得有交叉（简单的线路只能单面布线，而复杂的线路则允许双面布线）。

5）铆钉板其中一面的铆钉点是圆形的，另一面的铆钉点不是圆形的。元器件应从铆点不是圆形的一面插入铆钉板，铆点为圆形的那面用来连接布线。

6）布局时应注意一个铆钉孔只能插入一个元器件引脚。

7）元件在铆钉板上采用浮装，元件距板 3~7mm。

8）元器件引线按前述方法成型后，按照电路图从左至右将元件焊在空心铆钉板上。

9）焊接后检查有无虚焊、漏焊，若有应作重焊和补焊处理。

2.1.8 思考题与习题

1. 国内电阻器的型号由哪几部分组成？说出各部分的意义。一般碳膜电阻和金属膜电阻如何表示？

2. 有一电阻色环标明是"棕"、"绿"、"黄"、"金"，请标明其参数。

3. 半导体收音机中需要 1 只 91kΩ 电阻，试确定其规格、型号。

4. 如何用万用表测量电容器的性能？电容器的容量表示方法有几种？如何识读？

5. DC250V 的电容器能否直接使用在 220V 的交流电源上？

6. 查手册比较硅二极管和锗二极管的参数差异。

7. 简述用万用表的欧姆档判断晶体管的类型、管脚及好坏的方法。

8. 元器件在印制电路板上插装的原则是什么？

9. 手工烙铁焊接的操作方法有几种？分别适用于什么场合？

10. 焊接印制电路板常用哪种焊料和助焊剂？焊料质量对焊点有何影响？如何清除多余的助焊剂？

2.2 指针式万用表的组装

2.2.1 指针式万用表的主要结构

指针式万用表是多用途仪表，由表头、表盘、转换开关、测量电路及附件组成。

1. 表头

一般都采用磁电系测量机构，它是利用永久磁铁的磁场和载流线圈的相互作用而产生转动力矩的原理进行工作的。磁电系表头本身只能测直流。通常以该机构的满度偏转电流表示万用表的灵敏度。满度偏转电流越小，表头的灵敏度越高，测量电压时表的内阻也越大。一般，万用表表头的满度偏转电流为几微安到几百微安。万用表测量各种不同电量时都使用一个表头，故在标度盘上有几条标度尺，使用时可根据不同的测量对象进行相应的读数。

表头内阻是指动圈绕组的直流电阻，可用电桥法来测量。测量电路如图 2-26 所示。图中可取 $R_1 = R_2$，R_3 采用可调标准电阻，R_i 为表头内阻，P 为高灵敏度的检流计，R 为限流电阻（其值的调整应保证在测量中被测表头指针不会超过满偏）。当 $R_3 = R_i$ 时，检流计 P 指示为零，R_3 标示值即为表头内阻值。

表头灵敏度的测量电路如图 2-27 所示。图中 P_1 为比被测表高 1~2 级的标准表，P_2 为被测表头。调节 R_2 使被测表指针指示满偏转，此时标准表上指示的电流值即为被测表的灵敏度。

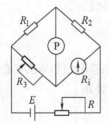

图 2-26 表头内阻的测量图

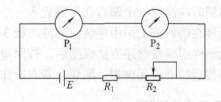

图 2-27 表头灵敏度的测量

2. 测量线路

测量线路是万用表的关键部分，其作用是将各种不同的被测电量，转换成磁电系表头能接受的直流电流。一般万用表包括多量程直流电流表、多量程直流电压表、多量程交流电压表、多量程欧姆表等几种测量线路。测量范围越广，测量线路就越复杂。

3. 转换开关

转换开关用于选择万用表的测量种类及其量程。转换开关中有固定触点和活动触点。当转换开关转到某一位置时，活动触点就和某个固定触点闭合，从而接通相应的测量电路。

2.2.2 两种指针式万用表电路分析

1. U201 型万用表

（1）性能简介　U201 型万用电表是一种灵敏度较高的磁电式整流系仪表，具有 22 档基本量程，能分别测量 ACV、DCV、DCA、R、C、L、dB 及 h_{FE} 等参数；表盘视野宽广，装有反射镜；表头设有二极管保护；采用印制电路；所有量程变换均由一只选择开关完成。

（2）主要技术数据　U201 型万用表技术参数如表 2-19 所示。

表 2-19　U201 型万用表技术参数

项 目	测量范围	灵敏度及电压降	准确度等级	备 注
DCA	$0 \sim 50 \sim 500\mu A \sim 5 \sim 50 \sim 500mA$	<450mV	2.5	兼作 0.25 V
DCV	$0 \sim 0.25 \sim 2.5 \sim 10 \sim 250 \sim 500 \sim 1500V$	20kΩ/V	2.5	
ACV	$0 \sim 5 \sim 25 \sim 100 \sim 250 \sim 500V$	9kΩ/V	5.0	
R	×1、×10、×100、×10k（倍率档）		2.5	中心刻度：25Ω
h_{FE}	$0 \sim 300$			借 Ω×10 档调零
C	$0 \sim 0.5\mu F$			
L	$20 \sim 1000H$			
dB	$-10 \sim +16 \sim +30 \sim +42 \sim +50 \sim +56$			

（3）电路总图　U201 型万用表电路如图 2-30 所示。

（4）U201 型万用表电路分析　根据 U201 型万用表总图，可拆画出各档的测量线路。

1）直流电流测量电路：万用表的直流电流档实际上是一只采用分流器的多量程直流电流表，如图 2-28 所示。由于各分流电阻串联后再与表头并联，形成一个闭合回路，所以称为闭路式分流器。这种分流器的优点是：变换量程时，分流器中的电阻和表头支路电阻是同时变化的，而闭合回路的总电阻始终保持不变。量程转换开关的接触电阻，不会影响仪表的准确度。它的缺点是：若其中某一量程的电阻出现故障，则会不同程度的影响其他各个量程，给调整带来一定的困难。目前大多数指针式万用表采用这种分流器。图中两只二极管对表头起限幅保护作用。

2）直流电压测量电路：万用表的直流电压档实际上是一只采用附加电阻的多量程直流电压表，如图 2-29

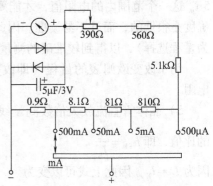

图 2-28　U201 直流电流
档测量电路

所示。

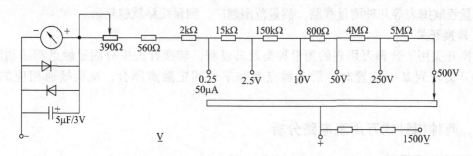

图 2-29　U201 型直流电压档测量电路

3）交流电压测量电路：由于万用表的表头是磁电系测量机构，它只能测直流，因此测量交流电压时，必须采取整流措施。所以万用表的交流电压档实际上是一只多量程的整流系交流电压表，即在带有表头的半波整流或全波整流电路中再接入各种数值的附加电阻，其原理电路如图 2-31 所示。因测交流时，流过表头的是经整流后的脉动直流，磁电系表头的偏转大小与此脉动直流的平均值成正比，故在计算时应把表头平均值换算成交流有效值。对正弦交流，采用半波整流时平均值为有效值的 0.45，采用全波整流时平均值为有效值的 0.9。此外，二极管正向导通时，实际上仍有一定的电阻，计算时可按 500Ω 来考虑。

4）电阻档测量电路：万用表的直流电阻档实际上是一只多量程的欧姆表。电阻的测量是利用在固定电压下将被测电阻串联到电路时要引起电路中电流改变这一效应来实现的。如图 2-32 所示。当被测电阻 $R_X = 0$ 时电流 I_x 为满度偏转电流，欧姆表的总内阻为 $R_i + R_b$，当被测电阻 R_X 和欧姆表总内阻相等时，则欧姆表中的电流必为满度偏转电流的一半，指针将指在标度尺中间，这一电阻刻度称为中值电阻，也称欧姆中心值，用 R_m 来表示。显然，欧姆中心值就是欧姆表的总内阻，可得

$$R_m = (R_i + R_b) = \frac{E}{I_m}$$

式中，R_i 为表头的内阻；R_b 为表内与 R_i 串联的等效限流电阻值。

表面看来，从 $0 \sim \infty$ 之间的所有 R_X 值，都包括在刻度范围以内。但实际上只有在 $0.2 \sim 5R_m$ 这一个范围内的电阻值，才能测得比较准确。而靠近刻度尺两端（即 0 与 ∞），测量准确度是很低的，而且不易读准。因此，应适当选择欧姆表量程，选择合适的中值电阻（称为量程选择），以得到较准确的测量值。

为了改变欧姆表的量程（即改变中值电阻的数值），通常的方法是给表头并联上分流电阻。

5）晶体管直流放大倍数测量线路：晶体管放大倍数等于集电极电流 I_C 与基极电流 I_B 的比值，即 $h_{FE} = \dfrac{I_C}{I_B}$

因为 $I_C \approx I_E$，因此上式可以变为

$$h_{FE} = \frac{I_C}{I_B} \approx \frac{I_E}{I_B}$$

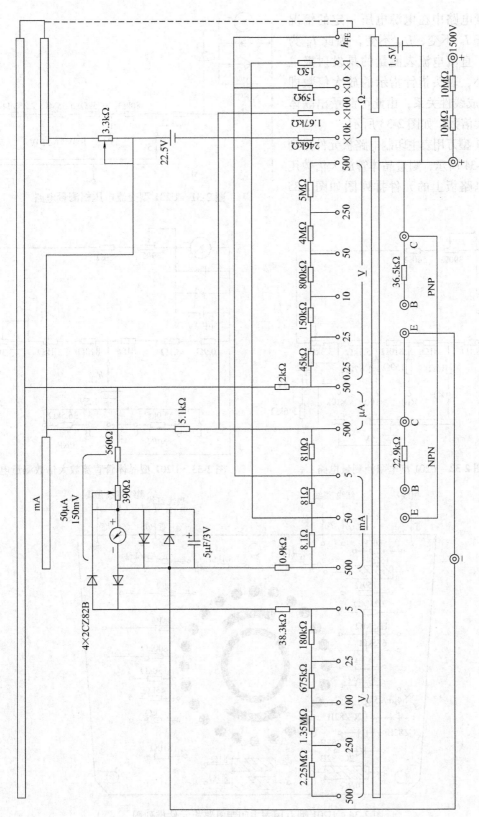

图 2-30 U201 型万用表总图

测量电路中在电源电压一定的情况下，由于 I_B 不变、U_{BE} 不变，因此 I_B 为一常量，直流电流表测量的是发射极电流的大小，表头指针指示的放大倍数即 h_{FE} 与 I_E 成线性关系，由此可测量出晶体管的放大倍数，如图 2-33 所示。

U201 型万用表主印制电路板元件排列图如图 2-34 所示，测量晶体管放大倍数用的印制电路板上的元件排列图如图 2-35 所示。

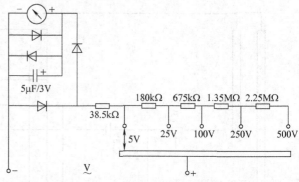

图 2-31　U201 型交流电压档测量电路

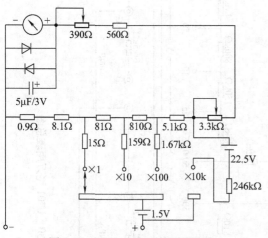

图 2-32　U201 型电阻档测量电路

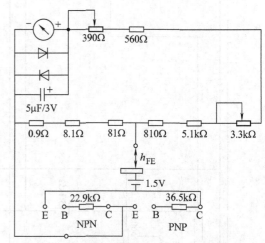

图 2-33　U201 型晶体管直流放大倍数测量电路

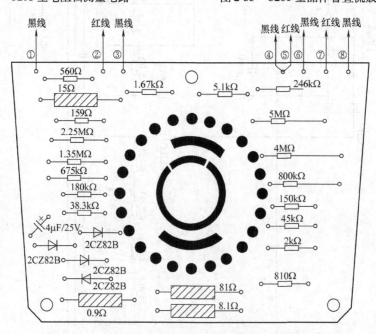

图 2-34　U201 型万用表主印制电路板元件排列图

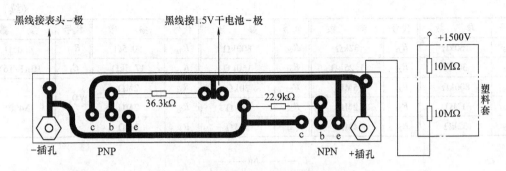

图 2-35 测量晶体管放大倍数用的印制电路板上的元件排列图

2. MF47 型万用表

1）MF47 型万用表的表盘标记符号及意义如表 2-20 所示。

表 2-20 MF47 型万用表的表盘标记符号及意义

符　　号	意　　义
	磁电系表头加整流二极管
	水平放置使用
45～1000Hz	工作频率范围
－2.5	直流测量误差等级，以标度尺上量限百分数表示
～5.0	交流测量误差等级，以标度尺上量限百分数表示
20kΩ/～V	直流电压灵敏度，电表测量直流电压时，输入电阻为 20kΩ/V
4kΩ/－V	交流电压灵敏度，测量交流电压时，电表的输入电阻为 4kΩ/V
Ω2.5	欧姆档测量误差等级，测量电阻时误差不超过标度尺全长的 ±2.5%
Ⅲ	Ⅲ级防外磁场，在外磁场的影响下，允许其指示值改变 ±2.5%
☆5	绝缘强度试验电压为 5000V

2）MF47 型万用表总图及元件参数如图 2-36 和表 2-21 所示。

根据 MF47 型万用表总图读者可以自行画出各测量档的电路图，并运用所学的知识对线路进行分析。

表 2-21 MF47 型万用表元件参数

代号	参　数	代号	参　数	代号	参　数	代号	参　数	代号	参　数
R_1	13.7kΩ	R_4	141kΩ	R_7	360Ω	R_{10}	2.65kΩ	R_{13}	180Ω
R_2	6.5kΩ	R_5	55.4kΩ	R_8	1.78kΩ	R_{11}	15.5Ω	R_{14}	0.44Ω
R_3	3kΩ	R_6	7.5kΩ	R_9	166Ω	R_{12}	56Ω	R_{15}	5Ω

（续）

代号	参 数	代号	参 数	代号	参 数	代号	参 数	代号	参 数
R_{16}	160kΩ	R_{21}	32kΩ	R_{26}	800kΩ	R_{32}	50.5Ω	R_{37}	0.05Ω
R_{17}	30kΩ	R_{22}	1.25kΩ	R_{27}	150kΩ	R_{33}	17.5kΩ	C_1	10μF/16V
R_{18}	800kΩ	R_{23}	5MΩ	R_{28}	30kΩ	R_{34}	2MΩ	VD_1、VD_4	IN4001
R_{19}	1MΩ	R_{24}	2MΩ	R_{29}	15kΩ	R_{35}	2MΩ		
R_{20}	32kΩ	R_{25}	4MΩ	R_{31}	555Ω	R_{36}	2MΩ		

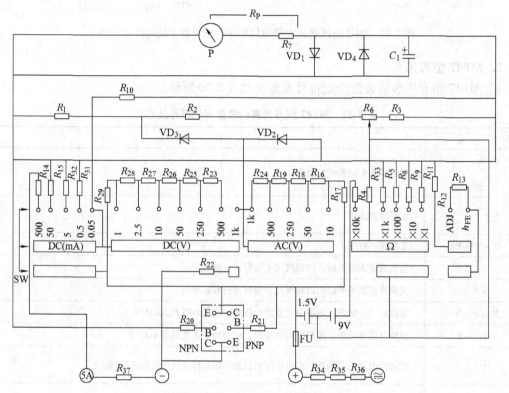

图 2-36 MF47 型万用表总图

2.2.3 实习内容与基本要求

1. 熟悉电路

熟悉 U201 型或 MF47 型万用表的电路，对各档电路的元件参数进行验算。

2. 检查器件质量

观察表头指针能否摆动，是否有卡住现象。检测表头内阻、灵敏度。

3. 组装 U201 型万用表

组装 U201 型万用表可按如下程序进行：

（1）焊接印制电路板操作过程

1）根据电路总图核对元件，清除元件引脚上的氧化层，清除氧化层之后需镀锡。

2）按前面所述电子元器件的引线成型和插装所述方法将元件引线成型，并插装到主印制电路板上，成型和插装时应注意使元件参数易于辨认。元件可采用紧密安装（即紧贴印制电路板），也可采用浮装，浮装时，元件距印制电路板 2~5mm。

3）当电阻插入印制板后，长出印制电路板焊盘面 5mm 后把多余的引线用剪刀剪去（可采用斜剪），折弯后再进行焊接。测晶体管放大倍数用的印制电路板上的两个电阻采用搭焊。

4）焊接时要保证焊接良好，防止虚焊。焊接时间也不能太长，以免损坏元件或使铜箔从印制电路板上剥离。印制电路板焊接完毕后，要保持元件整齐排列，板面清洁，以防止发生短路现象。

（2）U201 型万用表的总装

1）将 390Ω 可调活动电阻板固定到表头上，固定 3.3kΩ 电位器，固定电池夹，固定测晶体管放大倍数用的印制电路板，焊入晶体管测试插座。

2）把测晶体管放大倍数用的印制电路板上的两个 10MΩ 电阻焊好，把其上两根引出线按图 2-35 所示接好。

3）把主印制板上引出的 8 根线（参见图 2-34）按下面所述焊入：①接走刀线；②接 390Ω 滑动电阻板中的一个固定端；③接 390Ω 滑动电阻板中的可调端；④接 3.3kΩ 电位器中一固定脚；⑤接 22.5V 电池 + 极；⑥接 22.5V 电池 – 极；⑦接 1.5V 电池 + 极；⑧接 3.3kΩ 电位器其中活动脚。

4）把表头的 + 极（红线）接 390Ω 滑动电阻板的可调端。

5）把转换开关装好。安装前可先在定位钢珠处涂上适量黄油，安装时要做到松紧适合，旋转时能听到嗒嗒的定位声音即可。

6）固定好主印制电路板后，装活动触刀，装时注意活动触刀的方向，其长的部分和面板上的转换开关刻度线应对牢，切不要装反。

MF47 型万用表组装可以参照以上步骤。

4. 万用表的调试

调试前须保证焊接装配无误，具体可分为以下几个过程：

1）将表头机械零点调好。

2）校准基准档 50μA：把万用表置直流 50μA 档，接入 50μA 的标准电流源，万用表指针应满偏，若不对，则应调整表头后面的导磁铁板的位置。

3）调试 390Ω 可调电阻，校正直流电流档，使直流电流档读数正确。

4）对万用表的直流电压档、交流电压档进行校验。

5）将可调电阻板和有关螺钉用油漆涂封。

2.2.4 思考题与习题

1. 指针万用表一般采用什么测量机构？它有何特点？它的结构由几部分组成？

2. 指针万用表电流档采用的闭路式分流器有什么优缺点？如何计算闭路式分流器各量程档的阻值？

3. 指针万用表电压档采用的共用式附加分压电阻电路有何特点？如何计算各档分压电阻的阻值？

4. 什么是电压灵敏度？

5. 什么叫欧姆中心值？如何计算欧姆表各档的电阻值？

6. 如何计算欧姆表的欧姆刻度？

2.3 数字万用表的组装

2.3.1 数字万用表的基本原理

数字万用表（DMM）由数字电压表（DVM）和连接电路组成，显示位数一般为 4 ~ 8 位，常用的有 $3\frac{1}{2}$ 位、$4\frac{1}{2}$ 位（所谓 $4\frac{1}{2}$ 位是指满刻度为 19999，习惯上称 4 位半）。数字万用表的原理框图如图 2-37 所示。

DT-830 型数字万用表的核心部分是由双积分式模拟—数字转换集成电路 ICL7106 组成的，分辨能力 $3\frac{1}{2}$ 位，可直接驱动 LCD 显示器。双积分式的 A-D 转换器虽然速度较慢，但准确度高、价格低廉，非常适合用于仪器仪表电路。

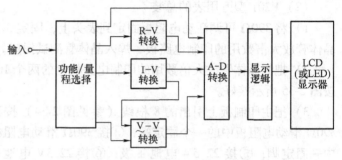

图 2-37　数字万用表原理框图

1. 专用集成电路 ICL7106

ICL7106 及附属电路如图 2-38 所示，各引脚功能如表 2-22 所示。

表 2-22　单片集成电路 ICL7106 各引出脚的功能

引脚序号	引脚符号	功　能
①、㉖	V_+、V_-	电源输入端（9V 供电）。"V_+" 为接电源正极，"V_-" 为接电源负极
② ~ ⑧	aU ~ gU	输出个位数的笔划驱动信号，连接 LCD 显示器
⑨ ~ ⑭、㉕	aT ~ gT	输出十位数的笔划驱动信号，连接 LCD 显示器
⑮ ~ ⑱，㉒ ~ ㉔	aH ~ gH	输出百位数的笔划驱动信号，连接 LCD 显示器
⑲，⑳	abK、PM	输出千位数的笔划驱动信号，连接 LCD 显示器。其中 PM 为负极性指示的输出端，PM 为低电位时，显示器显示出负号
㉑	BP	液晶显示器背面公共电极的驱动端，简称"背电极"
㉗	INT	积分器输出端，接积分电容 C_{12}
㉘	BUF	缓冲放大器输出端，外接积分电阻 R_{32}
㉙	C_{AZ}	积分器和比较器的反相输入端，外接自动调零电容 C_{11}
㉚、㉛	IN_+、IN_-	模拟量输入的正端和负端
㉜	COM	模拟信号公共端，V_+ 与 COM 之间有 2.8V（典型值）稳压输出
㉝、㉞	C_{REF-}、C_{REF+}	接基准电容 C_9
㉟、㊱	V_{REF+}、V_{REF-}	基准电压的正端和负端
㊲	TEST	测试端，此端经过 500Ω 电阻接至逻辑线路的公共地。将它与 V_+ 短接后 LCD 显示器的全部笔段点亮
㊳、㊴、㊵	OSC_1、OSC_2、OSC_3	时钟振荡器引出端，外接阻容元件组成多谐振荡器

ICL7106 每个转换周期由 4000 个计数脉冲组成，其中 1000 个计数脉冲用于输入信号定时积分时间（采样时间）T_1，0 ～ 2000 个计数脉冲用于对基准电压反向积分时间（比较时间）T_2，即称为双积分，剩余时间用于自动校零。从工作原理可以看出，其转换精度与积分常数 R 和 C 无关，仅与积分时间 T_1、T_2 的时间比和基准电压有关。采样时间 T_1 是固定不变的，比较时间即反向积分时间 T_2 计数脉冲数是随输入电压 V_i 的大小而改变的。若 V_i 超量程，则在反向积分阶段计数器超过 2000 个数则溢出，芯片给出超载信号。满量程电压 V_M 与基准电压的关系为 $V_M = -2V_{REF}$，基准电压一般取 100.0mV 或 1.000V，所对应的数字电压表基本量程分别为 200mV 和 2V。图 2-38 基本量程即为 200mV。

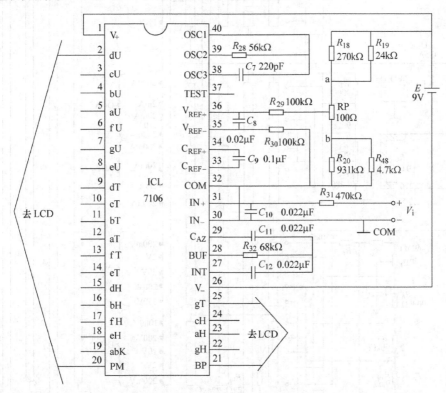

图 2-38　ICL7106 及附属电路

ICL7106 内部有时钟振荡电路，振荡频率由 R_{28}、C_7 确定。$f_0 \approx 1/(2.2R_{28}C_7)$，可产生约 40kHz 的时钟脉冲信号，该信号经四分频后，形成 10kHz 的计数脉冲，转换时间 MR = 2.5 次/s。设计使 T_1 为 1000 时钟脉冲，即 $T_1 = 100ms$ 可以增大 NMRR（常态噪声抑制比）。液晶显示器的交变电压可由 f_0 多次分频得到 50Hz 的方波，并从背电极 BP（第㉑脚）输出。R_{31}、C_{10} 组成输入端阻容滤波电路，以提高仪表抗干扰能力。C_9 为基准电容，C_{11} 为自动调零电容。R_{32}、C_{12} 分别为积分电阻和积分电容。

ICL7106 的模拟地与面板上的表笔插孔 COM 连通，V_+ 与 COM 之间有 2.7 ～ 2.9V 的稳压输出（典型值为 $E_0 = 2.8V$）。基准电压由 R_{18}、R_{19}、RP、R_{20} 和 R_{48} 组成的分压器供给。调整 RP 可使 $V_{REF} = 100.0mV$（参考电压调整范围是 95.1 ～ 107.3mV）。考虑到 E_0 及分压电阻值均有一定的偏差，上述计算仅供参考。R_{29}、R_{30}、C_8 组成基准电压输入端的高频滤波器。数字万用表总电路图如图 2-39 所示。

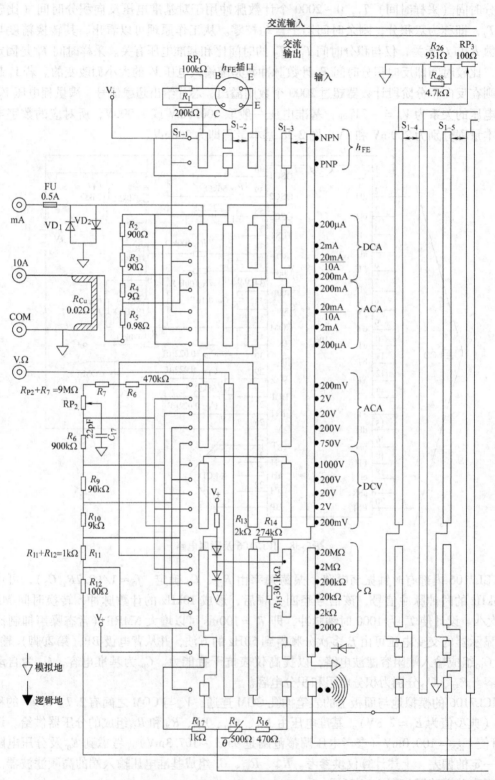

图 2-39 数字万用

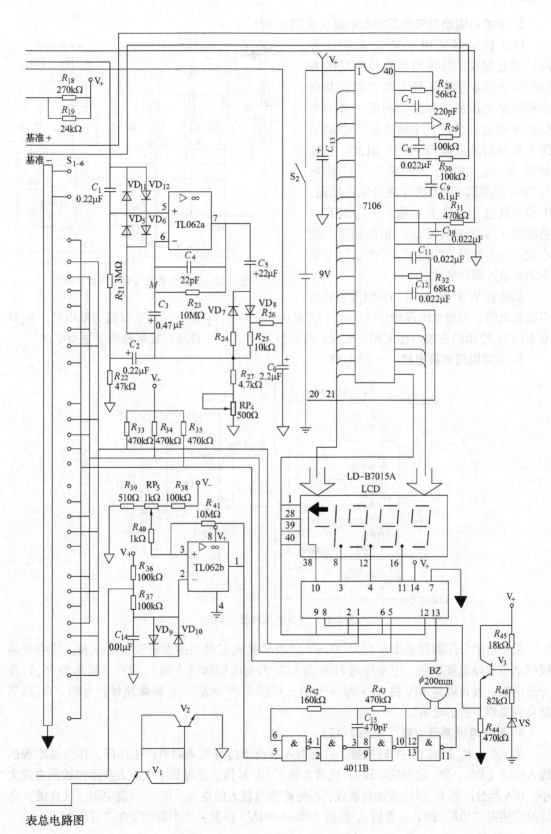

表总电路图

2. 小数点驱动与低电压指示电路（见图 2-40）

LCD 显示器采用了交流（50Hz 方波）供电方式，即将两个相位相反的方波信号分别加至液晶显示器背面公共电极和需要显示的笔划上，利用二者的电位差驱动笔划显示。小数点显示驱动电路主要由四异或非门 4077B 组成。当选择开关 S_{1-6} 拨至"十位"，B 端就与 7106 的㉟脚 TEST 端（逻辑地）接通，B 端为低电位，使 F 点输出的方波和 A 端波形（即背电极波形）相位相反，使小数点 dp1 发光。"百位"、"千位"小数点的显示过程亦如此。

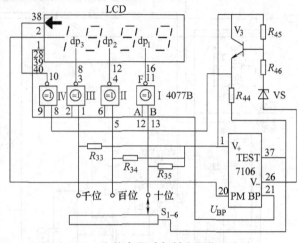

图 2-40　小数点驱动与低电压指示电路

晶体管 V_3 和异或非门 IV 组成了低电压指示电路。当电池电压低于 7V 时，VS 反向不击穿，V_3 截止，其发射极为低电位，使异或非门 IV 输出的方波与原来相位相反，从而显示出"←"符号，提醒操作者更换电池。

3. 直流电压测量电路（见图 2-41）

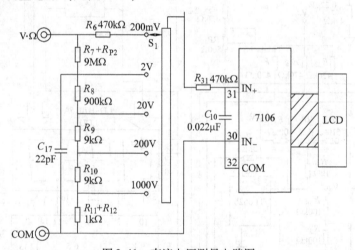

图 2-41　直流电压测量电路图

采用电阻分压器把基本量程为 200mV 的表扩展成五量程的直流数字电压表。图中带斜线的框表示导电橡胶条，用来连通 7106 与 LCD 的对应管脚（下同）。RP_2（阻值为 R_{P2}）是分压电阻，通过调整 RP_2 使 $R_7 + R_{P2} = 9M\Omega$，如图 2-39 所示。R_6 是限流保护电阻，C_{17} 是消除高频噪声干扰的电容。

4. 直流电流测量电路（见图 2-42）

$R_2 \sim R_5$、R_{Cu} 组成了 I-V 转换器。被测输入电流流过分流电阻时产生压降，作为基本表的输入电压（IN_+、IN_- 之间的电压），这就实现了 I-V 转换，通过数字电压表显示出被测电流大小。10A 档分流器 R_{Cu} 是用黄铜丝制成，以便能通过较大的电流。R_5 是线绕电阻，仅在测大电流时需使用"10A"插孔，并将 S_1 拨至"20mA/10A"位置，使小数点定在"百位上"。

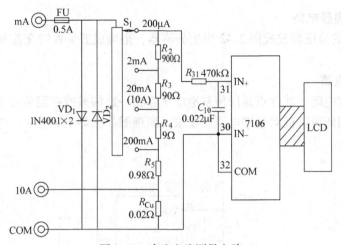

图 2-42　直流电流测量电路

　　FU 是快速熔丝管，串在输入端，作过电流保护，硅二极管 VD₁、VD₂ 接成双向限幅电路，作为过电压保护元件。

5. 交流电压测量电路（见图 2-43）

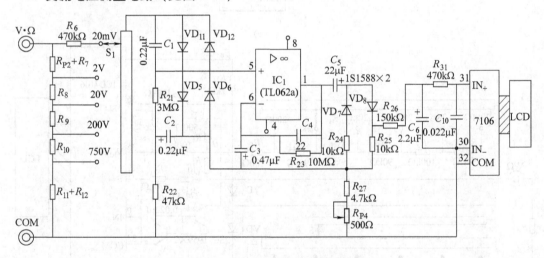

图 2-43　交流电压测量电路

　　电路主要包括两部分：电阻分压器（与测量直流电压公用）、交流直流转换器（AC/DC），电路由 TL062 的一组运放和二极管 VD₇、VD₈ 构成线性半波整流器。C₁ 是输入耦合电容，VD₅、VD₆、VD₁₁、VD₁₂ 作运放输入端过电压保护，C₅ 和 C₂ 为隔直电容。R₂₃ 是运放的负反馈电阻，用以稳定工作点。C₄ 为频率补偿电容。VD₈ 是半波整流二极管，VD₇ 为保护二极管，给反向电流提供通路。由 R₂₅、R₂₇、RP₄ 构成分压电路，调整 RP₄ 可改变输出电压，供校准交流电压档用。R₂₆ 和 C₆ 为平滑滤波器，获得平均值电压 V₀。

　　该电路有三个特点：第一，当输入交流电压为零时，V₀ 亦等于零；第二，IC 接成同相放大器使用，以提高其输入阻抗；第三，由于 IC₁ 中 TL062a 的放大作用，即使输入信号较弱，也能保证 VD₈ 在较强信号下工作，从而避免了二极管在小信号检波时引起的非线性失真。

6. 交流电流测量电路

将图 2-43 中的分压器改成图 2-42 中的分流器，则构成五量程的交流数字电流表，其原理不再赘述。

7. 电阻测量电路

采用比例法测电阻，其优点是即使基准电压存在一定偏差或在测量过程中略有波动，也不会增加误差，因此可降低对基准电压的要求。原理图如图 2-44a 所示，电阻测量的实际电路如图 2-44b 所示。

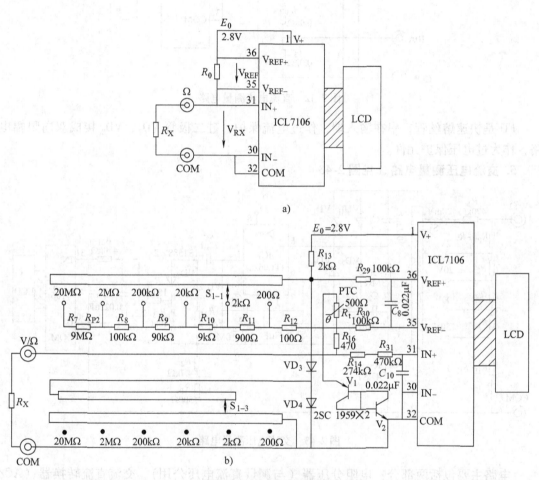

图 2-44　电阻测量电路

图 2-44a 中标准电阻 R_0（由量程选择开关确定）和被测电阻 R_X 串联后接在 7106 的 V_+ 和 COM 之间，V_+ 与 V_{REF+}、V_{REF-} 与 IN_+、IN_- 与 COM 两两接通。利用 7106 V_+ 与 COM 之间有 $E_0 = 2.8V$（典型值）的基准电压源，向 R_0 和 R_X 提供测试电流。其中 R_0 上的压降兼作基准电压 V_{REF}，R_X 上的压降 V_{RX} 作为输入电压 V_i。有关系式

$$\frac{V_i}{V_{REF}} = \frac{V_{RX}}{V_{REF}} = \frac{IR_X}{IR_0} = \frac{R_X}{R_0}$$

通常显示值 $= (R_X/R_0) \times 1000$，当 $R_X = R_0$ 时，显示值为 1000，$R_X = 2R_0$ 时满量程，显示屏读数为 1（溢出）。

利用选择开关改变标准电阻 R_0 的数值，即可构成多量程数字欧姆表。

测电阻时，原来的基准电压分压电路全部断开，改由 R_{13}、VD_3 和 VD_4 组成分压器，并以标准电阻（即 R_7、RP_2、$R_8 \sim R_{12}$ 如图 2-39）上的压降作为基准电压，以被测电阻 R_X 上的压降为输入电压 V_i。

R_{13} 是二极管 VD_3、VD_4 的限流电阻。在 $2k\Omega$、$20k\Omega$、$200k\Omega$、$2M\Omega$ 和 $20M\Omega$ 这 5 个电阻档，VD_4 被短路，加在 V_{REF} 端和 COM 端之间提供测试电流的电压即为 VD_3 的导通压降，约为 $0.6 \sim 0.7V$。在 200Ω 档，V_{REF+} 端和 COM 端之间的电压为 VD_3、VD_4 串联的正向压降，约为 $1.2 \sim 1.4V$。

电阻档的过电压保护电路由正温度系数的热敏电阻 R_t（常温下为 500Ω）、R_{16}、晶体管 V_1、V_2 组成。V_1、V_2 的连接方法是利用其发射结作齐纳稳压二极管。一旦出现过电压输入（如误用电阻档去测交流电压，则电流途经 R_{16}、R_t，使 V_1、V_2 击穿，起到限幅保护作用），保护 V_{REF-} 端㉟脚的内部电路不致损坏。与此同时，R_t 也迅速发热，阻值急剧增大，从而限制通过 V_1、V_2 的电流，对 V_1、V_2 起保护作用。IN_+ 端（㉛脚）的限流保护电阻是 $R_{14} + R_{31}$。在 V_{REF-} 端与 IN_+ 端串入 R_t 和 R_{16} 之后，对测量并无影响。这是因为电压比 V_{RX}/V_{REF} 仅取决于电阻比 R_X/R_D，而与测试电流大小无关。

8. 晶体管 h_{FE} 测量电路

以 NPN 档为例，电路如图 2-45a 所示，图 2-45b 为等效电路。

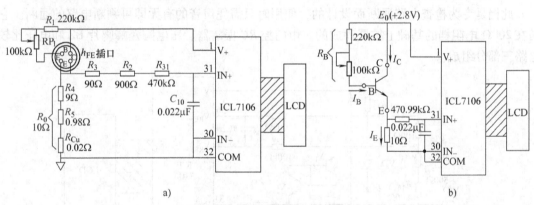

图 2-45 NPN 档测 h_{FE} 的电路

被测管的工作电压为 $2.8V$，由 R_1、RP_1 构成偏置电阻，调 RP_1 可使基极电流 $I_B = 10\mu A$。R_0（由 R_4、R_5、R_{Cu} 串联而成）为取样电阻，接在被测管发射极与公共端 COM 之间，将 I_E 转换成 V_i 输入 7106，起 I—V 转换器的作用，因而有

$$V_i = I_E R_0 \approx I_C R_0 = h_{FE} I_B R_0 = h_{FE} \times 10\mu A \times 10\Omega = 0.1 h_{FE} mV$$

即
$$h_{FE} = 10 V_i$$

因此可借用 $200mV$ 量程测 h_{FE}，只要使小数点消隐，即可直接显示出 h_{FE} 值。对于 PNP 档，应改变电源电压极性，并将采样电阻 R_0 相应移动，其简化电路如图 2-46 所示。

9. 二极管测试电路（见图 2-47）

它也是在 $200mV$ 基本表基础上扩展而成的，$+2.8V$ 基准电压经过 R_{17}、R_t、R_{16} 向被测二极管 VD 提供测试电压，使二极管正向导通。二极管的正向导通压降 V_D 再经 R_{14}、R_{15} 组成的分压器衰减成 $1/10$，作为 7106 的输入电压 V_i，即

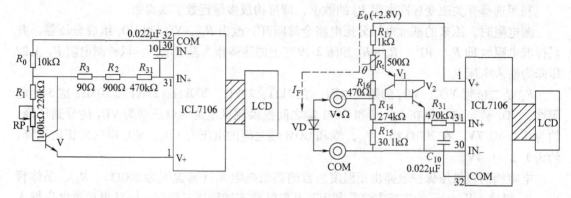

图 2-46　PNP 档测 h_{FE} 的简化电路　　　　　图 2-47　二极管测试电路

$$V_i = \frac{R_{15}}{R_{14}+R_{15}}V_D \approx 0.1V_D$$

这相当于将 200mV 基本表扩展到 2V 量程，可直接显示 V_D 的值。测量的正常范围是 0～1.5V。

R_t、V_1、V_2 组成测量保护电路。

10. 蜂鸣器电路（见图 2-48）

此档是专为检查电路通断而设计的，使用时只需凭声音的有无即可判断电路的通断。它是在 200Ω 电阻档的基础上扩展而成的。由门控 RC 振荡器、压电陶瓷蜂鸣片 BZ 和电压比较电路三部分组成。

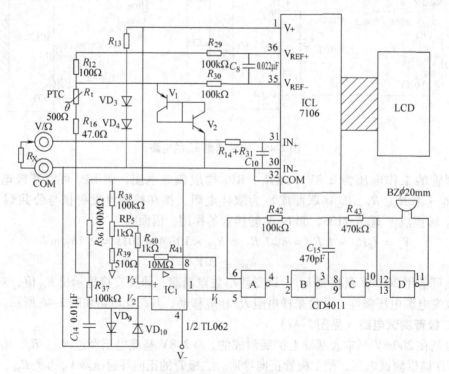

图 2-48　蜂鸣器电路

（1）门控振荡器和压电陶瓷蜂鸣片　门控振荡器由 CD4011 和 R_{42}、R_{43}、C_{15}构成三级反相。

（2）电压比较电路　由 R_{38}、RP_5 和 R_{39}构成的分压电路向 TL062b 提供参考电压，调整 RP_5 即可改变③脚对 COM 的电压，典型值约为 $V_3=+0.02V$，R_{12}、R_1、R_{16}与 R_{36}、R_{37}、VD_9 构成分压器，向运放的反相输入脚②提供电压。不接 R_X 时，V_2 约为 0.4V，故 $V_2>V_3$，比较器 TL062b 输出 V_1 低电平使振荡器停振。当被测线路接通，即接在 IN_- 端与 COM 之间的 R_X 小于某值（典型值为 20Ω）时，使 V_2 低于 +0.02V（即 $V_2<V_3$），故比较器 1 脚输出 V_1 高电平使振荡器起振，蜂鸣器鸣叫，显示器显示被测线路的电阻值。对于不同的 DT-830 万用表，使振荡器停振的线路电阻值不相等，一般为 20Ω±10Ω。

VD_9、VD_{10}是双向限幅二极管，C_{14}用来滤除输入端的干扰，R_{41}是运放反馈电阻。

11. 液晶显示器电路

采用 LD-B7015A 型三位半 LCD 显示器。其内部管脚布置及其与 7106、4077B 的接线图如图 2-49 所示。图中引线箭头所指的数码中，带圆圈的是指四异或非门 4077B 的管脚号，其余数码表示 7106 芯片的管脚号，未带箭头的表示空脚。个位、十位、百位均属七段显示，千位数只使用 a、b 段（用来显示过载符号“1”）和 g 段（用来显示“-”）。液晶显示器的第 1、28、39 和 40 脚通过印制电路均接 7106 的 BP 端（21 脚），LD-B7015A 与 7106、4077B 之间，通过两条导电橡胶辊连接。整个显示器用 4 个塑料卡子固定在印制电路板上。

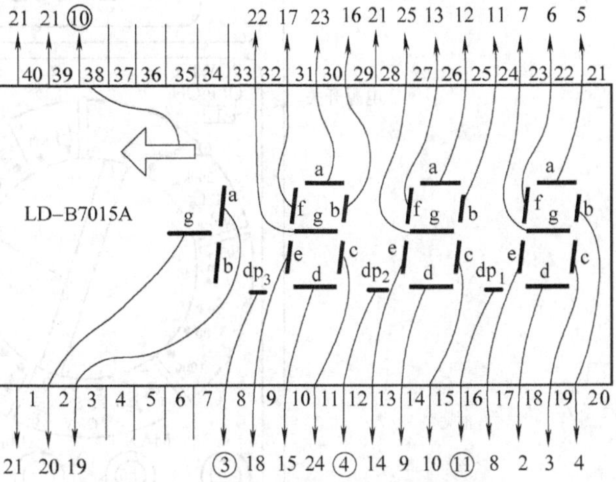

图 2-49　LD-B7015A 液晶显示器管脚布置及其与 7106、4077B 的接线图

2.3.2　数字万用表的主要技术指标和测量范围

1. 主要技术指标

DT-830 万用表能够测直流电压（DCV）、交流电压（ACV）、直流电流（DCA）、交流电流（ACA）、电阻（Ω）、二极管（—▷|—）和晶体管电流放大倍数（h_{FE}）。

1）位数：3（1/2）位数字，满码 1999 或 -1999。

2）极性：正反极性变换自动显示。

3）归零调整：具有自动归零调整功能。

4）超量程显示：超量程时显示“1”或“-1”。

5）取样时间：0.4s，测量速率为 2.5 次/s。

6）电源：采用 9V 迭层电池供电（6F22 型电池）。

2. 测量范围

1）DCV：200mV，2V，20V，200V，1000V，输入阻抗为 10MΩ。

2）ACV：200mV，2V，20V，200V，750V，输入阻抗为 10MΩ，并联电容小于 100pF。

3）DCA：200μA，2mA，20mA，200mA，10A，满量程仪表电压降为250mV。

4）ACA：200μA，2mA，20mA，200mA，10A，满量程仪表电压降为250mV。

5）Ω：200Ω，2kΩ，20kΩ，200kΩ，2MΩ，20MΩ。

6）h_{FE}：测试条件为 NPN 型或 PNP 型晶体管，$U_{CE}=2.8V$，$I_B=10μA$。

7）⎓▷⊢：测试电流为（1±0.5）mA。

8）检查电路通断：被测电路电阻低于（20±10）Ω，蜂鸣器可发声。

3. DT-830 的面板（见图 2-50）

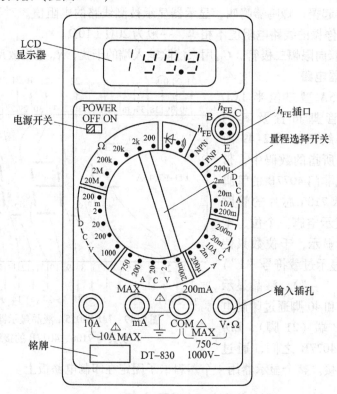

图 2-50　DT-830 型数字万用表面板图

2.3.3　数字万用表的组装与调试

1. DT-830 数字万用表的组装

组装分为核对元器件、根据线路总图焊接印制电路板上元器件（有大小两块板）、整机装配这几个过程。

在印制电路板上安装元器件时，元件的引线成型、安装方向、焊接等要求可参阅本书前面电子元件的安装与焊接技术部分内容，在此不再赘述。

组装过程中的要点简述如下：

1）R_7+RP_2（9MΩ）、R_8（900kΩ）、R_9（90kΩ）、R_{10}（9kΩ）、R_{11}（900Ω）、R_{12}（100Ω）是电压档与电阻档的公用电阻。测电压时，它们构成分压器，测电阻时作为一套基准电阻使用。为保证仪表的精度指标，要对 $R_8 \sim R_{12}$ 进行筛选，R_7 与 RP_2 要配对；相对误差范围均为 ±0.2%。对积分电容的质量要求较高，它直接关系到积分器的准确度，要求它漏电阻高（或漏电时间常数大），损耗角正切 tanδ 值小，介质吸收系数小。

2）分流电阻中，$R_2 \sim R_4$ 为误差 ±0.5% 的 $\frac{1}{4}$W 金属膜电阻，R_5 是 $\frac{1}{2}$W 线绕电阻。R_6 由长 8.5cm、直径 1.8mm 的锰铜导线制成。

3）安装二极管、电解电容时要注意它们的极性；安装晶体管时应注意管脚不要插错。

4）印制电路板上的焊点较小、较密，焊接时应注意防止焊点间搭焊短路；焊接时间不能太长，以免损坏元件或使铜箔从印制电路板上剥离，也不能太短，以免造成虚焊。

5）在数字万用表的组装实习过程中，使用双列直插式集成电路时，最好使用集成电路插座，要先焊插座，最后插集成电路。不要把集成电路插入插座一起焊接。如不使用插座直接焊集成电路，则应在焊接完分立元件后进行，且烙铁外壳应可靠接地线，防止漏电而损坏7106 等芯片，另外，在使用或焊集成电路前一定要注意芯片不能插反。

6）DT—830 型的液晶显示板（液晶板）装在罩内。液晶罩的材料比较脆，安装前要先用什锦锉修去印制电路板上 4 个安装孔的毛刺。插液晶罩时用力要均衡，防止用力过大使液晶罩的 4 只脚断裂。焊接液晶显示器的时间要尽量短。

7）蜂鸣器用的压电陶瓷片的一端直接焊在印制电路板上，另一端用导线焊在印制电路板上。

8）两块印制电路板直接用导线连接，并用螺钉固定。转换开关的接触片与印制电路板之间要涂少量的导电硅脂，以减小磨损，并防止因受潮而锈蚀。

9）焊接完毕，检查无误后再装入机壳，机壳后盖上的金属屏蔽层应通过导线与 COM 端相连通。

2. DT—830 数字万用表的调试顺序

1）先调零点，后调功能。即首先作零点检查或零点调整，然后再转入功能调试。

2）先直流，后交流。即首先调试直流档，然后再调交流档。

3）先电压，后电流。先调电压档，再检查电流档。

4）先低档，后高档。从最低量程开始调，逐渐增大量程。

5）先基本档，后附加档。DT-830 型共设有 28 个基本档，其余为附加档（测量二极管、h_{FE}、线路通断及 10A 插孔）。附加档是由基本档的电路扩展而成的。只要调好基本档，附加档的调试工作就很容易完成。

3. 具体的调试项目、步骤及方法

（1）零点校准

1）把两支表笔短接，将量程转换开关依次拨至直流 200mV、2V、20V、200V、1000V 档，应分别显示 0.00mV、0.000V、0.00V、00.0V、000V；当两表笔开路后，直流 200mV 档和 2V 档可能有数字出现，这是外界感应电压造成的，200mV 档开路显示应在 10 个字以下，输入感应信号（如用手触摸表笔尖）时，仪表应有反应。

2）交流电压档在短路时应显示零，与 1）相同。

3）直流及交流电流档，在表笔开路或短路时均应显示零。量程转换开关依次拨至直流（或 交 流）200μA、2mA、20mA、200mA 档，应 分 别 显 示 0.00μA、0.000mA、0.00mA、00.0mA。

4）各电阻档在开路时应显示"1"，将表笔短路时，可显示 3 个字以下（即表笔线的阻值，除 200Ω 档），其他各档均应显示零。量程转换开关依次拨至 200Ω、2kΩ、20kΩ、200kΩ、2MΩ、20MΩ 档，短接表笔，应分别显示 00.2Ω ± 1 个字、0.000kΩ、0.00kΩ、00.0kΩ、0.000MΩ、0.00MΩ。

5）⊣⊢ 档，在表笔开路时，应显示"1"，短路时应显示为 0.000。h_{FE} 档，在不插晶体管时，应显示为 000。

6）蜂鸣器档，开路时显示"1"，短路后应能发出正常响声，并显示 3 个字以下。若上述检查正确，证明 7106、LD-B7015A 液晶显示，4077B、量程转换开关基本没问题。若显示值不符，应关闭电源，检查电池电压是否正常，是否有断线，量程转换开关是否接触不良，有否漏焊、虚焊、错焊元件，集成芯片是否插反，7106A/D 转换器和四异或非门 4077B 是否正常，LCD 是否良好等。

（2）直流电压档（DCV）的调试

1）量程开关置直流电压档，把两表笔短路后，在 7106 的 V_{REF-} 与 V_{REF+} 两端并联一块准确度优于 ± 0.05% 的 4 位数字电压表，测基准电压，调整多圈电位器 RP₃，使 V_{REF} = + 100.0mV（此亦称满量程调整）。

2）量程开关置 200mV 档，把直流标准电压发生器产生的 100mV 加到数字万用表输入端，应显示 100.0mV，若显示值误差在 ±5 个字以内，可微调 RP₃，若显示误差较大，需首先检查仪表内部电池电压是否过低。再交换两表笔位置重测一次，应显示 – 100.0mV，则证明极性显示正常。然后，利用电阻分压器依次产生以下标准电压：0.1、0.2、…、1mV、2、3、…、10mV、20、30、…、100mV、199.9mV，分别作为输入电压，检查仪表线性度，若有不符应考虑积分电容质量是否符合要求，必要时更换之。

3）将 1.000V 标准电压加到 2V 档的输入端，调 RP₂ 使显示值在允许范围内，然后再将 10.00V、100.0V、1000V 标准电压分别加到 20V、200V、1000V 档的输入端，看显示是否符合规定，若超差，需检查分压电阻 $R_7 \sim R_{12}$ 阻值是否改变，精度是否符合要求。（注：若更换分压电阻，需重调 RP₂）。

（3）交流电压档（ACV）的调试　将量程开关拨至交流 200mV 档，将 50Hz、100.0mV（有效值）的标准交流电压加到仪表的输入端，应显示 100.0mV。若误差较大，可微调 RP₄，如果误差仍较大，应检查运算放大器 TL062 的失调电压是否增大，必要时更换该器件。然后再将量程开关依次拨至 2V、20V、200V、750V 各交流电压档，将有效值为 1.00V、10.00V、100.0V、250.0V 的交流电压分别加到各档，检查显示值是否在规定允许范围内。

（4）电阻档（Ω）的调试　将量程开关拨至 200Ω 档，仪表输入端接 100Ω 标准电阻，应显示 100.0Ω，如果误差较大，应检查电池电压是否偏低，量程开关接触电阻是否过大。再将量程开关依次拨至 2kΩ、20kΩ、200kΩ、2MΩ、20MΩ 档，输入端分别接入 1kΩ、10kΩ、100kΩ、1MΩ、10MΩ 标准电阻，仪表应分别显示 1.000kΩ、10.00kΩ、100.0kΩ、1.000MΩ 和 10.00MΩ。误差不得超过规定指标范围。若误差较大，需重新检查各档标准电阻 $R_7 \sim R_{12}$。

（5）直流电流档（DCA）的调试　当直流电压档工作正常，一般就不必再检查直流电流档，若直流电流档误差较大，应着重检查分流器的分流电阻值是否改变。必要时可用精密电桥测量分流电阻 $R_2 \sim R_5$、R_{Cu} 的阻值是否改变。

（6）交流电流档（ACA）的调试　若直流电流和交流电压档均已调试好，一般不需再检查交流电流档。

（7）晶体管 h_{FE} 档的调试　把已经知道 $I_b = 10\mu A$ 时的 h_{FE} 大小的晶体管插入测试插孔中，调 RP_1 使显示值和已知值相符。（也可这样调试：插入某性能良好晶体管，调 RP_1 使 $I_b = 10\mu A$ 即可）

（8）蜂鸣器档调试　调 RP_5，使表笔间电阻小于 20Ω 时发声，大于 20Ω 时不发声（此为典型值，允许 $\pm 10\Omega$）。

2.3.4　实习内容与基本要求

1）了解 DT-830 数字万用表的基本原理和结构。
2）认识并测量元器件，了解元器件标识的意义。
3）对照原理图和印制电路板图，理解电路组装工艺。
4）焊接练习。合格后焊接万用表电路板。
5）调试和检测各部分功能与质量。
6）撰写实习报告。

2.3.5　思考题与习题

1. 试述双积分式 A-D 转换器的工作原理。
2. 7106A-D 转换器若 $V_{REF} = 100.0mV$，则满量程输入电压是多少？为什么有这样的关系？
3. 7106A-D 转换器时钟振荡频率取决于什么？其计算公式如何？
4. 若 7106A-D 转换器的积分电容质量不好（漏电大）会产生什么后果？
5. 试述 DT-830 数字万用表小数点驱动及低电压指示的工作原理。
6. 试述 DT-830 数字万用表电阻测量的工作原理。
7. 口述 DT-830 数字万用表的调试过程。
8. 对照 DT-830 数字万用表总图，试说明在哪些量（或位）测量过程中用到了 $R_7 + R_{P2}$、$R_8 \sim R_{12}$？
9. 对照 DT-830 数字万用表总图，试说明 $RP_1 \sim RP_5$ 分别用来调校什么档位（或量程）？

2.4　调幅半导体收音机的组装与调试

调幅和调频半导体收音机的组装与调试是一个综合的实习项目。通过实习要锻炼读图能力，要能够读懂一般的半导体收音机电路图和其他电子电路的电气原理图，了解各单元电路的基本原理；结合电子技术和电路理论知识，对典型电路环节静态工作点要会熟练地估算，对谐振电路的参数要进行分析和计算；通过实践可以根据原理图和印制电路板图较熟练地进行电路组装和调试。由此开始，有了一个基础训练后，对其他电子电路的组装、调试就开始入门了。动手能力是和理解能力、思维能力联系在一起的，因此需要在理解电路原理的基础上实践，才能达到实习的目的。

2.4.1 无线电与电磁波

理论和科学实践表明，当一根导线中通过高频电流时，会发生类似石头投入水面后波纹传播的现象，在导线周围的空间，产生一种波，这种波也会向四周扩散，同时把导线中的高频能量向外转播。这种波是由电场和磁场交替变化形成的，我们称它为"电磁波"。收音机的天线可以从电磁波感应出电流，然后由电路加以放大，达到收听的目的。电磁波的传播速度为 $3 \times 10^8 \mathrm{m/s}$，电磁波的频率范围为 $10\mathrm{kHz} \sim 300\mathrm{GHz}$，其波长为 $0.001 \sim 3000\mathrm{m}$。一般调幅收音机使用频率为 $100\mathrm{kHz} \sim 30\mathrm{MHz}$。

1. 调制波

因为音频信号频率很低（$20 \sim 20\mathrm{kHz}$），不能从天线发射出去，必须将音频信号加载到高频信号上，这叫做"调制"，该高频信号称为"载波"。有两种调制方法，即振幅调制产生调幅波和频率调制产生调频波，如图2-51所示。如果高频波的幅度随音频信号而变化，称调幅波。调幅波包络线形状和音频信号波形相同。如果高频波的频率随音频信号而变化，则称调频波。可见，调制信号就是高频载波和音频信号二者按照某种规律的合成体。由于调幅波的

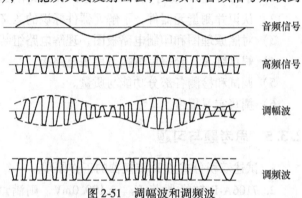

图2-51 调幅波和调频波

接收设备很简单，一般普通中波和短波广播都是应用调幅广播。调频波抗干扰能力强，用于高质量的广播，如电视广播中的伴音、立体声广播等。

例如调幅电台：中央1台639kHz、中央2台720kHz就是指它们的高频载波的频率，为定值。而其所播出的节目（音频信号）可以是各种各样的。

2. 调幅广播波段的划分

调幅广播一般分为中波、短波。

中波：$535 \sim 1605\mathrm{kHz}$；短波：$4 \sim 12\mathrm{MHz}$。有的收音机分得更细，划分为9个或10个波段。

2.4.2 超外差式收音机原理

超外差式接收机具有优良的性能，现已得到普遍的应用，目前已见不到直接放大式收音机、再生式和来复式接收机，全部采用超外差式。超外差式接收原理还广泛应用于各种仪器仪表中。超外差式收音机的特点是：被调谐接收的信号，在检波之前，不管其电台频率（即载波频率）如何，都换成固定的中频频率（我国是465kHz），再由放大器对这个固定的中频信号进行放大，这样就解决了对不同频率的电台信号放大不一致的问题，使收音机在整个频率接收范围内灵敏度均匀。同时，由于中频信号既便于放大又便于调谐，所以，超外差式收音机还具有灵敏度高、选择性好的特点。图2-52是表示超外差式收音机工作过程的框图。

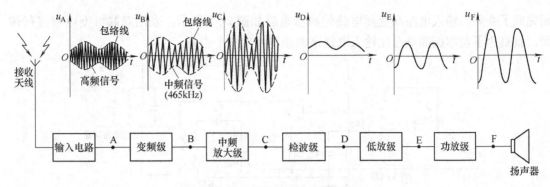

图 2-52　超外差式收音机框图

1. 输入电路

输入电路和变频电路如图 2-53 所示。通过 L_1、C_1 回路进行选频谐振，抑制非谐振频率的信号。使 $f_0 = 1/(2\pi\sqrt{L_1 C_1})$ 的信号在 L_1 上最大，通过磁耦合传递到 L_2 两端，而加到晶体管 V 输入端，作为输入信号。

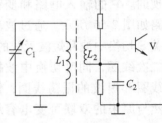

输入电路的主要作用一是选择电台，二是频率覆盖。对于中波段，L_1 为定值，只调节 C_1，当 C_1 全部动片旋入，容量最大时，应使 L_1、C_1 谐振频率为 535kHz；C_1 全部动片旋出，容量最小时，应使 L_1、C_1 谐振于 1605kHz，这样才能满足收听中波段全部电台的要求。

图 2-53　输入电路

半导体收音机的线圈都是绕在磁棒上的，称为磁性天线。中波磁棒为锰锌铁氧体材料，一般涂黑色漆；短波磁棒为镍锌铁氧体材料制做，一般涂成棕色或灰色。二者不可互换使用，否则效率降低。由于磁棒具有较强的导磁能力，能聚集空间无线电波的磁力线，使灵敏度提高。磁棒必须水平放置。磁性天线具有很强的方向性。

2. 变频级

（1）原理　从输入回路送来的是一个高频调幅信号。这里高频信号只起运载音频信号的作用，所以称为"载波"。而变频的作用，则是将输入回路送来的这个调幅信号的载波，由原来的高频变为比原高频低，而又比音频高的"中频"，同时仍然保持原调制信号的包络线形状。我国规定调幅广播接收机的中频为 465kHz。

（2）变频的实现　变频电路示意图如图 2-54 所示。在基极回路加入电台的高频载波信号 u_1，在发射极加入一个高频振荡电压 u_2。u_2 由装在机内的所谓本机振荡器产生，所以 u_2 又称为本振电压。

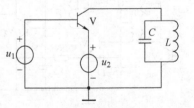

变频是利用晶体管的非线性特性来实现的。实践证明，如果将两种不同的频率 f_1 和 f_2 的信号同时加在非线性元件的输入端，那么在其输出端除了有 f_1 和 f_2 的信号外，将会按照

图 2-54　变频电路示意图

一定的规律产生其他各种频率的信号，如有 $f_2 + f_1$，$f_2 - f_1 \cdots$ 等，这叫"混频"。如果在输出端采用谐振回路，使其谐振频率为 $f_2 - f_1$，那就可以很容易地取出所需要差频的信号。具体的做法是：把晶体管 V 的 I_B、I_C 调得较小，工作点偏低，使电路工作于非线性放大状态下，同时使本振频率 f_2 总比输入电台信号 f_1 高出一个中频 465kHz，而 LC 选频网络谐振于中频，

则完成了变频。输入电路和变频电路的典型电路如图 2-55 所示。采用双联可变电容进行调谐，就是为了使本振频率总比输入电路谐振频率高出一个中频。

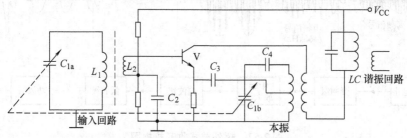

图 2-55　输入电路和变频电路的典型电路

　　两波段收音机是通过切换电感，改变谐振频率范围来实现的。它的输入电路和变频电路如图 2-56 所示。通过波段开关 S 切换中波和短波天线的一、二次线圈，同时切换中波振荡线圈和短波的振荡线圈，但仍然与原来的双联可变电容组成谐振和振荡电路。图中波段开关 S 位置所示为中波波段。

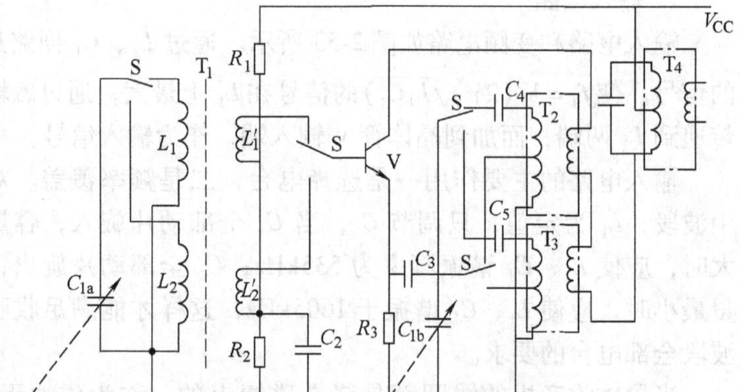

图 2-56　两波段收音机输入电路和变频电路

3. 中频放大电路

　　中频放大器是超外差式收音机的极重要部分，它的工作好坏决定收音机的灵敏度、选择性和失真、自动增益控制等几项重要性能指标。中放和检波电路如图 2-57 所示。中频变压器 T_1、T_2、T_3 分别与电容并联，作为晶体管 V、V_1、V_2 的集电极负载。三个回路均调谐在 465kHz。现将其中一级的微变等效电路画出，如图 2-58 所示。

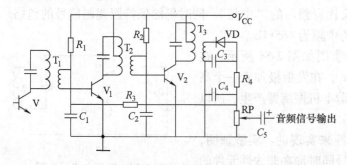

图 2-57　中放和检波电路 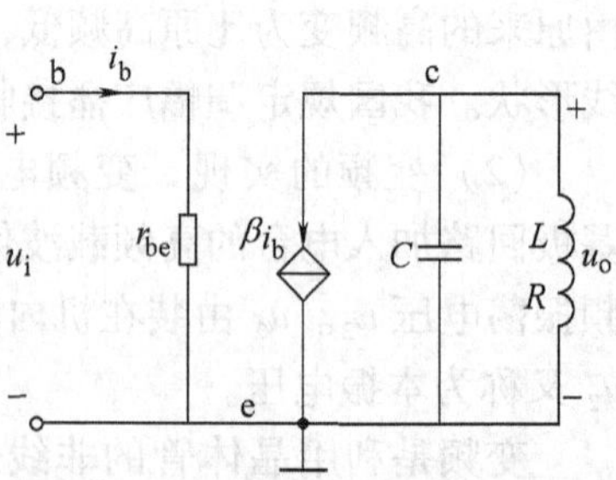　　　　　　图 2-58　中放级的微变等效电路

当回路中 $R \ll X_L$ 时

$$f_0 \approx \frac{1}{2\pi \sqrt{LC}}$$

不难推算出 LC 回路的阻抗

$$Z_L = \frac{L}{RC}$$

可见，改变 L/C 的比值，可以改变谐振电路的阻抗。L/C 越大，则 Z_L 越大；而 R 越小，则 Z_L 越大。当电路处于谐振状态时，恒流源输出电压的大小与其所带负载有关。$\dot{U}_o = -\beta I_b Z_L$。$Z_L$ 越大，则在 L 或 C 上电压越高，感应到中频变压器二次侧的电压也越高。在谐振频率为中频 465 kHz 时 Z_L 最大，因而放大器的电压放大倍数最高，因此称为"谐振放大器"。中频放大电路有的用一级有的用两级。

4. 检波与自动增益控制

（1）检波　检波又称为解调，是调制的反过程。图 2-57 中，T_3 二次侧所接即为检波电路。首先由二极管 VD 将调幅信号削去一半，然后由电容 C_3 和 C_4 将中频载波滤除，音频信号电压就加在了 R_4 和 RP 上，经由电位器 RP 调节输出电压，控制音量，再由 C_5 输出给低频电压放大器。此外，C_3 和 C_4 为 $0.01\mu F$ 电容，它对中频的容抗很小，而对音频的容抗很大，读者可以自行计算分析。而 C_5 为 $10\mu F$ 电解电容，对音频阻抗很小，可以视为短路。二极管采用点接触式锗管 2AP9 等，或用锗高频晶体管的一个 PN 结。

（2）自动增益控制　自动增益控制（AGC）电路见图 2-57 中的电阻 R_3、电容 C_1。中频变压器 T_3 二次侧信号经二极管 VD 检波后，在 R_4 和 RP 上输出的是交直流叠加量。其直流分量实际极性为下正上负，通过 R_3 引到 V_1 基极。当信号很强时，直流分量就比较高，RP 上端电位就越低，使 V_1 基极电位下降，V_1 的放大倍数下降，起到降低强信号，自动控制输出信号的作用。

5. 低频放大和功率放大电路

由电位器选择输出的音频信号经电压放大器和功放电路放大后，推动扬声器发出声音。低放和功放电路形式很多，此处不再赘述。

6. HX-108-2 型超外差式调幅收音机的特点

七管超外差式收音机的原理图如图 2-59a 所示，印制电路板如图 2-59b 所示。

该收音机为七管中波段调幅收音机，采用全硅管标准两级中放电路，用两只二极管正向压降稳压电路，稳定从变频、中频到低放的工作电压，不会因为电池电压降低而影响接收灵敏度，使收音机仍能正常工作。本机体积小巧，外观精致，便于携带。

（1）输入电路　它是一个由可变电容 C_{1A} 和调谐线圈 L 组成的 LC 调谐回路，用来选择欲接收的电台信号。被选好的信号再由二次线圈送到晶体管 V_1 的基极去。

（2）变频电路　图 2-59a 所示 V_1 和 T_2 组成变压器反馈式振荡电路。由电感和 C_{1B} 组成振荡回路，其振荡电压通过 C_3 耦合送回发射极。调节线圈磁心和电容 C_{1B} 都可以改变振荡频率，这个振荡频率即本机振荡频率（f_2）。电容 C_3 提供高频通路并起隔直流的作用。本机振荡电压从发射极输入，电台高频信号（f_1）电流是从晶体管基极输入的，这就避免了两个输入回路的互相影响。该电路上偏流电阻比较大，故晶体管工作在非线性区，能够产生较好的变频效果。

（3）中放电路和检波电路　晶体管 V_2、V_3 均工作于放大状态，放大中频信号；而 V_4 静态工作点在截止区边缘。所以既起检波作用，又对信号半波进行了放大。V_4 为射极输出器，检波后的音频信号由其发射极电阻上输出。

（4）低放级和功放级　由电位器选择出音频信号的强弱后，经过以 V_5 为中心的前置低

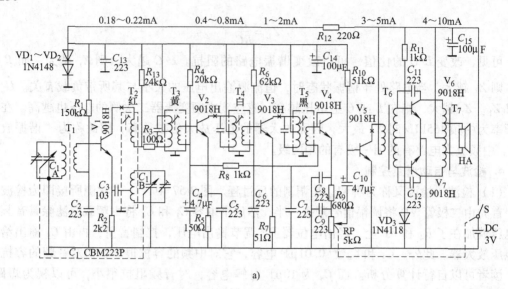

a)

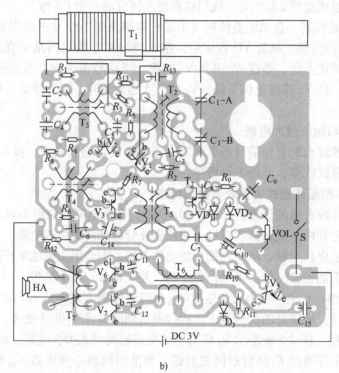

b)

图 2-59　超外差 7 管收音机原理图和印制电路板图

放和以 V_6、V_7 为中心的功率放大后，推动扬声器发出声音。

2.4.3　半导体收音机的组装与调试工艺

1. 元器件的识别与检测

（1）可变电容器　一般小型收音机使用的可变电容器为塑封差容双联电位器，振荡联为 $3 \sim 60 \text{pF}$，天线联为 $5 \sim 127 \text{pF}$，有两个微调电容分别与其并联，分别标有"O"和"A"，标有"G"的一端为接地端。动片全部旋入时电容量最大。

（2）天线线圈　天线线圈由磁棒和线圈组成，线圈要套入磁棒并能左右活动，线圈用高强度漆包线绕制，线端焊接前要除漆并预留适当长度，以便调试时调整线圈位置。要测量线圈电阻及线圈间的绝缘电阻。一般线圈电阻较小，线圈之间的绝缘电阻应为无穷大。

（3）晶体管　晶体管全部为 NPN 型硅材料塑封管，需要测量出各管的 β 值，并根据 β 值进行分配。

使用 MF368 表测量时，首先将开关转动至欧姆"×10"档（即 h_{FE} 档），将红黑测试表笔短接，进行欧姆调零；然后将被测晶体管插入相应的"PNP"或"NPN"的 ebc 管座内，即可读测。硅管 h_{FE} 值从第四条的"Si"刻度线直接读数，锗管从第五条的"Ge"刻度线直接读数。

根据测得的晶体管放大倍数进行分配。对于 4 个 9018，要求 V_3 的放大倍数大于 V_2，V_2 大于 V_1，V_4 可以选取最小的；对于三个 9013，放大倍数比较接近的两个分别作为 V_6 和 V_7，另外的一个作为 V_5。注意：7 个晶体管要用同一块万用表测量，不同的表测得的数值存在差异。

（4）二极管　利用二极管的单向导电特性，用万用表欧姆 ×100 档测量二极管的正、反向电阻，可测得正向电阻为 $500\sim800\Omega$，反向电阻为无穷大。

（5）变压器类元器件　中波振荡线圈 T_2 磁帽为红色。中频变压器 T_3 磁帽为黄色，中频变压器 T_4 磁帽为白色，中频变压器 T_5 磁帽为黑色，T_3、T_4、T_5 都带有谐振电容，有时又称它们"中周"，要注意安装固定后其外壳要焊在印制电路板上，以起到屏蔽的作用。对于输入变压器 T_6 和输出变压器 T_7，需要通过测量变压器线圈内阻值确定。

（6）带开关的电位器　要求电位器的开关良好。电位器固定端电阻（1、3 端）测量与电阻器测量方法相同，阻值约 $5k\Omega$；活动端（1、2 端，2、3 端）阻值在 $0\sim5k\Omega$ 范围内连续可调，性能测量用指针表可方便观察，如图 2-60 所示。

（7）电阻　首先根据色环初步读出每个电阻的阻值，然后根据阻值大小判断需要使用的万用表档位，进而测量出电阻值，将每个电阻的标称值与测量值分别记录。**注意：每换一次档位均要重新进行欧姆调零。**

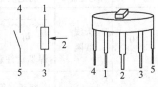

图 2-60　电位器符号与外观

（8）电容　对于瓷片电容，用欧姆 ×10k 档检测有无短路情况；对于电解电容，用欧姆档观察电解电容的充放电现象，检测中 $100\mu F$ 的电容使用欧姆 ×100 档，$10\mu F$（$4.7\mu F$）的电容使用 ×1k 档，观察指针的摆动情况会比较清晰，检测中可以发现电容是否有短路、断路及漏电现象。如果使用同一档位可以通过指针的摆动角度判断电容容量的大小。

（9）扬声器　用万用表欧姆档检测扬声器的电阻，用万用表欧姆"×1"档点触引线，扬声器应有清脆声。

2. 元器件的安装

元器件的安装质量及顺序直接影响整机质量与成功率，合理的安装需要思考及经验。表 2-23 所示的安装顺序及要点是实践证明较好的一种安装方法。

注意：所有元器件高度不得高于中周的高度！

表 2-23 收音机元件的安装顺序及要点

序号	内容	注意要点
1	中周	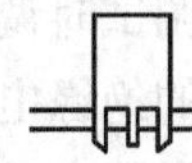 外壳引脚内弯 90° 后焊接
2	瓷片电容	 元件引脚高出印制电路板 2~3mm
3	电阻	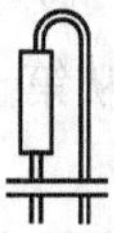 电阻立式安装 第一色环朝上，便于检查
4	二极管	与电阻安装形式相同，即立式安装。安装高度与中周平，注意极性
5	晶体管	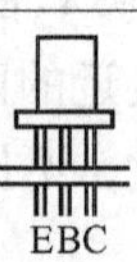 注意型号和引脚顺序 安装高度与中周平
6	电解电容	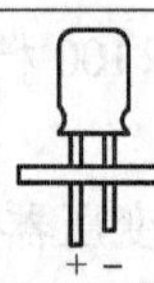 立式安装，注意高度和极性
7	变压器	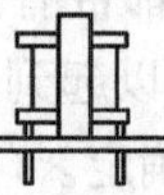
8	双联电容及磁棒架	要求元件向下按到底，铁心紧贴印制电路板，并与板垂直。 将双联 CBM-223P 安装在印制电路板正面，将磁棒架放在印制电路板与双联之间，然后用 2 个 M2.5 螺钉固定，并将双联引脚超出印制电路板的部分弯脚后焊牢
9	电位器	将电位器组合件焊接在线路板指定位置，要求电位器要装平，引脚内弯后焊接
10	天线线圈	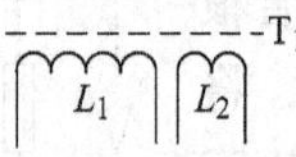 焊 T_1 时注意看装配图，其中的线圈 L_2 靠近双联电容一边
11	电源线与扬声器引线	将正、负极片分部焊好红色、黑色引线，再安装在塑壳上 按图样要求将正极（红）负极（黑）电源线分别焊在印制电路板的指定位置 按图样要求分别将两根导线（白或黄）焊接在扬声器与印制电路板的指定位置上
12	其他	安装旋钮和频率调节拨盘

特别提示：

每次焊接完一部分元件，均应检查一遍焊接质量以及是否有错焊、漏焊，发现问题及时纠正，并将元件的长引脚紧贴印制电路板剪去。这样可保证焊接收音机的一次成功而进入下道工序。

3. 调幅收音机的检测

（1）通电前的准备

1）检查各晶体管型号、安装位置、管脚接线是否正确。

2）检查中周和线圈位置是否正确。

3）检查电解电容正负极是否正确。

4）检查每个元器件型号、数值、种类和安装位置是否正确。

5）检查焊接是否牢固，有无漏焊、虚焊、搭焊联焊等现象。

6）清除残留在印制电路板上的线头、引脚、焊锡等杂物，以防短路。

7）检查电源引出线位置及正负极是否接对。

（2）电流值检测

1）所有元器件焊接完成后，印制电路板预留的 5 个断点暂时不焊，将收音机的开关断开，装上电池，使用万用表 25mA 或 50mA 电流档，测量开关两端的电流值，此电流为焊接完成后的初始电流，约 10mA。

2）若初始电流值正常，将收音机开关接通，测量功放级 V_6、V_7 集电极电流 I_{C6} 和 I_{C7}，参考值 7mA ± 3mA，若数值正确，将此断点连接。

3）测量低放级 V_5 集电极电流 I_{C5}，参考值 4mA ± 1mA，若数值正确，将此断点连接。

4）测量二中放 V_3 集电极电流 I_{C3}，参考值 1.5mA ± 0.5mA，若数值正确，将此断点连接。

5）测量一中放 V_2 集电极电流 I_{C2}，参考值 0.6mA ± 0.2mA，若数值正确，将此断点连接。

6）测量变频级 V_1 集电极电流 I_{C1}，参考值 0.2mA ± 0.02mA，若数值正确，将此断点连接。

7）将收音机开关断开，测量开关两端的电流值，此电流为收音机的静态电流值，约 18mA。上述测量过程中，哪一级电流值不正常，对应检查这一级的电路，直至排除问题后进行后续的测量。

（3）电压值检测

1）如果静态电流在标准范围内，可以将收音机开关接通，分别测量 7 个晶体管 $V_1 \sim V_7$ 的 E、B、C 三个引脚对地（电池负极）的电压值（也叫静态工作点）。测量时要防止表笔与要测量点的相邻点短接。

注意：在收音机开始调试前，该项检测工作必须做。表 2-24 给出了参考测量值。

表 2-24　静态工作点参考值　　　　　　　　（单位：V）

晶 体 管	V_1	V_2	V_3	V_4	V_5	V_6	V_7
E	0.52	0.09	0.06	0.13	0	0	0
B	0.47	0.75	0.62	0.65	0.62	0.64	0.64
C	1.38	1.4	1.4	0.65	2.4	3.1	3.1

2）测量二极管两端电压：$U_{D3} = 0.64V$，$U_{D2 \sim D1} = 1.3V ± 0.1V$，$U_{D2 \sim D1}$ 若低于 1.2V 或高于 1.4V 均为不正常。

（4）试听　如无问题，经测试正确，可试听：接通电源，把电位器开到最大，慢慢转动调谐旋钮，应能收到广播电台声，否则应重复前述的各项检查内容，找出故障并改正。注意在没有收到电台之前，禁止调中周磁心及微调电容，以免造成更大的故障。

4. 调幅收音机的调试

经过试听，收音机可以正常收到电台之后，将收音机整机组装，然后进行后续的调试工作。

（1）中频频率调整　调整收音机中频放大电路中的中频变压器（中周），使各中频变压器组成的调谐放大器都谐振在465kHz的中频频率上，从而使收音机达到较高的灵敏度和最好的选择性。

先闭合收音机的开关，调节音量电位器使收音机的声音最大，再转动调台旋钮接收到一个相对声音小的电台，然后用无感改锥微微旋转中频变压器T_5（黑）的磁帽，先逆时针旋转，再顺时针旋转，找到使电台声音变大的方向，接着慢慢旋转，直至声音最大；同样的方法再调节中频变压器T_4（白）与T_3（黄），使该电台声音效果最好。因为各中周之间会互相影响，需要按照从T_5到T_4、T_3的顺序反复细调2～3次，使该电台声音达到最好，中频频率调整结束。

调试时，不要用力压中频变压器的磁帽，只能轻轻旋转，以防损坏。中周在出厂时已进行初调，这里需要调整的范围很小。

（2）校准频率范围（对准刻度）　在调台旋钮从全部旋入的最低频率到全部旋出的最高频率之间，恰好能包括整个波段，并且收到的电台频率与刻度盘指示的频率完全一致。

在低端535～800kHz范围内接收到一个电台，例如，与标准收音机对照后确认接收到的是中央台（639kHz），如果在刻度盘上指示的频率不是639kHz，就要通过调节本振线圈T_2（红）的磁帽位置来校准频率。调试时，如果指示的刻度高于639kHz，就要逆时针旋转T_2的磁帽，即向外旋，直到在639kHz处收到这个台为止；如果指示的刻度低于639kHz，就要顺时针旋转T_2的磁帽，即向内旋，直到校准在639kHz上为止。

（3）统调　调整输入回路，使其与振荡电路跟踪，并正好在外来信号的频率上谐振，从而使收音机的整机灵敏度和选择性达到最佳状态。

将调台旋钮调至最低端，慢慢向上旋转，以收到的第一个电台为基准，调节天线线圈在磁棒上的位置，使该电台的声音效果最好，达到低端统调；将调台旋钮调至最高端，慢慢向下旋转，以收到的第一个电台为基准，调节输入回路C_{1A}的微调电容，使该电台的声音最大，达到高端统调。反复细调几次达到效果最佳。调好后，把线圈固定在磁棒上，完成统调。

在完成统调后，即可将后盖盖好，收音机的装配调试工作即告完成。

5. 调幅收音机的故障检测和排除

（1）整机静态总电流测量　本机静态总电流≤25mA，无信号时，若大于25mA，则该机出现短路或局部短路，无电流则电源没接上。

（2）工作电压测量　正常情况下，VD_1、VD_2两二极管电压在（1.3±0.1）V，此电压大于1.4V或小于1.2V时，此机均不能正常工作。大于1.4V时二极管1N4148可能极性接反或已坏，检查二极管。小于1.3V或无电压应检查：a. 电源3V有无接上；b. R_{12}电阻220Ω是否接对或接好；c. 中周（特别是白中周和黄中周）一次侧与其外壳是否短路。

（3）整机无声　检查点：a. 检查电源有无加上；b. 检查VD_1、VD_2（1N4148；两端是否是1.3V±0.1V）；c. 有无静态电流≤25mA；d. 检查各级电流是否正常，变频级0.2mA±0.02mA；一中放0.6mA±0.2mA；二中放1.5mA±0.5mA；低放4mA±1mA；功放7mA±3mA；e. 用万用表×1档测查扬声器，表笔接触扬声器引出接头时应有"喀喀"声，若无阻值或无"喀喀"声，说明扬声器已坏（测量时，应将扬声器焊下，不可连机测量）；f. T_3黄中周外壳未焊好；g. 音量电位器未打开。

用 MF368 型万用表检查故障方法：用万用表 $\Omega \times 1$ 黑表棒接地，红表棒从后级往前寻找，对照原理图，从扬声器开始顺着信号传播方向逐级从后级往前碰扬声器应发出"喀喀"声。当碰触到哪级无声时，则故障就在该级，可测量工作点是否正常，并检查各元器件有无接错、焊错、搭焊、虚焊等。若在整机上无法查出该元件好坏，则可拆下检查。

（4）功放级无电流（V_6、V_7 管） 检查点：a. 输入变压器二次侧不通；b. 输出变压器不通；c. V_6、V_7 晶体管坏或接错管脚；d. R_{11}1kΩ 电阻未接好。

（5）功放级电流太大，大于 20mA 检查点：a. 二极管 VD_4 坏，或极性接反，或管脚未焊好；b. R_{11}1kΩ 电阻装错了，用了小电阻（远小于 1kΩ 的电阻）。

（6）低放级无工作电流 检查点：a. 输入变压器（蓝）一次侧开路；b. V_5 晶体管坏或管脚接错；c. 电阻 R_{10}51kΩ 未接好或晶体管管脚错焊。

（7）低放级电流太大，大于 6mA 检查点：R_{10}51kΩ 装错，电阻太小。

（8）二中放无工作电流 检查点：a. 黑中周初级开路；b. 黄中周二次侧开路；c. 晶体管坏或管脚接错；d. $R_7$51Ω 电阻未接上；e. $R_6$62kΩ 电阻未接上。

（9）二中放电流太大，大于 2mA 检查点：$R_6$62kΩ 接错，阻值远小于 62kΩ。

（10）一中放无工作电流 检查点：a. V_2 晶体管坏，或 V_2 管管脚插错（e、b、c 脚）；b. $R_4$20kΩ 电阻未接好；c. 黄中周二次侧开路；d. $C_4$4.7μF 电解电容短路；e. $R_5$150Ω 开路或虚焊。

（11）一中放工作电流大 1.5~2mA（标准是 0.4~0.8mA） 检查点：a. $R_8$1kΩ 电阻未接好或连接 1kΩ 的铜箔有断裂现象；b. $C_5$223 电容短路或 $R_5$150Ω 电阻错接成 51Ω；c. 电位器坏，测量不出阻值，$R_9$680Ω 未接好；d. 检波管 $V_4$9018 坏，或管脚插错。

（12）变频级无工作电流 检查点：a. 无线线圈二次侧未接好；b. $V_1$9018 晶体管已坏或未按要求接好；c. 本振线圈（红）二次侧不通，$R_3$100Ω 虚焊或错焊接了大阻值电阻；d. 电阻 $R_1$100kΩ 和 $R_2$2kΩ 接错或虚焊。

2.4.4 实习内容与基本要求

1. 组装焊接一台晶体管 7 管调幅收音机

1）了解电路原理。

2）学会原理图和印制电路板图对照读图。

3）认识元器件并进行检测。对照色环和标注符号确认其参数值。

4）焊接基本训练。要求元器件安装整齐美观，焊点光滑美观无虚焊。

2. 总装与调试

要求整机性能在整个频段达到良好，接收到电台较多且均匀。

2.4.5 思考题与习题

1. 超外差式收音机由哪几个主要部分组成，各部分原理是什么？

2. 说明每一个元器件的作用，并用学过的知识加以解释。

3. 说明中放电路的工作原理和特点。

4. 解释晶体管振幅解调原理。

5. 说明低频放大器和推挽功率放大器的工作原理。

2.5 调频半导体收音机的组装与调试

2.5.1 调频收音机的基本工作原理

调频波和调幅波的共同点都是将音频信号去调制高频信号。不同的是,调幅波是使音频信号去调制高频信号的"幅度";而调频波是使音频信号去调制高频信号的"频率",如图 2-61 所示。调频波的幅度不变,而频率随着音频信号的规律变化,当音频信号处在正半周时调频波的频率就高;当音频处在负半周时,调频波的频率就低。因此,调频波就是高频信号的"频率"随着音频变化的结果。

图 2-61　限幅器的波形图

既然调幅波能够传送到远方,为什么又要用调频波呢?

首先,调频波的抗干扰性强。传播无线电波的空间是复杂的,除了我们所需要的电波外,还有各种各样的干扰电波。这些干扰波和有用的信号混在一起,很难把它们分开,于是在调幅收音机里就会听到各式各样的干扰杂声,影响收音质量,尤其在灵敏度比较高的收音机中更加明显。调频波的抗干扰性比调幅波强得多,因此调频收音机发出来的声音比较清晰悦耳。这是因为电波干扰中,干扰的主要结果常是改变了信号的幅度,从而模糊了需要传送的信号,调幅解决不了这个问题,采用调频可以改善这种干扰情况,因为调频是使音频信号去调制载波的频率,调频收音机在接收时,可以放一个限幅器把干扰影响的幅度变化消去,而对频率没有影响,如图 2-61 所示。因而使干扰大大减小。显然,调幅收音机不能采用这个方法,因为它在消去杂音的同时,也就把有用信号消去了。这就是调频比调幅抗干扰强的原因。

其次,调频有较宽的频带。从图 2-61 已经看到调频波频率的偏移(频偏)随音频信号的变化而变化。当接收调频波时,扬声器的输出信号只和调频波的频偏有关,而与调频波的幅度无关。一般调频电台所占有的频带大约是 150 ~ 200kHz,这个数字是调幅所占频带的数十倍。调频波频带宽是一个很大的特点,因为调幅收音机受到频宽限制(主要受中频频宽限制),音频信号的频率局限于 30 ~ 5000Hz,而调频可扩大到 30 ~ 15000Hz,再加上抗干扰能力强,从而使传递音频信号质量大大提高,电视伴音比调幅收音机声音好听得多,就是因为电视伴音采用了调频的原因。

图 2-62 是超外差式调频收音机框图,它与调幅收音机的差别在于多了一个限幅器,并用鉴频器代替检波器,因为调频波是用超短波传播的,所以高频放大和本机振荡的频率都很高。由于调频信号的频率变化很大,一般最大可达 150 ~ 200kHz,所以中频就要比调幅收音机的高得多,一般中频都采用 5 ~ 11MHz,我国现在一般电视接收机伴音中频都采用 7MHz,调频广播接收机中频为 10.7MHz,调频收音机收到调频波后,经过混频和中放,送到限幅器和鉴频器。限幅器的作用是把调频波的幅度变化削去,以提高抗干扰能力。鉴频器的作用是把频率的变化还原为幅度的变化,即把调频波还原成音频信号,如同调幅收音机里的检波器,能把中频调幅

信号还原成音频信号一样，因此它又称为调频检波器。从鉴频器输出的音频信号就可以利用低频放大器放大，推动扬声器供我们收听了。由于调频收音机和调幅收音机有很多部分是相同的，所以在一般超外差式调幅收音机里增加一部分电路后便可以装成调频调幅两用收音机了。

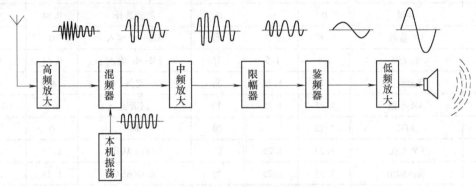

图 2-62　超外差式调频收音机框图

在接收调幅信号时，最高音频通常只有 10kHz，而调频收音机中最高音频高达 15kHz，这是调频广播优点之一。因此收听声音更逼真，但对低频放大器就有较高的要求，如从 30～15kHz 要求有均匀放大的性能。中频放大要注意有足够的频带宽度，这是由于频偏大的要求。本机振荡要求频率稳定性高，否则影响接收。

2.5.2　集成电路调频调幅收音机的组装与调试

1. 电路特点

（1）接收频率范围　调幅 AM：535～1605kHz；调频 FM：64～108MHz。

（2）调频调幅两波段收音机以集成电路为主　现采用的芯片大多是专用的，例如：KA11426D、CXA1019S、CX1019M、CXA1191M 等。采用 CXA1191M 芯片的 R-218T 型调频调幅收音机原理图如图 2-63 所示。CXA1191M 的管脚功能和管脚直流电压值如表 2-25 所示。

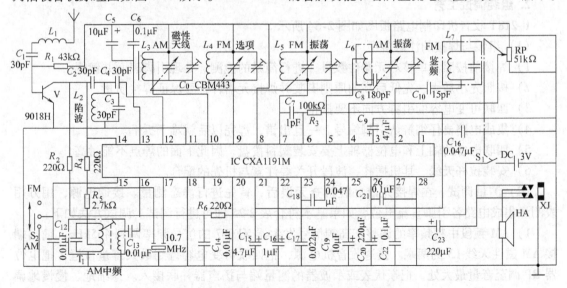

图 2-63　R-218T 型调频调幅收音机原理图

表 2-25　CXA1191M 管脚功能和管脚直流电压值（$V_{CC} = 3V$ 时）

管脚号	功能	管脚直流电压值/V		管脚号	功能	管脚直流电压值/V	
		FM	AM			FM	AM
①	静噪	0	0	⑮	频道选择	0.84	0
②	FM 鉴频	2.18	2.7	⑯	AM—IF 输入	0	0
③	负反馈	1.5	1.5	⑰	FM—IF 输入	0.34	0
④	音量控制	1.25	1.25	⑱	空脚		
⑤	AM 本振	1.25	1.25	⑲	调谐表	1.6	1.6
⑥	AFC	1.25		⑳	地	0	0
⑦	FM 本振	1.25	1.25	㉑	AFC/AGC	1.25	1.49
⑧	稳压输出	1.25	1.25	㉒	AFC/AGC	1.25	1.25
⑨	FM 高放调谐回路	1.25	1.25	㉓	检波输出	1.25	1.0
⑩	FM 高放输入	1.25	1.25	㉔	功放输入	0	0
⑪	空脚	0	0	㉕	纹波滤波	2.71	2.71
⑫	FM 高放输入	0.3	0	㉖	V_{CC}	3.0	3.0
⑬	调谐器地	0	0	㉗	功放输出	1.5	1.5
⑭	FM、AM 调谐器输出	0.36	0.2	㉘	地（功放）	0	0

1）电路采用四联可变电容，其中两联是用于调幅的输入和本振，其余是调频部分的。

2）调幅部分采用一只中频变压器 T_1，谐振于 465kHz；而调频采用 10.7MHz 陶瓷滤波器，以保证本振频率的稳定性。

3）调频检波是利用鉴频线圈与 CXA1191M 内的电路配合，完成频率检波任务。

4）波段转换是通过波段开关 S_2 将电容 C_{12} 短接与否，选择 FM 或 AM 频段。

2. 组装调试工艺

R-218T 收音机印制电路板图如图 2-64 所示。

（1）组装与焊接的注意事项

1）焊接前按照清单核对元器件数量，进行简易的检测。处理引脚表面并镀锡。

2）按照先小后大、先低后高的原则安装并焊接元器件，要保证焊接质量。

3）四联可变电容的引脚方向不要搞错。

4）集成电路要仔细辨认引脚编号。一旦出错，焊完以后就难于拆下。

5）四联电容的轴上和电位器轴上要安装塑料拨盘，因此下面的焊点不能过高。

6）安装拉杆天线、耳机插孔、波段开关要注意与机壳的配合。

（2）测量调试　在焊接完成并经检查无误后，首先进行静态测量。接通电源，用万用表测量集成电路各引脚直流电位，如果基本符合表 2-25 即可进行调试。调试方法如下：

1）AM 频段中频频率的调整：高频信号发生器 XFG-7 的信号频率调到 465kHz，输出端接 AM 磁性天线 L3 的两端。接通收音机电源，把四联可变电容调到最大容量位置，把电位器 RP 调至音量最大处。把毫伏表或示波器的测量端与扬声器并联接入。仔细地、慢慢地调整 AM 中频变压器 T1，使毫伏表读数或示波器显示的波形幅度最大。

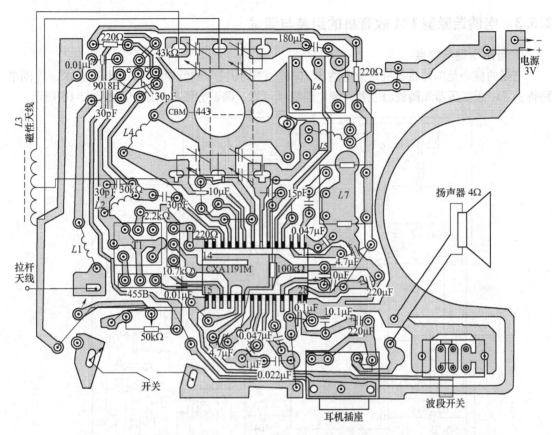

图 2-64　R-218T 收音机印制电路板图

2）AM 频段频率范围的调整和统调：与前述不同之处在于高频信号发生器不直接接入，而是通过环形天线输出信号。天线与被测收音机磁性天线之间的距离为 0.6m。收音机通电后，把四联电容全部旋入（容量最大），收音机指针应指示在刻度盘起始点。将高频信号发生器调到 535kHz，用无感螺钉旋具调振荡线圈 $L6$ 的磁帽，使外接毫伏表读数达到最大；把四联电容全部旋出（容量最小）。将高频信号发生器调到 1605kHz，用无感螺钉旋具调并联在 AM 振荡的补偿电容器的容量，使外接毫伏表读数达到最大，反复调整几次，频率范围就调好了。

统调的方法如下：调节高频信号发生器，使环形天线送出低频端 600kHz 的标准调幅信号（载波 600kHz，调制音频 1000Hz，调制度 30%，输出场强 10mV/m），调节可变电容，使刻度盘指针指在 600kHz 的位置上，使收音机收到此信号，调整磁性天线线圈的位置，使毫伏表读数最大，则完成低频端统调；同样，送出 1500kHz 的标准调幅信号，调可变电容，指针指示在该频率位置，调节输入电路的补偿电容，使毫伏表读数最大，完成高端统调。实际上，完成统调就完成了频率范围的调整。

3）FM 频段中频频率的调整：方法同 1）。只是中频要调到 10.7MHz。

4）FM 频段频率范围的调整和统调：方法与 2）类似。但是低频端 88MHz 的标准调频信号为：载波 88MHz，调制音频 1000Hz，调制度 30%，输出场强 5mV/m。调整 FM 选频线圈；高频端采用 108MHz 调频信号，调整选频回路的微调电容。

2.5.3 电调谐微型 FM 收音机的组装与调试

1. 电路原理与特点

电路的核心是单片收音机集成电路 SC1088。它采用特殊的低中频（70kHz）技术，外围电路省去了中频变压器和陶瓷滤波器，使电路简单可靠，调试方便。其原理图如图 2-65 所示。

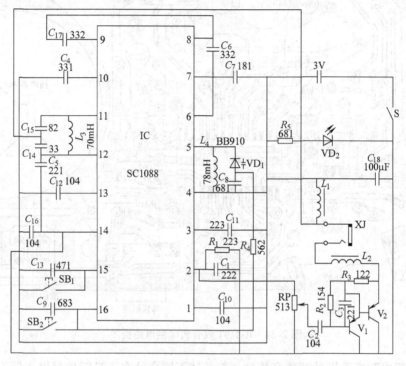

图 2-65 电调谐微型 FM 收音机原理图

（1）FM 信号输入 如图 2-65 所示，调频信号由耳机线馈入，经 C_{14}、C_{15} 和 L_3 的输入电路进入 IC 的⑪、⑫脚混频电路。此处没有调谐回路，所有调频电台信号均可进入。

（2）本振调谐电路 本振电路中关键元件是变容二极管 VD，它是利用 PN 结的结电容与偏压有关的特性制成的"可变电容"，图形符号如图 2-66a 所示。变容二极管加反压 U_d 后电容变化曲线如图 2-66b 所示。

电路中，控制变容二极管 VD_1 的电压由 IC 第⑯脚给出。当按下扫描按钮 SB_1 时，IC 内部的 RS 触发器，打开恒流源，由⑯脚向电容 C_9 充电，C_9 两端电压不断上升，VD_1 电容量不断变化，由 VD_1、

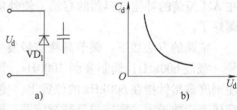

图 2-66 变容二极管

C_8、L_4 构成的本振电路的频率不断变化而进行调谐。当接收到电台信号后，信号检测电路使 IC 内的 RS 触发器翻转，恒流源停止对 C_9 充电，同时在 AFC 电路作用下，锁住所接收的广播节目频率，从而可以稳定接收电台广播。直到再次按下 SB_1 开始新的搜索。当按下 SB_2 时，电容 C_9 放电，本振频率回到最低端。

（3）中频放大、限幅与鉴频 电路的中频放大、限幅与鉴频电路的有源器件及电阻均

在 IC 内。FM 广播信号和本振电路信号在 IC 内混频器中混频产生 70kHz 中频信号，经放大、限幅，送到鉴频器检出音频信号，经内部环路滤波后由②脚输出音频信号。电路中①脚的 C_{10} 为静噪电容，③脚的 C_{11} 为 AF（音频）环路滤波电容，⑥脚的 C_6 为中频反馈电容，⑦脚的 C_7 为低通电容，⑧、⑨脚之间的电容 C_{17} 为中频耦合电容，⑩脚的 C_4 为限幅器的低通电容，⑬脚的 C_{12} 为限幅器失调电压电容，C_{13} 为滤波电容。

2. 组装工艺

（1）电调谐微型 FM 收音机印制电路板图如图 2-67 所示，其装配工艺流程图如图 2-68 所示。

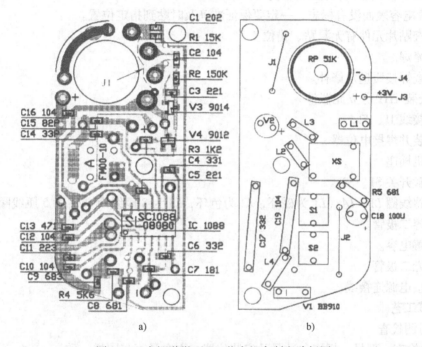

a)　　　　　　　　b)

图 2-67　电调谐微型 FM 收音机印制电路板图

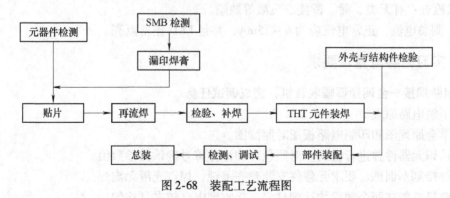

图 2-68　装配工艺流程图

（2）安装前的检查

1）图形完整，电路无短路和断路缺陷。

2）按材料表清查元器件和零部件，仔细分辨品种和规格，清点数量。

3）分立元件检测完好。

（3）SMT 工艺流程

1）丝印焊膏。

2）按顺序贴片。

顺序：C_1-R_1-C_2-R_2-C_3-V_3-V_4-R_3-C_4-C_5-SC1088-C_6-C_7-C_8-R_4-C_9-C_{10}-C_{11}-C_{12}-C_{13}-C_{14}-C_{15}-C_{16}

注意：

① 贴片元件不得用手拿；

② 用镊子夹持不可夹到极片上；

③ SC1088 标记方向，标示点处引脚为一脚；

④ 贴片电容表面没有标志，一定要保证准确及时贴到指定位置。

3）检查贴片元件有无漏贴、错位。

4）再流焊。

5）检查焊接质量及修补。

（4）安装 THT 分立元器件

1）跨接线 J1、J2。

2）安装并焊接电位器。

3）耳机插座。

4）轻触开关 S1、S2。

5）电感线圈 $L1 \sim L4$（$L1$ 为磁环，$L2$ 为色环，$L3$ 为 8 匝线圈，$L4$ 为 5 匝线圈）。

6）变容二极管。

7）电解电容。

8）发光二极管。

9）焊接电源连接线。

3. 调试工艺

（1）目测检查

元器件检查：型号、规格、数量及安装位置，方向是否与图样一致；

焊点检查：有无虚、漏、桥接、飞溅等缺陷。

（2）测总电流　正常电流应为 $6 \sim 25\text{mA}$，并且 LED 正常点亮。

2.5.4　实习内容与基本要求

1. 组装焊接一台调频调幅收音机，完成调试任务

1）了解电路原理。

2）学会原理图和印制电路板图对照读图。

3）认识元器件并进行检测。对照色环和标注符号确认其参数值。

4）焊接基本训练。要求元器件安装整齐美观，焊点光滑无虚焊。

5）整机性能在两个频段均达到良好，接收到电台较多且均匀。

2. 应用表面安装技术（SMT）组装一台电调谐微型 FM 收音机

1）了解电路原理。

2）学会原理图和印制电路板图对照读图。

3）了解 SMT 工艺过程。

4）认识表贴元器件和 SMT 专用设备。

5）完成手工漏印焊膏、贴装、再流焊和焊接引线、耳机插座以及组装的全过程。

2.5.5 思考题与习题

1. 了解调频收音机原理，绘出框图及各点波形图。

2. 有兴趣的同学可自学一种鉴频器的原理。

2.6 无线调频对讲机的组装与调试

2.6.1 调频对讲机概述

无线对讲机作为一种简单的通信工具，由于它不需要中转站和地面交换机站支持，就可以进行有效的移动通信，因此深受人们欢迎。目前它广泛应用于生产、保安、野外工程等领域的小范围移动通信工程中。

无线对讲机技术是很多无线移动通信技术的基础，目前应用比较广泛的蜂窝式移动电话技术，就是在无线双工对讲机的基础上发展起来的新兴现代通信技术。很好的熟悉掌握无线对讲机内部电路的工作原理、测试和调整技术，对今后从事通信工程领域的技术工作，无疑是十分重要的。即使今后不从事通信领域工作，本课题实习内容对于电工电子实践也是一个很好的补充和提高。

1. 电路工作原理与框图

对讲机的电路形式较多，从调制方式上可分为调幅式和调频式；从收发功能上可分为单工式和双工式。单工式对讲机在同一时间内，只能工作在一种状态下，即：接收或者发射状态，而不能同时处于收发状态。单工对讲机工作时，要不停地切换开关来控制收发状态，所以使用起来不太方便。但单工式对讲机则由于它造价低、体积小、耗电低等优点，而被大量应用。双工式对讲机可以收发电路同时工作，使用起来如同普通电话机一样。因此应用起来比较方便，但由于双工对讲机电路复杂、造价高、耗电量大等缺点，所以一般应用较少。

目前市面上常用的对讲机大多属于单工调频式，其电路原理框图如图 2-69 所示。

从图中所以看出，对讲机的收、发状态是靠切换供电电源开关的方式来实现收、发转换的。虽然电路中含有接收和发射电路，由于在同一时间内，只能工作在一种状态下，所以将这种工作方式称为单工方式。

目前也有些对讲机电路采用半

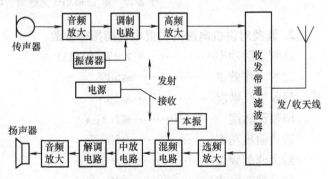

图 2-69　无线对讲机电路原理框图

双工工作方式。它的工作原理是，将传声器收到的音频微弱信号进行电压放大、并将放大后的交流电压经过检波电路检波整流后，得到了一个直流电平信号，用其控制电子开关去切换收、发电路工作状态，完成对讲机的收、发转换过程。我们称其为半双工工作方式。半双工对讲机，从电路工作形式上来讲，仍然属于单工工作方式。严格地讲，半双工对讲机应该属于变形单工对讲机电路。而全双工对讲机在工作时，发射电路和接收电路是同时工作的。

由于发射电路和接收电路共用一根天线，发射电路输出到75Ω天线上的高频载波电压可能达到10～30V以上。而接收对方发射的高频载波信号往往较微弱，一般在75Ω天线上仅能感应到微伏级的信号。所以对讲机天线的工作状态，将直接关系到对讲机能否正常工作。

为了保证天线信号的正确分配，一般双工对讲机电路均设计有天线双工器。用双工器来保证天线的分配任务，以保证收、发电路有序地工作。

为了防止收、发电路之间的相互干扰，仅靠双工器是不够的，所以一般全双工对讲机电路中均在接收电路的输入端和发射电路的输出端，分别设计有带通或带阻滤波器，让所需要的频率顺利通过，并且将其他频率滤除或者阻挡。

由于采用了以上多种措施，所以使双工对讲机电路的接收和发射电路可以同时使用同一根天线，而不会产生不必要的干扰。

这里主要是针对单工对讲机电路进行的，将对单工调频对讲机电路各部分电路进行详细分析。图 2-70 是这次实习的单工无线调频对讲机电路框图。

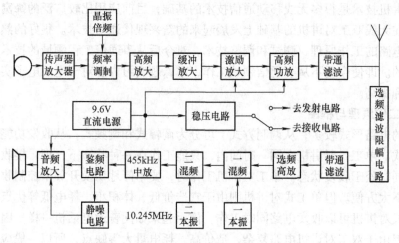

图 2-70　单工 30MHz 无线对讲机电路框图

2. 调频对讲机电路的主要电性能指标参数

高频发射功率……………………≥2W（75Ω）

发射工作效率……………………≤50%

接收机灵敏度……………………≤1μV

限幅灵敏度　……………………≤1.5μV

音频输出功率……………………≥50mW

最大调制频偏……………………≥±3kHz

待机静态电流……………………≤10mA

频率稳定度　……………………≥10^{-6}

信号选择性　……………………≥50dB（±25kHz）

电池供电电压……………………　9.6V（8 节 1.2V）

一部对讲机工作性能的优劣，常用以上几项电气指标参数来表示，其指标内容含义如下：

（1）灵敏度　接收机在接收信号时，是不是灵敏，主要是指它接收微弱的信号能力。如果接收机能在极微弱的信号下良好地工作，并能够输出一定功率的性能良好的解调信号，那么这部接收机就具有较高的灵敏度。反之，就是灵敏度低。衡量灵敏度的单位常用场强的毫伏或微伏为单位。因此灵敏度是衡量接收机接收微弱信号能力的重要指标。

（2）选择性　接收机工作时，要在众多的信号中把有用的信号选择出来，这种选择信号的能力称为信号选择性。

接收机在工作时，它所要接收的信号频率附近，常常会同时存在着很多的干扰信号。这些干扰信号有强有弱，如果接收机能在很强的干扰信号情况下，选择出自己的有用信号，那它的信号选择性就很高。反之，如果连很弱的干扰也无法抑制掉，那它的选择性能就很低。选择性能的指标，一般用接收电路对通频带以外信号的衰减量计量，单位为 dB。

（3）限幅灵敏度　限幅灵敏度是指当接收机的中放的输出信号出现限幅时，所需的最小输入信号电压值称为限幅灵敏度。限幅灵敏度的高低，和接收机的高放、中放电路的电压增益有直接的关系。它和灵敏度指标一样，也是衡量接收机接收微弱信号能力的重要指标。

（4）频率稳定度　对讲机电路中发射及接收的频率是否稳定，直接关系到能否正常通信。一般对讲机的频率稳定度主要由晶体的品质来决定，同时也受工作电压、环境温度、环境湿度等因素的影响。频率稳定度的高低，一般用指数来表示，指数的绝对值越大，表示稳定度越高。

（5）调制频偏　调制频偏或者称频偏量，是指调制信号（音频）对载波信号频率（f_0）调制后使载波的中心频率产生的频率偏移量。调制频偏可以用相对量百分比来表示，也可以用绝对量正负值来表示。

（6）静态工作电流　对讲机的静态工作电流，是指对讲机的接收电路在无通话的待机状态下所消耗的电流量。由于一般对讲机都采用电池供电，所以静态电流越小，对讲机的待机时间就越长。

静态工作电流的高低，用电流值来表示，单位为 mA。

（7）高频输出功率　高频输出功率也称载波输出功率。它是指发射机将高频载波送往发射天线上的高频发射功率，是对讲机的一个重要性能指标。发射机输出功率的大小，直接关系到对讲机通信距离的远近。高频输出功率的大小，一般用 W 来表示。输出功率的测量，一般要用专业的高频功率计来测量。

（8）发射机工作效率　发射机工作效率是指发射电路将电路将所消耗的电源直流功率，转换为高频发射功率的效率，或者称电路实际消耗功率和发射有用功率之比。发射机工作效率的高低，一般用百分比来表示，即：电源消耗功率比高频输出功率。它们的比值越小，表示能源转换效率越高。

（9）音频输出功率　音频输出功率是指对讲机解调信号输出的最大不失真功率值。

一般测量音频输出功率时，均以扬声器两端所获得的 1kHz 正弦波电压为准，且当所测量的音频信号波形没有明显失真时进行测量。测量方法和一般交流功率测量相同。

2.6.2　FM 接收机电路原理分析

1. 输入选频网络

单工 30MHz 调频对讲机电原理图如图 2-71 所示。元器件明细表如表 2-26 所示。

166

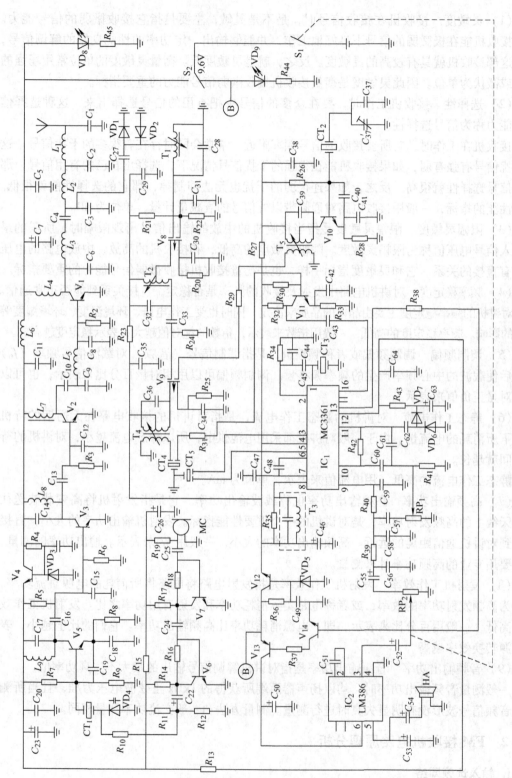

图 2-71 单工 30M 调频对讲机电原理图

表 2-26　元器件明细表

序号	代号	名　称	参　数	序号	代号	名　称	参　数	序号	代号	名　称	参　数
1	C_1	瓷片电容	82	35	C_{35}	瓷片电容	103	69	R_3	电阻	100Ω
2	C_2	瓷片电容	201	36	C_{36}	瓷片电容	101	70	R_4	电阻	510Ω
3	C_3	瓷片电容	201	37	C_{37}	瓷片电容	15	71	R_5	电阻	8.2kΩ
4	C_4	瓷片电容	101	38	C_{38}	瓷片电容	103	72	R_6	电阻	1kΩ
5	C_5	瓷片电容	103	39	C_{39}	瓷片电容	51	73	R_7	电阻	27kΩ
6	C_6	瓷片电容	101	40	C_{40}	瓷片电容	201	74	R_8	电阻	1kΩ
7	C_7	电解电容	4.7μF	41	C_{41}	瓷片电容	101	75	R_9	电阻	27kΩ
8	C_8	瓷片电容	151	42	C_{42}	瓷片电容	103	76	R_{10}	电阻	47kΩ
9	C_9	瓷片电容	101	43	C_{43}	瓷片电容	102	77	R_{11}	电阻	33kΩ
10	C_{10}	瓷片电容	101	44	C_{44}	瓷片电容	39	78	R_{12}	电阻	47kΩ
11	C_{11}	瓷片电容	203 (223)	45	C_{45}	瓷片电容	30	79	R_{13}	电阻	220kΩ
12	C_{12}	瓷片电容	201	46	C_{46}	电解电容	10μF	80	R_{14}	电阻	2kΩ
13	C_{13}	瓷片电容	101	47	C_{47}	瓷片电容	104	81	R_{15}	电阻	510Ω
14	C_{14}	瓷片电容	101	48	C_{48}	瓷片电容	104	82	R_{16}	电阻	220kΩ
15	C_{15}	瓷片电容	201	49	C_{49}	瓷片电容	103	83	R_{17}	电阻	5.6kΩ
16	C_{16}	瓷片电容	101	50	C_{50}	电解电容	100μF	84	R_{18}	电阻	220kΩ
17	C_{17}	瓷片电容	101	51	C_{51}	瓷片电容	201	85	R_{19}	电阻	5.6kΩ
18	C_{18}	瓷片电容	201	52	C_{52}	电解电容	1μF	86	R_{20}	电阻	330Ω
19	C_{19}	瓷片电容	201	53	C_{53}	电解电容	47μF	87	R_{21}	电阻	47kΩ
20	C_{20}	瓷片电容	223	54	C_{54}	电解电容	1μF	88	R_{22}	电阻	33kΩ
21	C_{21}	微调电容	2/10（蓝）	55	C_{55}	电解电容	1μF	89	R_{23}	电阻	100Ω
22	C_{22}	电解电容	1μF	56	C_{56}	瓷片电容	103	90	R_{24}	电阻	10kΩ
23	C_{23}	电解电容	10μF	57	C_{57}	瓷片电容	102	91	R_{25}	电阻	220Ω
24	C_{24}	瓷片电容	103	58	C_{58}	瓷片电容	302 (332)	92	R_{26}	电阻	120kΩ
25	C_{25}	瓷片电容	103	59	C_{59}	瓷片电容	102	93	R_{27}	电阻	100Ω
26	C_{26}	电解电容	10μF	60	C_{60}	瓷片电容	471	94	R_{28}	电阻	1kΩ
27	C_{27}	瓷片电容	51	61	C_{61}	瓷片电容	20	95	R_{29}	电阻	100Ω
28	C_{28}	瓷片电容	51	62	C_{62}	瓷片电容	104	96	R_{30}	电阻	330kΩ
29	C_{29}	瓷片电容	103	63	C_{63}	电解电容	2.2μF	97	R_{31}	电阻	100Ω
30	C_{30}	瓷片电容	683	64	C_{64}	瓷片电容	103	98	R_{32}	电阻	3.3kΩ
31	C_{31}	瓷片电容	103	65	C	微调电容	5/20（红）	99	R_{33}	电阻	220Ω
32	C_{32}	瓷片电容	51	66	C_A	瓷片电容	203 (223)	100	R_{34}	电阻	47kΩ
33	C_{33}	瓷片电容	39	67	R_J	电阻	2.2kΩ	101	R_{35}	电阻	47kΩ
34	C_{34}	瓷片电容	101	68	R_2	电阻	51Ω	102	R_{36}	电阻	1kΩ

序号	代号	名　称	参　数	序号	代号	名　称	参　数	序号	代号	名　称	参　数
103	R_{37}	电阻	1kΩ	122	T_3	中周		141	V_6	晶体管	C458
104	R_{38}	电阻	1kΩ	123	T_4	中周		142	V_7	晶体管	C458
105	R_{39}	电阻	10kΩ	124	T_5	中周		143	V_8	场效应晶体管	K74（K88）
106	R_{40}	电阻	470Ω	125	VD_1	二极管	1N4148	144	V_9	场效应晶体管	K74（K88）
107	R_{41}	电阻	10kΩ	126	VD_2	二极管	1N4148	145	V_{10}	晶体管	C1923
108	R_{42}	电阻	220kΩ	127	VD_3	稳压管	7.5V	146	V_{11}	晶体管	C1417
109	R_{43}	电阻	2kΩ	128	VD_5	稳压管	6.2V	147	V_{12}	晶体管	C458
110	R_F	电阻	2.2kΩ	129	VD_6	二极管	1N60	148	V_{13}	晶体管	B561
111	L_1	空芯线圈	7T	130	VD_8	二极管	1N60	149	V_{14}	晶体管	C458
112	L_2	空芯线圈	5T	131	CT_1	晶振	发	150	VD_4	变容二极管	B561
113	L_3	空芯线圈	11T	132	CT_2	晶振	收	151	IC_1	集成电路	MC3361
114	L_4	空芯线圈	5T	133	CT_3	晶振	10.245 MHz	152	IC_2	集成电路	LM386
115	L_5	空芯线圈	8T	134	CT_4	陶瓷滤器	三端 10.7MHz	153	MC	驻极传声器	
116	L_6	色码电感	22μH	135	CT_5	晶振	五端 455	154	VD_9	发光管	红
117	L_7	色码电感	22μH	136	V_1	晶体管	C2078（5）	155	VD_{10}	发光管	绿
118	L_8	空芯线圈	7T	137	V_2	晶体管	D467	156	RP_1	电位器	10kΩ 音量
119	L_9	空芯线圈	7T	138	V_3	晶体管	C458	157	RP_2	电位器	10kΩ 静噪
120	T_1	中周		139	V_4	晶体管	C458	158	S	微动开关	
121	T_2	中周		140	V_5	晶体管	C1923				

注：表中 T 表示线圈匝数。

　　输入选频网络是对讲机天线至接收电路（高频放大器输入端）之间的信号耦合网络。它主要负责完成对外界信号的选频、对强信号进行限幅处理。由于天线和第一级高频放大器之间存在较大的阻抗差异，所以输入选频网络还要负责完成阻抗变换任务。

　　从图中可以看出，当外界的信号通过 75Ω 拉杆天线进入电路后，首先通过由 C_1、L_1、C_2、L_2、C_3 组成的带通滤波器网络进行滤波处理后，才送至由 T_1、C_{28} 组成的并联谐振回路，进行选频。并联谐振回路的谐振点选择在接收信号中心频率 f_0 上，对 f_0 以外的信号进行衰减。T_1 采用抽头分压部分耦合接入方式，主要是为了使天线与电路阻抗匹配，满足天线输入网络输出阻抗低和 V_8 输入阻抗高之间的阻抗变换。

　　为了防止由于发射电路工作时，天线上所产生的高频电压（约 20V 以上），击穿场效应晶体管 V_8 的栅极，所以电路中加入了由二极管 VD_1、VD_2 组成的电压限幅电路，利用二极管正向压降较低（0.7V）的特性，将输入电压限幅在 0.7V 以下，以保证高放管的安全工作。

　　单工 30MHz 调频对讲机印制电路板图如图 2-72 所示。

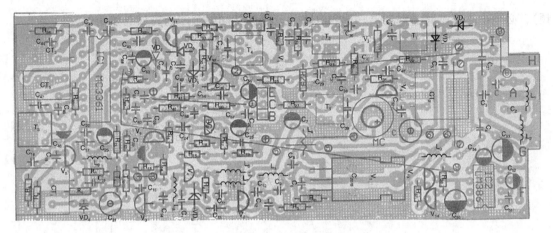

图 2-72　单工 30MHz 调频对讲机印制电路板图

2. 高频选频放大器

一部无线电接收机，要想使其具有较高的接收灵敏度和较高的选择性，高频放大器的电器性能优劣至关重要。高放级小信号交流电压增益的高低，将直接影响到接收机的灵敏度。而高放级的选频性优劣，将直接关系到接收机的选择性和镜像抑制等性能指标参数的好坏。

低噪声高放电路原理图如图 2-73 所示。本电路中承担高频放大任务的放大管是 V_8，该管选用高频双栅场效应晶体管（3SK122），由于该管具有双栅输入功能，可以将信号和直流偏置分别加至两个栅极，相互之间互不影响，有效地减少了电源噪声对放大器的影响，保证了高频放大电路的低噪声系数。

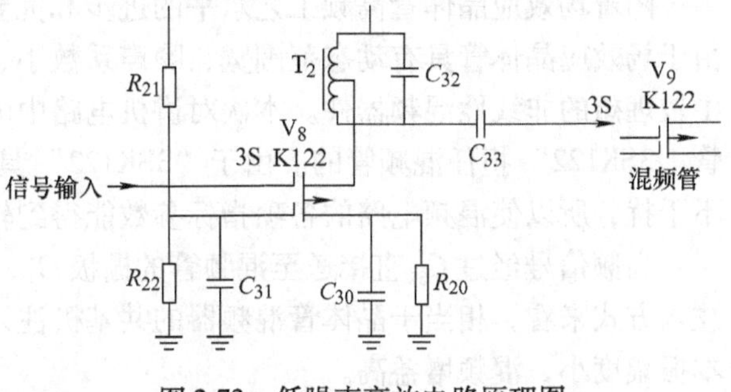

从图中可以看出，为了提高放大器

图 2-73　低噪声高放电路原理图

交流增益，电路采用共源极放大方式设计，在漏极回路中串入了由 C_{32}、T_2 组成的并联谐振选频回路，使电路的信号选择性能进一步得到提高。

本级放大器能够产生约 10～20dB 的电压增益，有效地提高了接收机的灵敏度。

3. 一混频电路与本振电路

这一部分电路的主要任务是，将前级高放送来的高频信号进行频率变换，使高频信号变换成为一个频率固定的中频信号。混频后的中频信号与原来的调制方式、调制内容、信号频谱等均保持不变。

由于经过混频后的中频信号，中心频率相对较低，频带较窄，可以很方便地采用通用型滤波器进行滤波处理。目前常用的通用滤波器件多为固定频率式陶瓷滤波器，这种滤波器体积小、工作稳定、滤波效果好。目前已被各电器生产厂家广泛采用。本机中频滤波器就是采用 10.7MHz、455kHz 两种陶瓷滤波器，其中 10.7MHz 为三端型、455kHz 为五端型，由它们完成对一中频、二中频的选频滤波任务。

混频电路原理图如图 2-74 所示，从图中可以看出，要对高频信号进行频率变换（混频），必须由本振电路、混频器、选频电路，三部分共同组合才能完成混频任务。

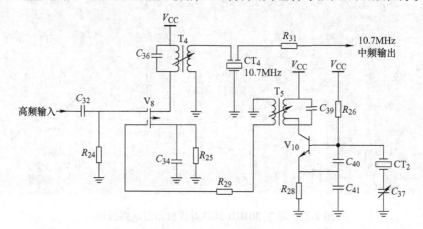

图 2-74　混频电路原理图

　　以前当高频场效应晶体管工艺不太成熟时，混频级中的混频管大多由高频小功率晶体管承担，由于晶体管工作时存在着工作噪声，所以如何减少经晶体管混频后所产生的噪声，一直是困扰技术人员的难题。

　　随着场效应晶体管高频工艺水平的进步和完善，场效应晶体管已被大量用于高频电路，由于场效应晶体管具有动态范围宽、噪声系数小、输入阻抗高等特点，目前已成为混频电路中较理想的非线性混频器件。本次对讲机电路中的一混频管，就是采用高频双栅场效应晶体管"3SK122"担任混频管的。由于"3SK122"具有双栅输入功能，信号输入、本振输入互不干扰，所以使混频电路的各项指标参数能得到较大的提高。

　　高频信号经过 C_{32} 直接送至混频管的栅极 G_1，而本振信号则直接注入栅极 G_2，从混频的注入方式来看，相当于晶体管混频器的共基极注入混频电路形式。此种方式的优点是，所需本振幅度小，混频增益高。

　　本地振荡电路采用晶体三倍频振荡器，振荡管由 V_{10} 承担，电容 C_{40}、C_{41} 和晶体 CT_2 组成谐振网络，其中 C_{40}、C_{41} 为分压电容，调整它们的比值，可以改变振荡器的电压反馈系数。振荡器的振荡频率 f_0 由晶体决定。

　　在振荡管 V_{10} 的集电极回路中，串有由 C_{39}、T_5 组成的并联谐振选频回路，它负责将振荡器的三次谐波从电路中选出，完成对 f_0 的三倍频输出。调整时，应使谐振回路的固有谐振点略低于 f_0 的三倍频，由于振荡器的中心频率为 f_0，由 C_{39}、T_5 组成的回路谐振点在 $3f_0$，对三倍频等效为纯阻性。

　　但对频率 f_0 振荡回路，并联谐振回路则呈现为容性，由于等效容抗很小，可以看成为交流短路。所以不会破坏振荡器的工作条件，使振荡器能够正常工作。

　　为了使晶体准确的振荡在其频率 f_0 点上，振荡回路中有一个和晶体相串联的微调电容 C_{37}，微调该电容，可以微调振荡器谐振频率 f_0。

　　晶体倍频振荡器交流等效图如图 2-75 所示。从图中可以看出，当振荡器工作时，实际上交流可等效为一个改进

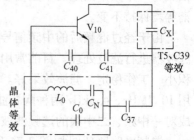

图 2-75　晶体倍频振荡器交流等效图

型电容三点式振荡电路。

如图 2-74 所示，经混频后得到的 10.7MHz 中频信号由 T_4 和 C_{36} 组成的并联谐振回路选出，经 T_4 的二次线圈送至 CT_4 陶瓷滤波器再次进行 10.7MHz 选频处理。CT_4 是一个 10.7MHz 的带通陶瓷滤波器，它的电气特性近似于晶体，但品质因数 Q 值要比晶体低一些。陶瓷滤波器常常被用在固定频率滤波电路中。也可用于频率稳定度要求不高的振荡电路中。

由于陶瓷滤波器具有免调试特点，目前已被广泛应用在各领域，我们在市场上常见的陶瓷滤波器产品有二端型、三端型、五端型。其中二端型陶瓷滤波器多用于振荡电路，而三端、五端陶瓷滤波器常用于滤波电路。

4. 二混频、限幅中放、鉴频电路

在外差式调频接收机电路中，混频、中放、鉴频等电路是必不可少的单元电路，完成这些电路需用元件多、电路复杂、电路调整很不方便。但选用集成电路就简化了很多调整过程。

近年来各集成电路生产厂家纷纷投入了大量资金，研制通信领域专用的集成电路。在高频集成电路方面，比较有代表性的有摩托罗拉公司的"MC33××""MC28××"系列高频通信集成电路。

本项目中，接收机电路中所采用的集成电路，就是摩托罗拉公司生产的调频接收电路"MC3361"。该电路中包括有：混频、本振、限幅中放、鉴频器、静噪电路等功能单元，只需外接较少元件，就可以组成一部性能优良的窄带调频接收机。

"MC3361"电路具有外接元件少、接收灵敏度高、静态功耗小、工作电压宽等特点，深受各通信设备生产厂家的欢迎。

20 世纪 90 年代中期生产的 FM 接收机，大多采用此芯片。虽然以后摩托罗拉公司又开发出了一系列接收芯片电路，但均是在"MC3361"的基础上增加了一些功能而设计的，所以"MC3361"是有代表性的 FM 接收电路。

"MC3361"产品出厂时有两种封装形式：一种是我们这次实验中用的双列直插式封装；另一种是小型贴片式封装。两种电路的性能指标完全一致。

MC3361 集成电路主要电气技术指标：

工作电源电压范围…………… 2 ~ 8V

静态工作电流…………… 3.6mA

（$V_{CC}=4V$）

中放限幅灵敏度…………… 2μV

中放电压增益…………… ≥60dB

（455kHz）

极限工作频率…………… 60MHz

5. 电路特点

从图 2-76 的内部功能框图可以看出，该电路内几乎包含了 FM 接收电路所需的所有单元电路（高放电路除外）。但是由于集成电路的工艺、成本、体积限制，有些元件暂时还无法集成入电路内，例如：电感元件、大容量电容、较高或较低阻值的电阻、

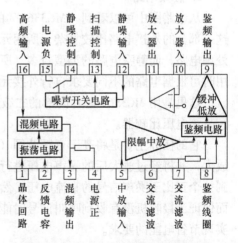

图 2-76 MC3361 内部框图与管脚名称

谐振晶体、声表器件等元器件。这些元器件目前只能外接使用。

尽管非线性集成电路在应用时，还必须外接部分元件才能完成电路所要求的功能，但和全分立元件组成的电路来比，无论从体积、功耗、电压范围、接收灵敏度、电气性能一致性等方面，都已经有了很大的技术进步。

目前高频电路集成化，已是大势所趋。随着今后集成电路技术、材料、工艺的进步，将不断会有频率更高、功能更全、集成规模更大的高频电路问世。目前已有工作频率在 2 ~ 4GHz 的高频电路问世。采用"MC3361"组成的二混频、中放电路、鉴频电路原理图如图 2-77 所示。

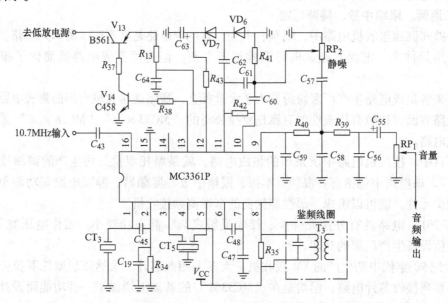

图 2-77 采用"MC3361"组成的二混频、中放电路、鉴频电路原理图

从图中可以看出，接收机所需的大部分电路均由集成电路替代，但是大容量电容、电感电圈、石英晶体等元器件是 PN 结无法合成的，只能作为外接元器件来处理。

6. 静噪电路

从电路图中可以看到"MC3361"的第 9 脚至第 13 脚，是内部静噪处理电路的外引脚，这一部分的外接电路比较复杂，所用元器件也比较多。这是因为一般的对讲机必须要有静噪处理电路，而静噪电路的类型较多，所以集成电路仅在内部预置了两级运算放大器电路，应用时可根据电路的不同要求自行外接元器件。

这里是用 MC3361 芯片内部的二级运算放大器组成了一个高通（音频高端）有源滤波器和直流电压比较器。

它的任务主要是将高于音频范围（6kHz 以上）的白噪声信号选出，同时进行交流电压放大，并将经过放大后的噪声电压进行倍压检波、滤波处理。经过以上处理后，我们就会得到一个正比于噪声信号的直流电压，然后再用此直流电压去控制音频放大器电源的通断，从而保证当接收机没有收到呼叫信号时能保持静音，同时由于音频放大级电源断开，也较好地实现节省电能的要求。

静噪控制全部电路图如图 2-78 所示。可以看出，当接收机没有收到载波信号时，

MC3361 鉴频后的音频噪声电压信号从第 9 脚输出，通过由 C_{59}、R_{40}、C_{58}、R_{39} 组成的 L 形滤波器滤波后分由两路输出。一路经 R_{39}、C_{55} 送至音量电位器 RP_1，另一路经 C_{57} 送至静噪调整电位器 RP_2。

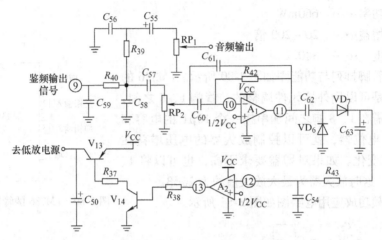

图 2-78　静噪控制全部电路图

　　由于送至 RP_2 的信号中含有噪声信号的高频份量，所以将这些噪声送至由 A_1 组成的带通放大器进行电压放大，使放大后的噪声电压具有一定幅值，经由 VD_6、VD_7 倍压检波后得到一个直流电压值。再将此电压送至后级由 A_2 组成的电压比较器进行电压比较。一旦反相输入电压高于同相端的电压值（2.5V），比较器的输出端电平就会出现翻传，由 "0" 变为 "1"，去控制晶体管 V_{14} 和 V_{13} 由导通变为截止，切断音频电路电源，从而完成从信号采样、噪声滤波、噪声放大、检波、电压比较、电源控制的全过程。这里是采用断开音频功放级的电源来实现静噪的。实现控制静噪的方法和电路形式很多，可根据实际情况采用不同的电路形式来完成静噪任务要求。高通有源滤波器幅频特性如图 2-79 所示。

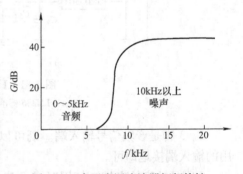

图 2-79　高通有源滤波器幅频特性

7. 音频功放电路

　　前面已经全面地了解了接收机电路从射频信号的接收到音频信号解调的全过程。但是以上所有信号的传输和处理，都是以电压信号的处理方式进行的。要想得到能够识别的声讯信号，还必须将信号进行电声转换。

　　由于从鉴频器得到的信号，电压幅度小、信号微弱，不能直接推动扬声器发音，所以必须对音频信号进行功率放大，以满足人们的听觉要求。随着电子技术的发展，人们早已不再使用音频变压器等元件组成老式的甲类、乙类音频功放电路了，取而代之的是各种各样的音频功放集成电路。针对不同用途可以选用不同功率（0.1～100W）的音频功放电路和模块，这种音频功放集成电路目前市场上均可以买到。

　　本电路就是采用小功率、低电压音频功放电路 "LM386"，该电路具有静态功耗低、宽供电电压、宽频带、体积小等特点，是目前应用量最大的小功率音频功放电路。

主要指标参数如下：

工作电源电压…… 3～12V

静态工作电流…… 3mA（$V_{CC} = 4V$）

最大输出功率…… 660mW

交流电压增益…… 20～200 倍

信号失真度 …… ≤0.2

LM386 的管脚排列与功能图如图 2-80 所示。LM386 的交流电压增益是可以用外接元件调整的，管脚 1、8 之间，为调整脚。只需在 1、8 脚之间加串接一个 10μF 的电容和一个 2.2kΩ 的电位器，就可以控制放大器的电压增益在 26～46dB 之间变化。如果对增益要求不高，也可以将 1、8 脚悬空不接，这时放大器为最大放大值约为 26dB。

LM386 音频功放应用电路图如图 2-81 所示。

图 2-80　LM386 的管脚排列与功能图

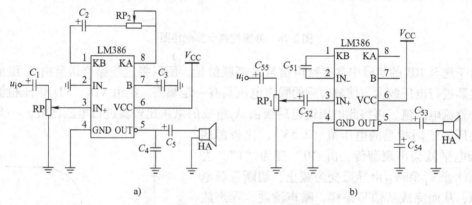

图 2-81　LM386 音频功放应用电路图

a）LM386 标准应用图　b）LM386 本机应用图

2、3 脚是音频信号输入端。既可以选同相输入，也可以选反相输入。使用时只需将不用的输入端接地即可。

5 脚是功率输出端，使用时必须串接一个隔直电容再连接扬声器，串联电容一般选择 47～470μF，电容越大，低音效果越好。扬声器的阻抗可选择 4～32Ω 的小型扬声器，应当特别指出：必须严防扬声器出现短路，否则会因为过功耗烧坏电路。

7 脚为高频交流滤波端，可以根据需要选用 100pF～10μF 的滤波电容。

8. 直流稳压源电路

稳压电路是为了防止电路在电池电压发生波动时，影响整机电路工作而附设的电路。

对于集成电路来讲，由于其有较宽的电压适应范围，所以电压的波动对其影响不大，对分立元件而言，情况就不同了，例如晶体管，对电源电压的波动，就比较敏感，严重时可能造成局部电路不能正常工作。

本机的供电分为发射和接收两部分，所以必须分别对其进行稳压处理。

图 2-82 是本机的直流稳压电路原理图，从图中可以看出，该电路所能提供的功率不大，这是因为电路中要求必须稳压供电的电路只是一小部分，还有大多数电路对电压的稳定度要

求并不高，可以不经过稳压电路而直接由电池供电。

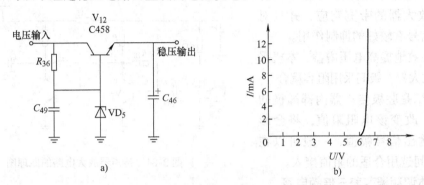

图 2-82　串联直流稳压电路与稳压管的伏安特性
a）稳压电路　b）稳压管特性图

从图 2-82b 中可以看出，稳压二极管的反向电压，一旦达到稳压管的额定击穿电压值时，稳压二极管将会出现雪崩式导通效应，从而将电压钳位在额定电压值上。利用稳压二极管的电压钳位特性，只须加上一级电流放大调整晶体管，就可以完成对电源的稳压要求。

发射电路的稳压电源由 V_4 及外围元件组成，见图 2-71，而接收电路的稳压电源由 V_{12} 及外围元件组成。它们的稳压输出值由稳压管的额定电压值和调整管的管压降决定。稳压电路的稳压输出电压为基极电位 $V_b - 0.7V$。

2.6.3　FM 调频发射电路

1. 传声器放大器电路

该部分电路的主要任务是将人们讲话的声音经过声—电转换（也就是将声波信号变为电压信号）并将信号放大到调频电路所要求的电压值。

传声器采用目前市面上较常见的驻极体电容传声器。这种传声器具有体积小、灵敏度高、频带宽的特点。需要指出的是驻极体传声器在应用时和炭精传声器有所不用，由于驻极体传声器内部设有场效应晶体管电路，所以驻极体传声器在应用时必须要外加直流馈电电压，图 2-83 是驻极体电容式传声器的结构图和应用电路。

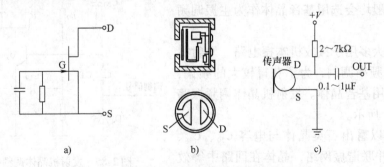

图 2-83　驻极体电容式传声器的结构图和应用电路
a）内部电路　b）结构图　c）应用电路

本机采用的传声器放大电路的原理图如图 2-84 所示。它属于阻容耦合电压并联负反馈放大电路。电路中采用负反馈可以有效地提高放大器的带宽响应，并且对输入的强信号有较好的抑制作用。

为了有效地提高电压增益，本机采用了两级放大器，级间采用阻容耦合。

电阻 R_{19} 是驻极传声器内部漏极的负载电阻，改变该电阻阻值，将会影响传声器输出信号幅值，一般可以在 $2 \sim 7\mathrm{k}\Omega$ 之间选用合适的阻值接入。

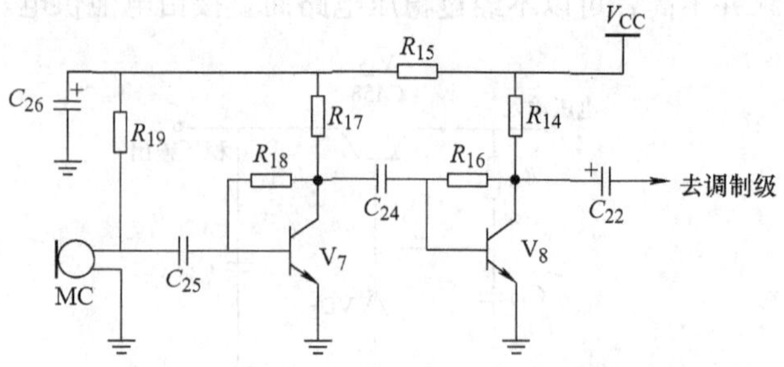

图 2-84　传声器放大电路的原理图

2. 晶体调频振荡兼三倍频电路

晶体调频振荡倍频电路的主要任务是，为发射机提供基准频率信号源，并且完成语音信号对高频载波信号的频率调制。

该部分电路和电容三点式正弦波的工作原理完全相同。不同之处仅仅在于将三点式振荡器的选频网络 LC 选频变成了晶体选频网络。由于石英晶体在谐振回路中具有比 LC 回路高得多的品质因数（Q 值），所以用石英晶体组成的振荡器，其频率稳定度远远高于其他振荡电路。一般对频率稳定度要求较高的电路，例如：无线电话机、对讲机、卫星接收机等，均采用石英晶体振荡作为稳频器件。

在一般应用中应注意，石英晶体振子分为基音晶体和泛音晶体两种类型产品。

基音晶体的谐振频率是以石英晶片固有谐振频率为标准而标注的频率值。用这类晶体制作的振荡器所产生的频率应该和标注的频率完全一致。一般基音晶体的频率范围大约在 $1 \sim 30\mathrm{MHz}$ 之间。

而泛音晶体的工作频率，根据所选谐波的次数不同而差异较大，一般泛音晶体的频率均选在晶体基音频率的三次或者五次谐波以下，谐波选的太高，会造成晶振电路起振困难。目前已有工作频率在 $200\mathrm{MHz}$ 以上的泛音晶体。

一般通信电路，由于工作频率较高，所以大多选用泛音晶体。但由于泛音晶体频带窄，不易进行调制，而基音晶体具有一定的通频带，比较容易进行调频处理。因而需要进行调频处理的振荡器，一般均会选用基音晶体作为主振调频级元件。

泛音晶体大多用于接收机本振电路。发射机由于需要进行频率调制，为了获得较大的频偏，所以一般均采用基音晶体。发射机晶体调频振荡电路如图 2-85 所示。

从图中可以看出石英晶体与电容 C_{19}、C_{18}、VD_4 组成一个并联谐振网络，晶体在回路中等效为一个高 Q 值电感。

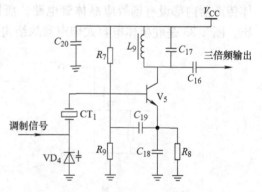

图 2-85　发射机晶体调频振荡电路

从电路的形式结构来看，该振荡器是一个标准的改进三点式振荡电路。

为了满足调制要求，我们在晶体回路中串入了由变容二极管 VD_4 组成的调频电路。改变变容管的容量，就可以微调振荡器的中心谐振频率 f_0。由于变容二极管是依靠反向电压 U_D

来控制其结电容量 C_0 变化的。所以只要改变控制电压 U_D，就可以达到改变电容量的目的，从而实现对振荡器频率调制的要求。

振荡器的三倍频选出，是由 C_{17}、L_9 组成的并联谐振回路来完成的。当振荡器工作时，由于它们的谐振点略低于三倍频，对晶体振荡器来讲，该并联谐振回路呈现为容性，不会对振荡电路造成影响。但对于三次谐波来讲，该并联谐振回路应呈现为纯阻性，并和三次谐波产生谐振，使并联谐振回路两端的三次谐波电压幅值达到最大，此电压经电容 C_{16} 送往下一级放大器进行电压放大，从而完成了电路的振荡、调频、倍频的全过程。

3. 高频谐振放大器与高频激励放大器

前面已经了解了话筒放大器与调频晶体振荡器的工作原理。通过以上两部分电路的处理后，已经基本上完成了高频信号的产生和对高频载波信号的调制功能。它所产生的信号，已经具备了 FM 小信号发射机所要求的全部内容。

但因为电路所产生的载波信号很弱，功率仅有几毫瓦，有效传输距离仅几米，要想使对讲机在较远的距离之间进行可靠的通信，就必需对载波再进行进一步的功率放大，使发射机的天线辐射功率达到 $1\sim2W$。高频放大级与激励放大级电路如图 2-86 所示。

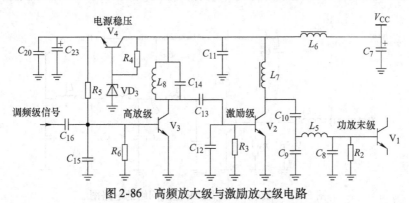

图 2-86 高频放大级与激励放大级电路

从图中可以看出，高频放大级实际上是一个典型的甲类高频谐振电压放大电路。而激励级则是一个典型的丙类谐振功率放大电路。

由于两级放大器的输入电压幅度不同，所以电路选用两种不同的工作类型。

高放级由于前级晶振电路送来的电压幅度较小，采用甲类工作方式较为有利。

信号经过高频谐振放大级后，信号电压已经具有较大的幅值，可以使激励放大级工作在丙类状态，这样可以有效的提高电路工作效率。

偏置电阻 R_3 是专门为激励管 V_2 提供基极直流偏置而设置的。为了保证能为基极提供足够大的电流，一般 R_3 的阻值选择都较小，否则会影响激励放大器的输出功率。

为了提高放大器的输出负载能力，并且不影响谐振回路的选频特性 Q 值，一般输出耦合电路均需要采用部分接入方式。本机的高放级和激励级的输出耦合电路，就是采用电容分压方式和下一级电路相耦合的。

高频谐振放大级工作在甲类状态，可以有效提高放大器的输入灵敏度。

激励放大级则工作在丙类状态，由于放大器在丙类工作状态时，电压导通角较小，而且当无输入信号时，电流 $I_C=0$，当输入信号达一定幅值时，放大器具有较大的功率增益输出，所以该级放大电路具有工作效率高、输出功率大的优点。

电路中，由 V_4 和 VD_3 组成了一级简单的稳压电路。它的作用主要是为发射电路中部分需要稳压供电的电路提供电源。例如：传声器放大电路、晶体振荡电路、甲类高放电路等电路。而其他对电源电压要求不高的电路，例如：丙类放大电路则可以不经过稳压而直接供电。

4. 末级谐振功率放大器与输出滤波网络

末级谐振功率放大器与输出滤波网络的主要任务是：将激励级送来的高频信号进行功率放大，以保证其具有足够强的高频信号送到拉杆天线并向外发射。由于高频信号中不仅有主频信号 f_0，同时还含有 f_0 的 2 次 ~ N 次的高次谐波分量，而这些谐波信号一旦随主波信号一同发射出去，将会造成对别的接收设备的严重的干扰。因此，在信号送至天线之前，必须先对谐波信号进行滤除处理。

所以低通滤波电路，也是末级电路的重要组成部分。目前常用的滤波电路形式有，串联滤波和并联滤波，L 形和 ∏ 形滤波器几种电路形式。

由于功放级输出阻抗较高，必须要经过阻抗变换后才能和 75Ω 拉杆天线进行匹配。所以低通滤波电路还兼有阻抗匹配的功能。末级功率放大器和滤波网络的电路图如图 2-87 所示。

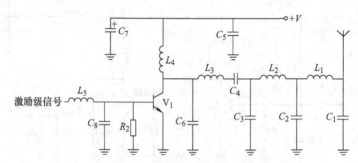

图 2-87 末级功率放大器和滤波网络的电路图

从图可以看出，末级功放管 V_1 的基极下偏置电阻 R_2 阻值仅 51Ω，由于从激励级送来的高频激励信号幅度、功率已经足够大，故完全可以使末级功放管 V_1 可靠的工作在开关状态下。本机工作在丙类状态下的放大器有两级，即：激励管 V_2、末级功放管 V_1。

为了保证末级功放管 V_1 有较强的高频输出功率，除了选用放大倍数较高的高频功率管外，还应该保证末级功放管 V_1 有足够大的工作电流 I_C，为此我们设计时特意将基极电阻选择得较小，以保证末级功放管 V_1 基极有足够大的激励电流 I_B。

本机在调试时，可以用示波器在 R_2 上观测激励信号电压的幅度，正常时测到的高频载波幅度，应不小于 $8 \sim 10V$ 值，才可以保证末级功放管 V_1 能有效地工作在开关状态下。

在功放管 V_1 的集电极回路里，串接有由 L_4、C_6 组成并联谐振回路，微调回路使其能准确的谐振在发射信号的主频 f_0 上，而对主频以外的各次谐波分量，能起到较好的滤除作用。

但由于由 LC 组成的并联谐振回路一般 Q 值都比较低，要靠它将高次谐波滤除干净有一定的困难。所以在信号的回路中，又串入了一级由 L_3、C_4 组成的串联选频回路，以便能更好地达到滤除谐波分量的目的。

本机使用的发射天线为标准的拉杆天线，交流等效阻抗 75Ω，这种天线虽然工作效率不是太高，但它具有体积小、造价低、使用方便等优点。目前已被对讲机、无线电话机等便携式通信设备广泛采用。

为了进一步缩短天线的长度，便于携带，设计中常用天线加感的方法来缩短天线的有效长度。通过加感，既能保证其与电路的阻抗匹配，又能缩短天线实际尺寸。

这里需要着重指出，天线与电路之间是否匹配，对发射机来讲十分重要。如果天线能和发射电路进行良好的匹配，将可以最大限度地提高发射效率。反之如果它们之间出现匹配不良，将会使发射机效率大打折扣，电路失配时，会把大部分发射功率反射回电路，失配严重时还会造成发射管烧毁的可能性。

相对接收机电路来讲，对天线的匹配要求相对来讲比较宽松一些。但是如果出现天线和输入回路不匹配时，也会造成信号插入损失过大的问题，从而使接收电路的接收灵敏度大大降低。所以天线匹配网络是对讲机电路的一个重要电路部分，在调试时，应该引起足够的重视。F30-5 对讲机外部元件与印制电路板连接示意图如图 2-88 所示。

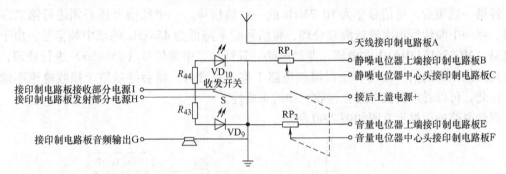

图 2-88　F30-5 对讲机外部元件与印制电路板连接示意图

2.6.4　对讲机电路的调试与检测

对讲机电路和其他电路系统一样，必须通过正确调试后才能正常工作。当对讲机电路焊接安装完毕后，也必须经过严格电路参数调整，才能达到所要求的设计指标。调试的目的是，要使各单元的电路工作在最佳状态下，最大限度地提高电路效能，提高整机的系统电气性能指标参数。

1. 接收机电路的调试

（1）输入回路高频放大级的调试　接收电路中的高放级，是决定整机接收灵敏度与选择性的关键电路，所以调试的主要任务是，尽可能地提高这一级电路的高频电压增益，提高灵敏度。准确地调整 LC 选频回路，使 f_0 以外的干扰频率尽可能的被衰减，以保证接收电路有较高的信号选择性。调试时的测试点如图 2-89 所示。

高放电路的调试仪器，可采用扫频仪，由于扫频仪既有信号输出端，可为高放级提供载波输入信号，又有信号输入

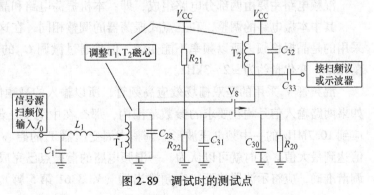

图 2-89　调试时的测试点

端（检波头），可将经高放级放大后的信号，送至扫频仪观察高放级的真实幅频特性。用扫频仪可以直接观察到放大器的增益量、工作频带宽度，比使用其他仪器更为直观方便。

也可以使用高频信号源和示波器配合，来调整高放电路，只是使用起来略感不方便。

由于该部分电路工作在高频段，所以调整磁心时需要使用无感螺钉旋具（俗称螺丝刀），以避免因金属感应而造成的调整误差。

调整各点时，只需用示波器或扫频仪在高放级输出端观察到的中心频率波形幅值最大，带宽适中，带外衰减量最大，即可认为电路已经调整至最佳点，本级高放电路应具有 14 ~ 20dB 的电压增益。

（2）一本振与一混频电路的调整　混频电路的作用是将前级送来的高频信号，经过频率变换后，使其变换成为一个频率较低但信号内容不变，频率固定的中频信号。本机是采用两次混频式外差式电路。第一中频的中心频率是 10.7MHz，第二中频是 455kHz。

经第一混频后，将信号变为 10.7MHz 的一中频信号。一中频信号还必须进行第二混频电路，将一中频信号再次进行混频处理，将信号频率降低为 455kHz 的二中信号，由于集成电路"MC3361"中的中放电路、鉴频电路，只针对二中频信号（455kHz）进行处理，而不会对其他频率的信号反应。所以混频电路工作不正常时，将会导致整个接收电路不能工作。由此，可以看出混频电路在接收机中的重要性。

混频电路的调整示意图如图 2-90 所示。

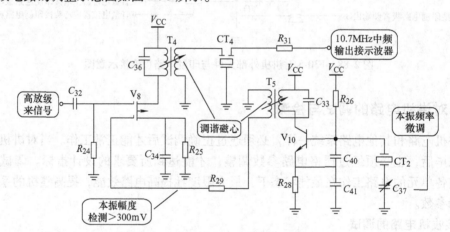

图 2-90　混频电路的调整示意图

混频电路主要由两部分电路组成，即：本机振荡电路和晶体管混频电路。

其中本振电路的调整，和三点式振荡器的调整相同，在这里就不再重复了。由于振荡器采用的是晶振稳频，所以频率不能变动，但是通过微调 C_{37} 的容量，还是可以微量的改变振荡频率，变化量约为 ±2 ~ 3kHz。

混频管 V_8 采用的是双栅场效应高频管，所以输入的高频信号 f_0 与本振信号 f_L 互不干扰，如果两路输入信号均在要求的参数范围内，那么在中周变压器 T_4 的二次回路里，就应该感应到 10.7MHz 的一中频电压波形。调整中周变压器 T_4 的磁心，可以使输出的一中频波形幅值达到最大值。这时就可以认为，一混频电路的谐振点已完成了基本调谐。要想更进一步地调谐准确，应将示波器接至二中频输出端（MC3361 第 5 脚）。重复调整直至波形幅度最大时为准。

这里需要说明，本振信号 f_L 的注入强度，直接影响到混频电路的变频效率，所以注入到混频管的本振信号 f_L 要幅度适中。一般情况下本振 f_L 注入到混频管的幅度应在 $200 \sim 400mV$ 值之间为宜。调整时可根据中频的输出波形情况，改变阻尼电阻 R_{29} 的阻值，以保证中频信号幅度值最大。

调整时高频信号源的输出应选择为输出幅度 $1 \sim 5mV$、载波（无调制）状态为宜。

（3）二混频、中放、鉴频电路的调整　二混频、中放、鉴频电路的大部分功能均由集成电路"MC3361"来完成。外围可调整的器件很少，其中 T_3 鉴频线圈磁心是需要调谐的调整点之一。

二混频电路能否正常工作，主要看二本振是否起振和有无一中频信号输入。一般情况下，只要焊接无误，元器件正常，无需调整，电路就能正常工作。

二中频的中心频率点是 455kHz，它是由一中频的 10.7MHz 信号和二本振主频 10.245MHz 两个信号所产生的差频信号，也称为二中频信号。该信号经过三端陶瓷滤波器进行滤波处理后，送至"MC3361"内部的中放电路进行限幅电压放大，该中放电路的电压增益为 $65 \sim 70dB$，放大后的信号经鉴频器解调后，还原出音频信号，从"MC3361"第9脚输出。中放电路调整点示意图如图 2-91 所示。

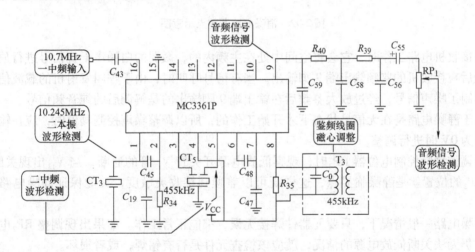

图 2-91　中放电路调整点示意

这一部分电路的主要调整点是鉴频器的正交鉴频线圈 T_3 的谐振点。

当用高频信号源，将调制频率为 1kHz 频偏量 5% 的 FM 高频信号（$1 \sim 5mV$）输入到接收机的天线输入端时。用示波器可以在"MC3361"9 脚检测到解调后的 1kHz 音频信号波形。可以反复调整 T_3 磁心，使 9 脚音频波形幅度最大，且没有明显的失真现象。若出现正弦波失真现象，应适当减小输入高频载波信号幅度。

调整中，应不断地根据 9 脚输出音频信号的强度，减小输入高频信号的电压幅度，直至输出的音频信号中出现明显的噪声电压为止。此时的高频信号源输出电压值，就是接收机的限噪接收灵敏度值。

（4）静噪电路、音频功效电路的调整　静噪电路是对讲机电路的特有电路，它的主要任务是：当接收机处在待机（没有被呼叫）状态时，切断音频电路，使接收机保持安静的待机状态，避免噪声。

消噪电路调整点示意图如图 2-92 所示。

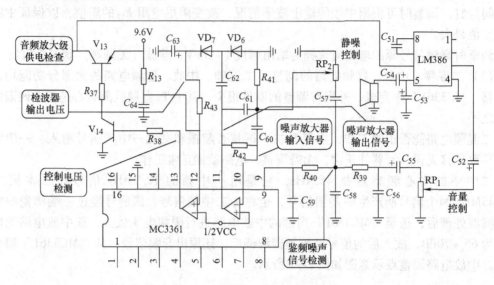

图 2-92　消噪电路调整点示意图

当接收机电路工作时，它会将空间中处在主频内的、微弱的白噪声干扰信号进行放大处理，最后在接收机的鉴频输出端 9 脚输出。当有信号呼叫时，由于呼叫发射机的载波信号较强，抑制了噪声信号，经过放大鉴频后在输出端 9 脚输出的是解调后的纯音频信号。

由于静噪电路是在无信号状态下才开始工作的，所以调整噪声控制阈值时，应在输入载波信号为 0V 时进行调整。

当调整静噪控制电位器 RP$_2$ 时，观察低放电源开关管 V$_{13}$ 管的通断，当 V$_{13}$ 出现关断时，这时 RP$_2$ 的位置就是静噪临界点，这样既可以兼顾到接收灵敏度，又能保证静噪电路正常工作。

静噪电路一般情况下，只要元器件焊接无误，都能正常工作。如果出现调整 RP$_2$ 电位器全程，仍无法关断低放电源的情况，就应该检查元件是否有错焊，或者损坏。

当对讲机正常使用时，应根据不同的环境噪声调整 RP$_2$ 静噪电位器，使静噪电路保持在临界状态，以保证接收机的接收灵敏度。

当静噪电路工作在过触发状态时，会导致接收灵敏度明显降低。

音频功放电路主要由集成电路"LM386"组成，音量电位器 RP$_1$ 负责控制扬声器音量。由于音频低放电路"LM386"外接元器件极少，基本上没有可调整的地方。所以正常情况下，只要元件焊接无误，通电后即可正常工作。

由于音频低放级的电源，受开关管 V$_{13}$ 控制。所以在静噪电路触发工作时，低放电路由于电源关断而不会发声。

要验证低放电路是否正常工作，必须在静噪电路不工作时进行。简单的方法是调整静噪控制电位器 RP$_2$，使静噪电路失效，如果能听到扬声器里有明显的噪声，即可认为低放电路基本上工作正常。然后再用音频信号源，进行功能测试，直至达到要求为止。本放大电路输出的音频功率应不小于 50mW。

2. 发射机电路的调试

发射机电路的调整主要应完成以下三个任务：

1）使晶体振荡级在无调制信号的情况下，能够长期的稳定工作在要求的主频点 f_0 上。当有调制信号时，根据调制信号的幅度变化，使主频 f_0 产生相应的频偏。

2）使甲类谐振放大级具有较高的电压增益，并且能为后级提供足够的高频电压，以保证其信号幅度足以使下一级（激励级）进入到丙类工作状态。

3）末级功率放大器和输出匹配网络，要确保发射信号的放大，使发射机具有较强的高频辐射功率。匹配网络主要完成功放级至天线间的阻抗变换，并负责对发射信号中的谐波分量进行滤除，保证所发信号的纯度。

3. 传声器放大电路的调试

传声器放大电路由电容驻极体传声器和两级负反馈放大器共同组成。

调整时分为两步，首先检查各级放大器的直流工作点是否正常，然后再检查交流工作状态是否正常。

交流检查的方法是：用示波器在电解电容 C_{22} 的正极观察，当对着传声器讲话时，示波器能观察到明显的语音波形信号，其幅度不小于 1.5V 值。

如果示波器的信号没有明显变化，一般可能性较大的是，传声器焊接时极性接错，导致电容传声器不能正常工作。

如果放大器工作不正常，则需要检查交、直流工作点是否有设置错误。有关检查的方法，可参考关于"模拟电路"教材书中有关晶体管交流放大器部分。

传声器放大级的调试示意图如图 2-93 所示。

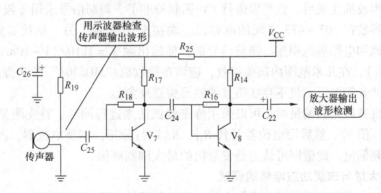

图 2-93　传声器放大级的调试示意图

4. 晶体调频振荡电路与高放电路的调试

晶体调频振荡器是发射机的主频信号产生电路，我们希望它既要有较高的频率稳定度，又能为下一级的放大器提供一定幅度的高频电压信号。其调整示意图如图 2-94 所示。

调频振荡级的调整主要可以分两步进行。先在无调制状态下校准发射中心频率，此项可以通过频率计来测量，频率准确后，再加入调制信号调整频偏量。

首先断开音频耦合电容 C_{22}，使振荡器处于无调制振荡状态，将数字频率计接至激励管 V_2 基极（为了减小对主振级的影响），观察频率是否准确的等于三倍晶体频率值。如果不符，应该通过调整微调电容 C_{21} 来校准。频率准确后，就可以用示波器和频率计同时测量，进行幅度调试。用无感旋具调整电感 L_8、L_9 的匝间间距，使示波器在 V_3 基极观察到的波形幅度为最大值（约 1V），同时频率计读数正确无误，即可认为中心频率和谐振点已经调整准确了。

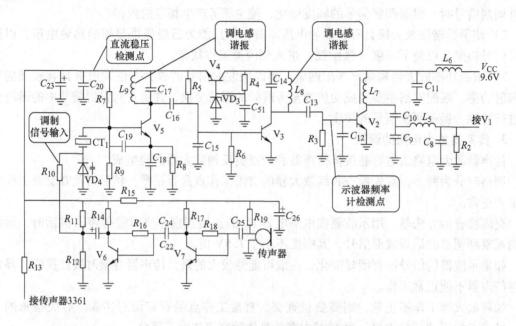

图 2-94　晶体 FM 振荡器与高放级调整示意图

当中心频率校准完成后，就可以进行 FM 调制校准了。调制信号采用音频信号发生器提供信号。用一容量在 103～473 之间的电容，一端接至 V_7 基极，另一端接音频信号源输出端，信号源的地和电路板地相连。调整信号源，使输出频率 = 1kHz/（1～10mV），用另一接收机（f_0 要对应），在几米范围内试验接收，应该在接收机"MC3361"的 9 脚用示波器观察到经过解调后的音频波形，且不存在明显的波形失真现象。

测量发射机的最大频偏量时，可以采用静态测试法来进行测量。首先测量分压电阻 R_{12} 的对地直流电压值 V_0。然后用电位器替代 R_{11}、R_{12} 进行分压，调整电位器，测量 V_0 在 ±1V 时中心频率的频偏量，此值即可认为是发射机的最大调制频偏。

5. 激励放大级与末级功放电路的调试

激励功率放大器和末级谐振功率放大器，是发射机的主要高频功率放大电路，同时也是发射机电路中的主要耗电部分，特别是末级谐振功率放大器，它所消耗的电流，约占整机耗电的百分之八十以上（整机电流约为 450mA）。

所以末级功放管的电路工作效率、输出高频功率是它的两个重要指标。激励放大级与末级功率放大级的调试示意图如图 2-95 所示。

由于激励级和功放级都处于丙类工作状态，所以在调整前，要求发射机的主振级 V_5、高放级 V_3 均已调整完毕，并保证工作在最佳状态。只有这样，才能为激励级提供足够强的高频载波电压，使后两级放大器正常工作。使示波器在 V_2 基极观察到的波形幅度为最大值（约 3V），由于激励级和功放级管子工作在开关状态，工作时集电极电流 I_C 很大，所以调整

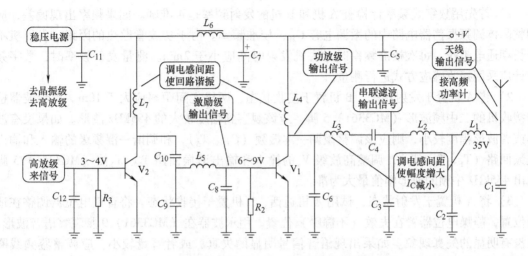

图 2-95　激励级与末级功率放大级的调试示意图

时需要格外小心，在调整时可以先将直流供电电压降低 2～3V 供电，待整机电路工作正常后再恢复到额定电压供电。

使用示波器在 V_1 基极观察到的波形幅度为最大值（约 8V），调整中要时刻观察末级电流的变化。一旦电流超过 800mA，应立即切断电源，停止调试，检查是否存在电路故障。

如果经过检查，电路和元器件都没有发生故障，就可能是放大器的 LC 谐振回路严重失谐造成的电流过大。这时要仔细地用无感旋具调整谐振线圈，使电流降下来。LC 谐振回路失谐严重时，单靠改变电感量不能解决时，应考虑改变谐振电容的容量来使回路谐振。

调试中，各关键测试点的最低高频电压要求幅值，均标注在图 2-95 上，可作为电路调试时的参考。

特别应该指出的是，发射机正常工作时，由于天线输出端带有几十伏的高频电压值，所以天线输出插座不可以直接接入数字频率计，以免烧坏仪器。一般测量频率时，频率计可通过导线感应方式测量频率。

在发射机调试和使用中，特别注意不得在断开天线时开机发射，以免造成末级功放管过功耗而烧坏。

6. 接收和发射电路的统调及要求

当对讲机的接收/发射电路全部调整完以后，还不能算完成了全部调试工作。还有一个重要的调整环节需要完成，这就是对讲机的统调任务。统调环节是对讲机调试中一个比较关键的环节。统调质量的好坏，直接关系到对讲机的有效通信距离的远近。

在前面对接收、发射电路进行调试时，均是以高频信号发生器输出的频率值作为调试基准信号进行的调整。但在对讲机的实际工作中，接收机所接收的是对方发射机的 FM 高频信号。由于高频信号源和发射机的频率之间必然存在一定范围的频差，所以必须对对讲机进行频率统一化校准。

设：一套对讲机中的两部对讲机，各自分为 A 机和 B 机。

1）首先用数字式频率计检查 A 机和 B 机的发射频率是否准确。如果频率出现偏差，应调整晶体调频振荡器电路中的微调电容 C_{21}，校准频率。由于功放管散热的因素，发射机不能长期通电工作，每次校准频率时对讲机发射时间应小于 2min。测量发射频率时，数字频率计应采用接收感应方式进行测量。

2）将 A 机置于发射状态，B 机置于接收状态，两机之间距离应大于 10m。用示波器检查接收机的二中频波形（MC3361）5 脚。应该观察到幅度较大的 455kHz 波形。如果没有波形或者波形幅度较小，则应该调整微调一本振频（C_{37}、T_5），和调谐—混频级的输入和输出选频回路（T_1、T_2、T_4），调整高放级 V_8 的输入和输出谐振回路 T_1、T_2 使（MC3361）5 脚输出 455kHz 中频的波形幅值最大为准。

3）将 A 机置于发射状态，试用 A 机通话，B 机置于接收状态。将音量电位器调整在适当位置，静噪电位器置在失效（不静噪）位置。用示波器在（MC3361）9 脚观察语音波形，应没有明显的失真现象。如果出现语音信号明显的失真，或者音量较小，应调整鉴频线圈 T_3 的磁心，使语音信号达到不失真的最大值。

4）将 A 机处在关闭状态，B 机的扬声器里应听到明显干扰噪声，再将 A 机置于发射状态，B 机的干扰噪声会马上被抑制。关闭 A 机发射，B 机的接收机又会恢复干扰噪声，这时可以调整静噪电位器 RP_2，当 RP_2 处在三分之一至三分之二位置时，B 机的干扰噪声能够被静噪电路切断，使接收机的待机状态保持安静。如果静噪电路不能正常工作，则需检查静噪电路的元器件是否错焊或损坏。

5）将 A 机和 B 机相互调换位置，使 B 机为发射状态，而使 A 机为接用状态，重复 1）～ 4）项调整步骤进行统调。完成后应该进一步扩大 A 机和 B 机之间的距离，反复统调几次，以确保弱信号的接收灵敏度。按照本机的指标参数，调整正确后，在开阔地有效通信距离应大于 3km。

2.6.5 对讲机电路中主要频率点的定义与计算方法

1. 对讲机主频 f_0

$$f_0 = 3f_j$$

f_0 是对讲机发射或接收的中心频率。f_j 是晶体的标称谐振频率，它是晶体管经过三倍频后的频率。

2. 本地振荡频率 f_{L1}、f_{L2}

f_{L1} 是接收机中一本振频率，f_{L2} 是接收机中二本振频率。

3. 中心频率 f_{Z1}、f_{Z2}

f_{Z1} 是接收机中一中频中心频率，f_{Z2} 是接收机中二中频中心频率。

它们之间的计算如下：

对讲机接收频率 $f_0 = f_{L1} - f_{Z1}$

接收机一中频率 $f_{Z1} = f_{L1} - f_0$

接收机二中频率 $f_{Z2} = f_{Z1} - f_{L2}$

备注：

本对讲机频率参数对讲机收发主频：（30～33MHz）

一中频中心频率：10.7MHz

二中频中心频率：455kHz

2.6.6 实习内容与基本要求

1. 组装焊接对讲机

1）了解电路原理读懂电路原理图。

2）学会原理图和印制电路版图对照读图。

3）认识元器件并进行检测，确认各元器件参数并做记录。

4）两个人一组，每人独立组装一台对讲机。要求无虚焊，焊点光洁美观。

2. 总装与调试

1）按照前面讲的调试顺序对每一台对讲机进行调试。

2）每个组两个人的对讲机分别命名为 A 和 B。

3）将 A 机置于发射状态，B 机置于接收状态，从 1m 距离到 10m 或以上距离边测量边直至接收到的信号最强、最清晰。

4）将 B 机置于发射状态，A 机置于接收状态，从 1m 距离到 10m 或以上距离边测量边调试，直至接收到的信号最强、最清晰。

5）然后对调两机再次调试。

2.6.7 思考题与习题

1. 什么叫调幅式和调频式？

2. 对讲机从收发功能上可分为单工式和双工式，它们各有什么特点？

3. 如有一对讲机已知其发射主频 f_0 为 30.255MHz，求其他各电路频点值。

4. 说明为什么一般的 FM 调频对讲机的接收电路，均采用二次混频式外差电路？二次混频电路比一次混频电路有哪些优点，对接收机哪些参数有影响？

5. 说明为什么对讲机的振荡电路都采用晶体振荡器？如果采用 LC 三点式振荡器，对电路会有哪些影响？

6. 说明对讲机静噪电路的工作状态，是否会影响接收灵敏度？

7. 说明怎样提高发射机的工作效率？

2.7 双声道音响系统的组装与调试

2.7.1 双声道音响系统的技术参数

计算机声卡输出的音频信号需要经过高保真的音响系统播放出来，音响系统也可用于对其他信号源（如单放机、CD 机）的信号的放大。对音响系统的一般要求是：

输出功率：≥10W；

频率响应：30Hz～18kHz；

失真度：1%（1W，1kHz）。

2.7.2 音响系统的基本电路与原理

1. 音频功放集成电路

本音响系统采用了双声道的集成音频功放电路。它是单列直插式芯片，共有 11 脚。它的外观及管脚功能如图 2-96 所示。若采用单电源供电时，③脚（＋V_S 端）接电源正极，①脚和⑥脚（－V_S 端）接地，同时两路输出（④、②脚）要经过电容接负载，为 OTL 电路；若采用双电源供电，则③脚（＋V_S 端）接正电源，①、⑥脚接负电源，输出（④、②脚）直接负载，为 OCL 电路。

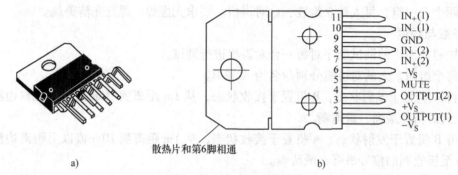

散热片和第6脚相通

a)　　　　　　　　　　　b)

图 2-96　TDA7269 集成功放

a）外观图　b）管脚功能

2. 基本电路

这里采用的是 ±15V 双电源供电，其原理图如图 2-97 所示。印制电路板图如图 2-98 所示。印制电路板安装在右声道的音箱内，调节旋钮和输入输出接线端子在它的后背。从前面看，每个音箱面板上只有高音和低音扬声器各 1 个。扬声器前面有护网。计算机声卡的输出信号作为本电路的输入有两路：IN（L－左声道）和 IN（R－右声道），通过双联同轴电位器 RP₁ 对两路信号同时进行音量控制。两路输出：高音扬声器通过电容耦合接入，低音扬声器直接接入，以避免低频信号的损失。通过双联同轴电位器 RP₂ 调节负反馈深度进行音调调节。

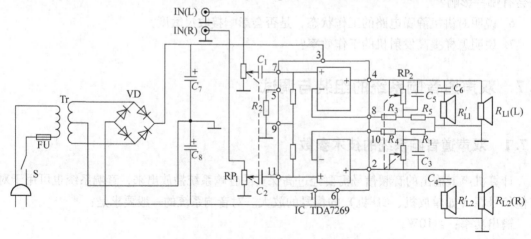

图 2-97　多媒体音响系统原理图

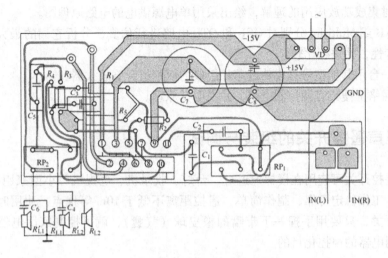

图 2-98 印制电路板图

3. 元器件参数

元器件参数如表 2-27 所示。

表 2-27 元器件参数

序号	代号	名称	型号或参数	数量	序号	代号	名称	型号或参数	数量
1	IC	集成功放	TDA7269	1	8	R_1、R_5	电阻	22kΩ	2
2	Tr	电源变压器	220/15V 30W	1	9	R_3、R_4	电阻	1kΩ	2
3	FU	熔断器	220V0.5A	1	10	R_2	电阻	20kΩ	1
4	V_D	硅整流桥	RS604	1	11	C_1、C_2	电容	0.33μF	2
5	$R'_{L1} R'_{L2}$	高音扬声器	2W	2	12	C_4、C_6	电容	0.022μF	2
6	$R_{L1} R_{L2}$	低音扬声器	10W	2	13	C_3、C_5	电解电容	4.7μF/50V	2
7	RP_1、RP_2	双联同轴电位器	50kΩ	2	14	C_7、C_8	电解电容	4700μF/50V	2

2.7.3 实习内容与基本要求

1）理解集成功放电路的原理、管脚功能。
2）制作印制电路板（选做）。
3）焊接、组装、调试电路。试听，评定效果。
4）总结集成电路应用的体会。

2.7.4 思考题与习题

1. 为什么低音扬声器直接接入，而高音扬声器却需要通过电容耦合？
2. 试分析音调控制电位器 RP_2 的滑动触点在最上方和最下方两种情况下，音调的调节情况。

3. 根据对集成功放应用的理解, 绘出采用单电源供电的电路原理图。

4. 用 EWB 或 Multisim 分别对 OCL 和 OTL 电路进行仿真, 分析它们的最大不失真输出功率、频率特性, 并进行比较。

5. 设计一台用其他型号集成功放芯片组成的双声道音响放大器。

6. 试从网络上搜集音调控制电路, 并说明其原理。

2.8　亚超声遥控开关的组装与调试

亚超声遥控开关可应用在楼梯走道灯、台灯、收录机、电视机等小型家用电器设备上, 具有体积小、工作稳定可靠、制作简单、遥控距离不低于 10m 等优点, 使用时不需要拉线开关或手动开关, 只要用手捏一下带嘴的橡皮球 (气囊), 就可控制家用电器的通电与断电, 达到家用电器的声控化目的。

2.8.1　亚超声开关电路的工作原理

亚超声遥控开关的电路原理图如图 2-99 所示。

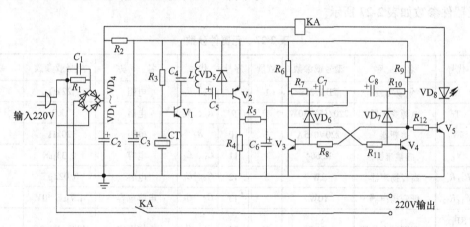

图 2-99　亚超声遥控开关的电路原理图

本电路由直流供电电路、触发信号产生电路和双稳态电路组成。220V 交流电经 R_1C_1 降压后直接送至桥式整流电路 $VD_1 \sim VD_4$ 进行整流, 再通过 C_2 滤波得到 20V 左右的较平滑的直流电, 又经降压电阻 R_2 和滤波电容 C_3 后得近 8V 左右的直流电, 为整个电路的直流供电电源。

16~20kHz 的音频信号称为亚超声。V_1 和 V_2 组成触发信号产生电路, 触发信号来自声敏传感器 CT, 它是应用压电效应原理, 在接收到亚超声信号后产生微小形变, 因而产生电压信号, 输入到晶体管 V_1 的基极。R_3 是 V_1 的偏置电阻, L 和 C_4 组成并联谐振电路, 谐振频率为 18kHz 左右, 当气囊发出 18kHz 左右的亚超声波时, 声敏传感器 CT 将接收到的亚超声信号转换成相应的电信号, 经 V_1 放大, 由 V_1 的集电极的并联谐振回路选取 18kHz 的信号, 通过耦合电容 C_5 送至 V_2 进行放大和整形, 以尖脉冲形式经 R_5、C_6 输出, 即产生了能控制双稳态电路的触发信号。V_3、V_4 构成典型的双稳态电路, 该电路具有对称性, 由于

V_3 和 V_4 的性能参数不可能绝对一样，当 V_4 的放大能力略好于 V_3，且有尖脉冲输入时，V_4 首先导通，$U_{C4} \approx 0.3V$，促使 V_3 截止，这是一种稳定状态；当又有尖脉冲输入时，V_4 由导通变为截止，V_3 由截止变为导通，这又是一种稳定状态。当 V_4 导通时，$U_{C4} \approx 0.3V$，通过 R_{12} 使 V_5 截止，U_{C5} 为高电平，继电器 KA 两端的电压为 0，KA 触点是"断开"的，LED 发光二极管 VD_8 也不亮。即遥控开关处于"断开"状态。当 V_4 截止时，$U_{C4} \approx 8V$，通过 R_{12} 使 V_5 饱和导通，$U_{C5} \approx 0.3V$，继电器 KA 线圈两端的电压约为 12V，KA 的触点是"闭合"的，发光二极管发光指示，即遥控开关触点处于"接通"状态，插在遥控开关上的用电设备即可工作。

亚超声开关元器件明细表如表 2-28 所示。

表 2-28 亚超声开关元器件明细表

序号	代号	名称	型号或参数	数量	序号	代号	名称	型号或参数	数量
1	$VD_1 \sim VD_7$	二极管	1N4007	8	9	R_6	电阻	$2.2k\Omega$	1
2	VD_8	发光二极管	（红色）	1	10	$R_7 \sim R_{12}$	电阻	$10k\Omega$	4
3	$V_1 \sim V_5$	晶体管	9014	5	11	C_1	电容	334/400V	1
4	R_1	电阻	$680k\Omega$	1	12	C_2、C_3	电解电容	$4.7\mu F/50V$	2
5	R_2	电阻	$1k\Omega$	1	13	C_4	电容	223	1
6	R_3	电阻	$270k\Omega$	1	14	C_5、C_6	电解电容	$2.2\mu F/50V$	2
7	R_4	电阻	$1k\Omega$	1	15	C_7、C_8	电解电容	$10\mu F/50V$	2
8	R_5	电阻	220Ω	1	16	KA	直流继电器		1

2.8.2 亚超声开关的组装与调试

亚超声开关印制电路板图如图 2-100 所示。

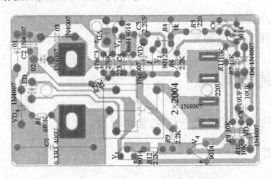

图 2-100 亚超声开关印制电路板图

1. 焊接与安装

由于本开关直接采用 220V 供电，如果有一点小故障都会引起较大故障，因此制作与调试时应特别注意。请按如下步骤安装：

1）安装前熟悉印制电路板，仔细对照原理图，并确定各元器件的具体安装位置，这一步对正确安装及调试非常重要。

2）查对清单，检查元器件的数量，用万用表检测每一个元器件的质量，如有损坏的请务必更换，确保装上的元器件无损坏。

3）将各元器件上锡。确保焊上的各元器件无虚焊。

4）将各元器件成形，并且进行插装。

5）焊接。各焊点用锡量及焊接时间要合适。（继电器、电容、晶体管等焊接时间不可太长，以免烫坏）。铜件（插件、插座片）应先用螺钉紧固，然后将其焊在印制电路板上，以免时间长后产生氧化跳火。

6）焊后处理。剪去多余元器件脚，仔细检查有无拖锡短路及虚焊、错焊，确保在调试时万无一失。插座片是张开的，焊好后要向内压住，两块插座片要分开，不能短路。

2. 调试

目测，无虚假错焊，元器件是否装错，极性是否正确。直流测试，可接入直流电源输出12V，加在 C_2 正负两端，检测是否用亚超声发射器能使继电器动作，用这种方法试验会更安全一些，一切正常后，即可装好外壳，进行交流调试，插在交流电源上，把需要遥控的电器插到遥控接收机插孔中捏动超声气囊即可在 10m 距离内有效地控制电器的通电和断电。按图所示本电路可控制功率在 200V·A 左右的电器，如果被控电路功率较大或是电感性负载，那么选用触点容量较大的继电器即可。

2.8.3　实习内容与基本要求

1）了解亚超声遥控开关电路的工作原理。
2）制作印制电路板（选做）。
3）焊接、组装、调试电路。
4）总结调试电路的体会。

2.8.4　思考题与习题

1. 双稳态电路的特点是什么？
2. 为什么调试时先用直流电源？

2.9　机器狗的组装与调试

机器狗是声控、光控、磁控机电一体化电动玩具。

2.9.1　电路工作原理

机器狗的电路原理图如图 2-101 所示。

利用 555 构成的单稳态触发器，在三种不同的控制方式下，均分别可以给予低电平触发，促使电动机转动，从而达到机器狗停走的目的。即：拍手即走、光照即走、磁铁靠近即走（实现的是声控、光控和磁控），但都只是持续一段时间后就会停下，再满足其中一条件时将继续行走。

机器狗印制电路板图如图 2-102 所示。元器件明细表如表 2-29 所示。

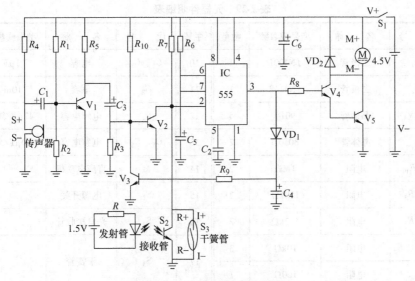

图 2-101　机器狗的电路原理图

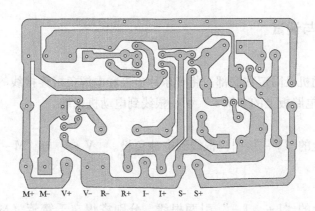

a)

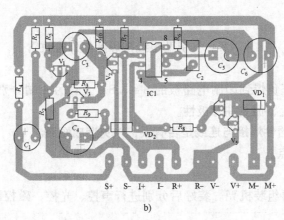

b)

图 2-102　机器狗印制电路板图

a) 焊接面　b) 元器件面

表 2-29　元器件明细表

序号	代　号	名　称	型号或参数	数量	序号	代　号	名　称	型号或参数	数量
1	VD_1	二极管	1N4001	1	10	C_1、C_3	电容	$1\mu F$	2
2	VD_2	二极管	1N4148	1	11	C_2	电容	$10nF$	1
3	$V_1 \sim V_4$	晶体管	9014	4	12	C_4	电解电容	$47\mu F/50V$	1
4	V_5	晶体管	8050D	2	13	C_5、C_6	电解电容	$470\mu F/50V$	2
5	R_1、R_{10}	电阻	$1M\Omega$	2	14	M	直流电动机		1
6	R_2、R_3	电阻	$150k\Omega$	2	15	S_1	电源开关		1
7	R_4、R_5	电阻	$4.7k\Omega$	2	16	S_2	光电接收管		1
8	R_6、R_7、R_9	电阻	$10k\Omega$	3	17	S_3	干簧管		1
9	R_8	电阻	100Ω	1					

2.9.2　整机装配与调试

1. 电动机

打开机壳，电动机已固定在底部。将音乐片负极和电源负极连接线的电源一端焊下并接到"M－"；由印制电路板上的"M＋"引一根线到电动机正端。

2. 电源

由印制电路板上的"V－"引一根线到电池负极。"V＋"与"M＋"相连，不再单独连接。

3. 磁控

由印制电路板上的"I＋、I－"引两根线，分别搭焊在干簧管（磁敏传感器）两端，紧贴机壳，便于控制。

4. 红外接收管

由印制电路板上的"R＋、R－"引两根线搭焊到红外接收管上。

5. 声控部分

屏蔽线的一端分正负焊到印制电路板的 S＋、S－上；另一端分别贴焊在传声器（声敏传感器）的两个焊点上，但要注意极性。

6. 通电前检查元器件焊接与连线是否有误，以免造成短路。

7. 测量静态工作点。

8. 组装

简单测试完成后再组装机壳。装好后分别进行声控、光控、磁控测试，均有"走—停"过程即算合格。

2.9.3　实习内容与基本要求

1）理解 555 定时电路的原理、管脚功能。

2）制作印制电路板（选做）。

3）焊接、组装、调试电路。

4）总结制作的体会。

2.9.4　思考题与习题

1. 555 定时器的触发后输出为什么能保持一段时间高电平？它和哪些元件的参数有关？

2. 声控、光控和磁控在本电路中是什么逻辑关系？

3. 为什么光电接收管和干簧管并联连接？

4. MC 接收的声音信号为什么要两级放大？

5. 上网查询晶体管 8050D 的参数。

2.10　数字万年历的组装与调试

2.10.1　数字万年历的工作原理

　　数字显示万年历采用一枚专用软封装的时钟芯片，驱动 15 只红色共阳极数码管，可同时显示公历年、月、日、时、分、星期，以及农历月、日，还有秒点显示和整点报时、定时闹钟功能。使用 220V 市电供电，预留有备用电池座。外形尺寸为 21cm（长）×14.5cm（宽）×3cm（厚），最厚处 6cm，适合放置在办公桌面上使用，具有很好的实用性。

　　数字万年历电路原理图如图 2-103 所示。从图中可以看出，IC_1 是一枚专用时钟芯片，CT_1 是 32768Hz 的晶振，为芯片提供时基频率信号，经过芯片内部处理后，输出各显示位的驱动信号，经过 PNP（8550）型晶体管（$V_1 \sim V_7$）做功率放大后驱动各数码管显示。芯片采用了动态扫描的输出方式，由于人眼存在视觉暂留现象，且扫描速度比较快，因此看上去所有数码管都是在显示的。这种方式可以有效减少芯片的输出引脚数量，简化了电路，降低了功耗。

　　在电源部分中，整流二极管 $VD_4 \sim VD_7$ 组成了桥式整流电路，将变压器输出的交流电转换为直流电，经 C_6 滤波后，送至三端稳压块 7805，输出 5V 直流稳压电源，为电路供电。VD_3 和 VD_8 组成互相隔离的供电电路，目的是在市电停电时，后备纽扣电池通过 VD_3 自动为芯片 IC_1 提供后备电源，保证芯片计时数据不中断。同时由于 VD_3、VD_8 的存在，后备电池将不再向数码管供电，以节约后备电池的耗电量。由于芯片自身耗电较低，因此靠纽扣电池也可以维持芯片在很长时间里，内部计时不中断。当市电恢复后，7805 输出经过 VD_8、VD_9 分别向芯片和数码管供电，由于 VD_3 的存在，且纽扣电池电压为 3V，低于 7805 输出的 5V，因此纽扣电池将自动停止供电，7805 输出也不会对纽扣电池充电。

　　V_9 是唯一一只 NPN（8050）型晶体管，用于驱动扬声器，作为整点报时和定闹发声。LED_{10}，LED_{14} 是用于秒点显示的发光二极管，LED_{11} 和 LED_{12} 分别是整点报时显示和定闹显示的发光二极管，均为红色。数字万年历的印制电路板图如图 2-104 所示。

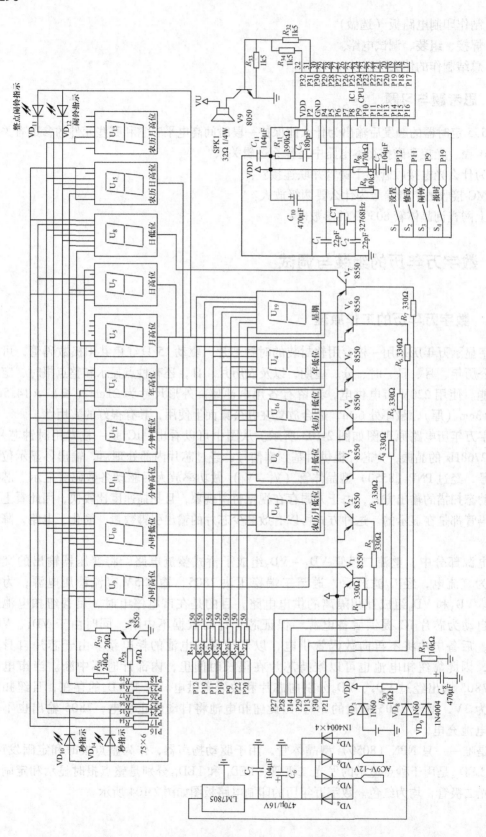

图 2-103 数字万年历电路原理图

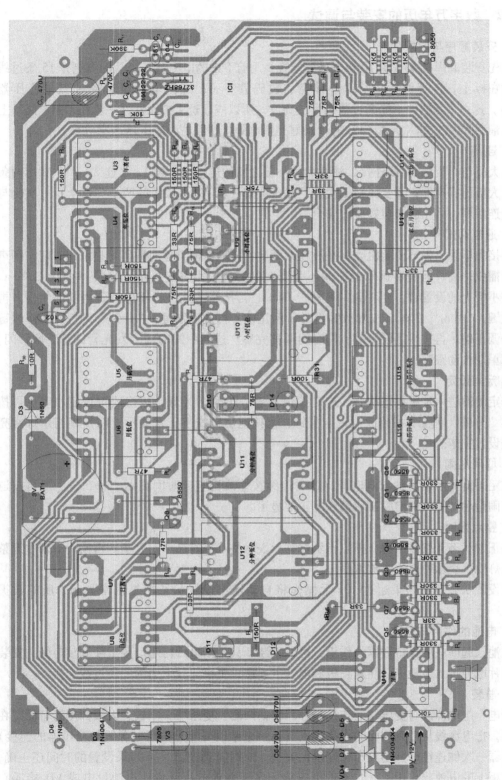

图 2-104 数字万年历的印制电路板图

2.10.2　数字万年历的安装与调试

1. 安装顺序与要求

首先安装和焊接43只电阻和7只二极管，用剪下来的电阻或二极管的脚制作15条过线并焊接在板上，再焊圆片电容、晶体管、数码管……；三只电解电容器和三端稳压器（7805），这4个元器件不能高过数码管的高度，所以应让这4个元器件平躺在印制电路板上焊接。最后焊CPU芯片，焊CPU芯片最好是断电焊接，以防感应电压击穿CPU。

2. 连接

①大板与小板用5P线连接，注意大、小板之间的连接要1连1、2连2……；②用两条细线连大板与扬声器；③变压器二次侧的两条线焊在标有9~12V的两个焊盘上，一次侧与电源线连接好，并用胶布包好确保安全。

3. 通电调试

焊接完毕后，先不要装机壳，平放在桌面上，接通电源，这时数码管显示出时间，扬声器也会播放一曲。但是所显示的时间不是当时的时间，很可能显示：03年×月×日……。这时按小板上的设置键，会看到"年份"闪烁，再按修改键，将年份调到当前的年份。再按设置键，"月份"闪烁，按修改键将月份调正确。再按设置键，"分钟"闪烁，按修改键将分钟调正确。再按一下设置键，即时间调整完毕。这时中间的两个发光管闪烁，即秒闪。农历和星期自动跟踪。

4. 定闹设定

按定闹键进入定闹设定状态，这时按设置键"小时"闪烁，按修改键设定小时。再按设置键"分钟"闪烁，按修改键设定分钟，再按退出键恢复正常显示这时定闹指示灯常亮即定闹设置完毕。

5. 取消定闹

按定闹键显示设定的定闹时间，这时连续按修改键直到时间显示"—：——"再按退出键定闹指示灯熄灭即定闹被取消恢复正常显示。

6. 整点报时

在正常状态下按修改键，整点指示灯亮，表示整点报时已设定完毕。再按一下修改键整点指示灯熄灭表示整点报时被取消。

在设置状态下，如果超过10s无操作将自动退出设置状态恢复正常显示，所有数据有效。

7. 电池的作用与安装

电池只起断电后保持数据的作用，可以不装，只是断电后再通电要重新调整时间，安装时将圆片电池推入电池卡，注意正极和电池卡连接，负极与其下边的一条过线连接。

8. 总装

断电，把电源线与变压器的连接断开。将扬声器、变压器、小板、大板都用螺钉固定在后壳内，把电源线从后壳侧面的小孔穿入（打一个结以防外力拉断电源线与变压器的连接）与变压器一次侧连接好并用胶布包好确保安全。这时再通电试一下如果设置的时间还正确，说明主板上的电池起作用了（如果时间又恢复了设置前的显示说明电池没电或VD_3接反），这时即可放上面板盖上前壳，将6条螺钉拧紧即安装成功。

2.10.3　实习内容与基本要求

1）了解数字万年历电路的工作原理。

2）制作印制电路板（选做）。

3）焊接、组装、调试电路。

4）总结制作的体会。

2.10.4　思考题与习题

1. 数字万年历电路主要由哪几个部分组成？

2. 上网查询或查阅相关资料，了解连续扫描和动态扫描的区别。

3. 上网查询晶体管 8550 的参数。

2.11　声光控延时开关的制作

2.11.1　声光控延时开关的用途

声控光控延时开关的功能是：该开关以白炽灯泡作为控制对象。在有光的场合下灯不亮；只有在无光（夜晚）且有声音的情况下灯才亮。灯亮一段时间（1～3min）后自动熄灭；再次有声音时才会再亮。这种开关特别适合在楼道、楼梯等公共场合使用。可以节约电能和延长灯泡的使用寿命。

2.11.2　声光控延时开关的基本电路与原理

声光控延时开关电路原理图如图 2-105 所示。

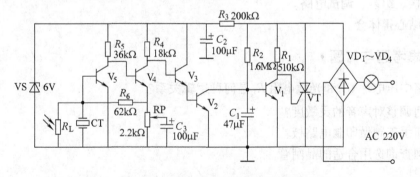

图 2-105　声光延时开关电路原理图

该开关由主电路、开关电路、检测及放大电路组成，灯泡为控制对象。由整流桥和单向晶闸管 VT 组成主电路（和灯泡串联）。开关电路由开关晶体管 V_1 和充电电路 R_2C_1 组成。放大电路由晶体管 V_2～V_5 和电阻 R_4～R_7 组成。压电片 CT 和光敏电阻 R_L 检测电路。控制电源由稳压管 VS 和电阻 R_3 构成。交流电源经过桥式整流和电阻 R_1 分压后接到晶闸管 VT 的控制极，使 VT 导通（此时 V_1 截止）。由于灯泡与二极管和 VT 构成通路，使灯亮。同时整流后的电源经 R_2 向 C_1 充电，当达到 V_1 的开门电压时，V_1 饱和导通，晶闸管控制极低电位，VT 关断灯熄灭。在无光和有声音的情况下，压电片上得到一个电信号，经放大使 V_2 放电使 V_1 截止。晶闸管控制极高电位，使 VT 导通灯亮。随着 R_2C_1 充电的进行 V_1 饱和导通使灯自动熄灭。调节 R_6，改变负反馈的大小，使接收声音信号的灵敏度有所变化，从而调节灯对声音和光线的灵敏度。光敏电阻和压电片并联，有光时阻值变小，使压电片感应的电信号损失太多，不能被放大，也就不能使 V_3 导通，所以灯不会亮。

2.11.3　实习内容与基本要求

1）理解声光控延时开关的原理。
2）制做印制电路板（选作），印制电路板图如图 2-106 所示。

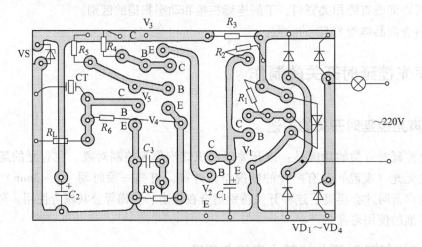

图 2-106　声控光控节能灯印制电路板图

3）焊接、组装、调试电路。
4）总结心得体会。

2.11.4　思考题与习题

1. 电路中压电片 CT 和光敏电阻 R_L 是何种逻辑关系？
2. 如何调整对声音的灵敏度？
3. 如何手工制做印制电路板？
4. 上网查询选用合适的晶闸管。

2.12　红外感应节水开关控制电路

2.12.1　红外感应节水开关电路的设计要求

设计一个红外感应节水开关电路，在人们需要用水，而且站在适当位置时，通过感应装置打开自来水，并在延时一段时间后自动关断，以达到节水的目的。这种电路非常适合用于公共卫生场合，如洗手间等。

2.12.2　系统组成框图及原理

本系统由红外线发射电路、红外线接收电路、时间延时电路、自来水开关电路和电源电路5部分组成，如图2-107所示。其功能：利用红外线发光管发射红外脉冲，实现电路对人体或物体的探测。当人体感应并遮断红外信号，接收电路将其转换成电信号，启动单稳态电路控制自来水电磁阀打开，并延时断开，实现对自来水开关打开时间的控制。

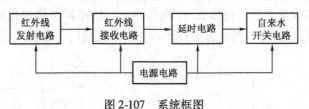

图 2-107　系统框图

发射电路的核心是作为传感器使用的红外线发光二极管 VL，如图 2-108a 所示。它由 GaAs 的 PN 结构成，其发光波段处于可见光波段之外。当红外发光二极管 VL 通以正向电流，可以发出红外光（单色光，波长 900～940nm），为保证较大的功率输出，使接收端有较强的信号，设计采用 NE555 时间电路构成多谐振荡器，利用电容 C_1 放电瞬间 Q 脚输出的负向窄脉冲，使 SE303 红外发光二极管因短时间大电流而发出强红外线，既提高了信号源的强度，又不至于损坏红外发光二极管，VD 为保护二极管。电路包括两个过程，一是由 R_1、R_2 对 C_1 的充电过程，二是由 C_2 对 R_2 的放电过程。充放电的频率：

$$f = \frac{1}{0.7(R_1 + 2R_2)C_1} = 541\,\text{Hz}$$

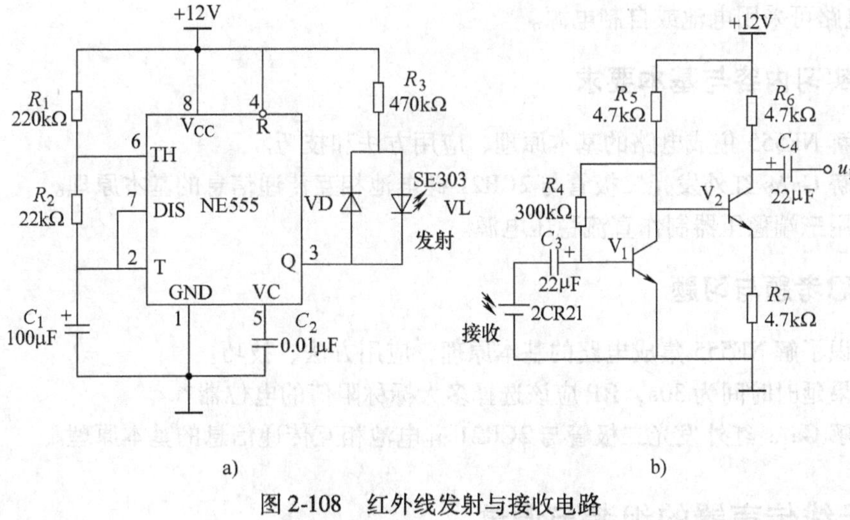

图 2-108　红外线发射与接收电路

a）红外发射电路　b）红外接收电路

接收电路如图 2-108b 所示。由硅光电池 2CR21 和放大电路组成，当硅光电池（响应波长与 GaAs 发光二极管发出红外光波长相吻合）接收到来自于 VL 发出的脉冲式红外光，其开路电压随之发生变化并通过 C_3 耦合到放大电路中，由于硅光电池信号很小，因此设计了两级晶体管放大电路，以便输出更合适的信号 u_1，其中 R_5、R_6 为集电极偏置电阻，R_4 为反馈电阻，C_3、C_4 为耦合电容。

时间延迟及驱动电路包括由 VD_2、VD_3、C_5 组成整流滤波电路和由 NE555 组成的时间延迟电路、晶体管驱动电路，如图 2-109 所示。在无人情况下，接收电路接收到脉冲式红外光，经放大器输出 u_1，再经整流滤波在 2 脚输入高于 $2V_{CC}/3$ 时，内部触发器被复位，输出翻转成低电平，V_3 截止继电器无电流，电磁阀关闭。当人体接近阻碍发射源，接收电路未收到红外线，u_1 无脉动电压输出或经整流滤波输入的电压小于 $V_{CC}/3$ 时，内部触发器被置位，使 Q 端输出翻转成高电平，晶体管 V_3 饱和导通，继电器工作使电磁阀得电、打开，自来水流出。VL 为发光二极管，当电磁阀打开、自来水流出时，发光二极管点亮。

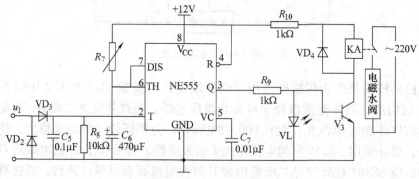

图 2-109　延时及驱动电路

延迟关断的时间由 R_7、C_6 来确定。继电器 KA 可选用直流 12V/1A 通用微型继电器，电磁水阀可选用工作电压为交流 220V 的任何一种，但最好选用螺管口径与原自来水管直径相同的，以便安装。

电源电路可采用电池或自制电源。

2.12.3　实习内容与基本要求

1）了解 NE555 集成电路的基本原理、应用方法和技巧。
2）了解 GaAs 红外发光二极管与 2CR21 硅电池相互传递信息的基本原理。
3）利用三端稳压器制作直流稳压电源。

2.12.4　思考题与习题

1）认识了解 NE555 集成电路的基本原理，应用方法、技巧。
2）如果延时时间为 30s，RP 应该选择多大标称阻值的电位器？
3）了解 GaAs 红外发光二极管与 2CR21 硅电池相互传递信息的基本原理。

2.13　无线传声器的组装与调试

无线传声器的应用日渐广泛，在上课时教师佩戴无线传声器可以方便地移动位置进行讲解；参加大型演出的演员可以很方便地在舞台的任意位置演出，而歌唱或道白的音量不受影响。这里制作一款电路简单、调试方便的无线传声器，以加强对电路的理解和提高对电路调试的训练。

2.13.1 无线传声器的电路原理

无线传声器电路的框图如图 2-110 所示。基本上分为三个部分：音频放大、高频振荡和调制放大。原理图如图 2-111 所示。

图 2-110 无线传声器电路的框图

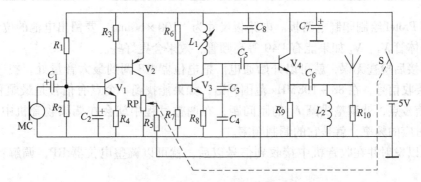

图 2-111 无线传声器电路的原理图

晶体管 V_1、V_2 及其周边元件组成音频放大电路，将驻极体传声器的电信号加以放大，通过电位器 RP 控制音量。V_3 及其周边元件组成了电容三点式高频振荡电路，振荡频率通过微调 L_1 进行调整，使其振荡在 FM88 ~ 108MHz 范围内。L_1 用线径 0.31mm 漆包线在直径3.5mm 圆珠笔芯上单层平绕，调整频率时只需调节 L_1 的匝间距即可。音频信号和高频振荡信号送至 V_4 进行调频调制并放大后通过天线发射出去，传播距离大约几十米，对于在教室或舞台已经完全够用了。

本电路采用 5V 锂电池供电，可以选用 BL-5C 型号 1000mAh 的手机电池，用手机充电器给它充电比较方便。

2.13.2 组装与调试

1) 电路元器件参数如表 2-30 所示。

表 2-30 元器件明细表

序 号	代 号	名 称	型号或参数	序 号	代 号	名 称	型号或参数
1	V_1	晶体管	9014	6	R_2	电阻	10kΩ
2	V_2	晶体管	3AX31	7	R_3	电阻	750Ω
3	V_3	晶体管	3DG12	8	R_4	电阻	1kΩ
4	V_4	晶体管	3DG12	9	R_5	电阻	2.2kΩ
5	R_1	电阻	100kΩ	10	R_6	电阻	1kΩ

（续）

序　号	代　号	名　称	型号或参数	序　号	代　号	名　称	型号或参数
11	R_7	电阻	$2.2k\Omega$	19	C_4	瓷片电容	$0.01\mu F$
12	R_8	电阻	560Ω	20	C_5	瓷片电容	470
13	R_9	电阻	$220k\Omega$	21	C_6、C_8	瓷片电容	102
14	R_{10}	电阻	$33k\Omega$	22	C_7	电解电容	$100\mu F$
15	RP	电位器	$1k\Omega$	23	L_1	空心线圈	6T
16	C_1	电解电容	$10\mu F$	24	L_2	空心线圈	6T
17	C_2	电解电容	$47\mu F$	25	MC	驻极传声器	
18	C_3	瓷片电容	$0.047\mu F$	26		锂电池	BL-5C

2）用 Protel 绘制印制电路板。电路板尺寸为：$100 \times 60mm$，要留出电池的位置。

3）晶体管 V_3、V_4 如果能有 D40 等高频管，效果会更好些。

4）焊接后检查无误，就可以开始通电。把电位器 RP 调到最大音量处，找一台调频收音机进行接收信号，在 $88 \sim 108MHz$ 范围调谐，如果能找到一个点有信号是最顺利的了。如果找不到信号点，就调整线圈 L_1 的匝间距，在调整过程中就会在调频收音机中收到信号。最后记下对应的频率，就是它的调制频率。

5）可以发射并在收音机中接收到信号以后，就可以调整电位器 RP，调解音量进行使用了。

2.13.3　实习内容与基本要求

1）绘制印制电路板图并制作印制电路板。

2）焊接组装。

3）调试电路。

2.13.4　思考题与习题

1）深入理解电容三点式振荡电路的工作原理，并分析它的振荡频率与元器件参数的关系。

2）上网查询晶体管 V_3、V_4 的参数，并说明应该选用什么型号的晶体管比较好。

2.14　单片微型计算机控制步进电动机驱动器设计及制作

随着单片微型计算机应用和大学生课外科技活动的深入开展，许多机电一体化课题是制作的重点。其中应用 L297、L298 专用步进电动机驱动芯片和单片机组成步进电动机控制电路，可以大大简化硬件电路，并通过软件开发，获得好的应用效果。本课题是一个模拟电路、数字电路和单片机应用相结合的综合题目，原理图如图 2-112 所示。

步进电动机是一种作为控制用的特种电动机，它的旋转是以固定的角度（称为"步距角"）一步一步运行的，其特点是没有积累误差，所以广泛应用于各种开环控制。步进电动机的运行要有一电子装置进行驱动，这种装置就是步进电动机驱动器，它把控制系统发出的脉冲信号转化为步进电动机的角位移，或者说，控制系统每发一个脉冲信号，通过驱动器就使步进电动机旋转一步距角。所以步进电动机的转速与脉冲信号的频率成正比。

2.14.1　设计任务

设计、制作单片机最小系统，以及由 L297、L298 组成的步进电动机控制电路。

1）设计制作单片机最小系统及辅助电路，如时钟振荡器电路、复位电路。

2）设计 2~4 个按键、3~4 个 LED 数码管作为步进电动机控制和速度指示。

3）设计 L297、L298 步进电动机控制电路，参考图如图 2-112 所示。

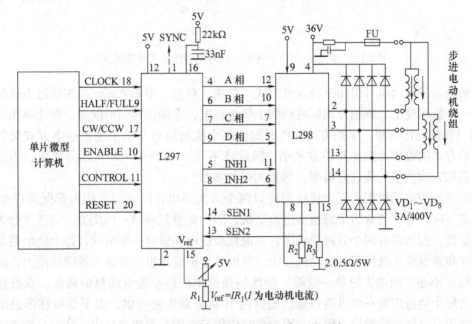

图 2-112　单片机驱动步进电动机原理图

4）设计两相、四相步进电动机电路。

5）编制相应的控制程序。

6）选择不同的工作方式和连接方法，查看步进电动机的工作情况。

7）发挥部分：分别按动不同按键，完成步进电动机的正、反转，显示步进速度。

2.14.2　步进电动机工作原理及 L297、L298 芯片特性介绍

1. 步进电动机工作原理

单极性和双极性是步进电动机最常采用的两种驱动架构。单极性是因为每个绕组中电流仅沿一个方向流动，它也被称为两线步进电动机，驱动电路使用 4 个晶体管来驱动步进电动机的两组相位，电动机结构如图 2-113a 所示，它只含有两个线圈，两个线圈的极性相反，卷绕在同一铁心上，具有同一个中间抽头。单极性步进电动机还被称为四相步进电动机，因为它有 4 个激励绕组。这类电动机精确的说法应是双相位 6 线式步进电动机。6 线式步进电动机虽又称为单极性步进电动机，实际上却能同时使用单极性或双极性驱动电路。

单极性步进电动机的引线有 5 或 6 根。如果步进电动机的引线是 5 根，那么其中一根是

公共线（连接到 V$_+$），其他 4 根分别连到电动机的四相，如图 2-113b 所示。如果步进电动机的引线是 6 根，那么它是多段式单极性步进电动机，它有两个绕组，每个绕组分别有一个中间抽头引线，如图 2-113c 所示。

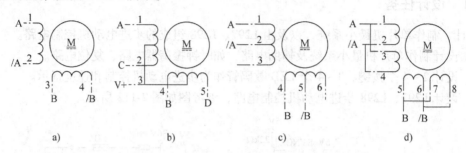

图 2-113　两相、四相步进电动机外部引线形式及连接方法

单极性步进电动机可以用三种步进方式：单拍、双拍、半拍方式。单拍步进方式是指每次仅给一个绕组通电，双拍方式同时给两个绕组通电，它提供两倍的能量，将比单拍方式多获得 41.4% 的输出力矩。半拍方式工作时则让两个绕组通电与单个绕组通电方式交替地进行。半拍方式的输出力矩比双拍方式小，随设计不同，在 15% ~ 30% 之间变化，不过它可以获得双拍方式两倍的步进分辨率（每周两倍的步数）。

双极性步进电动机因为每个绕组都可以两个方向通电，因此每个绕组都既可以是 N 极又可以是 S 极。它又被称为单绕组步进电动机，因为每极只有单一的绕组。它还被称为两相步进电动机，因为具有两个分离的线圈。双极性步进电动机有 4 根引线，每个绕组两条。与同样尺寸和重量的单极性步进电动机相比，双极性步进电动机具有更大的驱动能力，原因在于其磁极（不是中间抽头的单一线圈）中的场强是单极性步进电动机的两倍。双极性步进电动机的每个绕组需要一个可逆电源，通常由 H 桥驱动电路提供。由于双极性步进电动机比单极性步进电动机的输出力矩大，因此总是应用于空间有限的设计中。这也是软盘驱动器的磁头步进机械系统的驱动之所以总是采用双极性步进电动机的原因。可以相当简单地使用数字万用表来查找两个绕组。如果在某两根引线之间能够测量到阻值，那么这两根引线之间就属于一个绕组，其他两根线之间是另外一个绕组。双极性步进电动机的步距通常是 1.8°，也就是每周 200 步。

双极性步进电动机驱动电路的晶体管数目是单极性驱动电路的两倍，其中 4 个下端晶体管通常是由微控制器直接驱动，上端晶体管则需要成本较高的上端驱动电路。双极性驱动电路的晶体管只需承受电动机电压，所以它不像单极性驱动电路一样需要钳位电路。

图 2-113 是针对驱动器 4 条输出线，步进电动机是两相 4 线（见图 2-113a）、5 线（见图 2-113b）、6 线（见图 2-113c）和四相 8 线（见图 2-113d）时的不同接法，通用步进电动机有 8 根引线。它既可配置为单极性也可配置为双极性步进电动机。这类步进电动机的绕组在使用前，要正确地掌握绕组极性以及顺序，仅仅依靠观察是无法确定绕组的极性的。通常可以通过一个电源或电池组和数字万用表电子测量的方法来推断它。

2. L297、L298 芯片特性介绍

L297 芯片是一种步进式电动机控制集成芯片，可产生两相双极性驱动信号与电流载波设定，应用于微处理器控制两相双极和四相单极步进式电动机。L298 芯片是一种高压、大电流双全桥驱动器，可由 TTL 逻辑电平驱动感性负载，如继电器、直流电动机和步进电动机电路，驱动电压最高 46V，每相电流可达 2A 以上，由于采用双极性驱动，电动机线圈完全利用，使步进电动机可以达到最佳驱动。

半步方式（HALF/FULL = 1）：通过内部脉冲分配器中的 3 位可逆计数器，产生每周期 8 步格雷码时序信号，如图 2-114 所示，初始状态（HOME）ABCD = 0101。

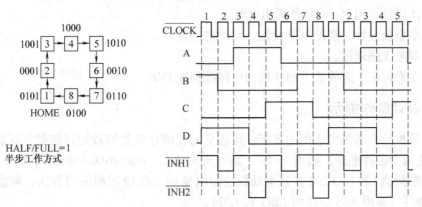

图 2-114　四相 8 拍、半步工作方式

基本步距方式（HALF/FULL = 0）：当脉冲分配器工作于奇数状态（1、3、5、7），则为两相激励方式，如图 2-115 所示，初始状态（HOME）ABCD = 0101；当脉冲分配器工作于偶数状态（2、4、6、8），则单相激励方式，如图 2-116 所示。

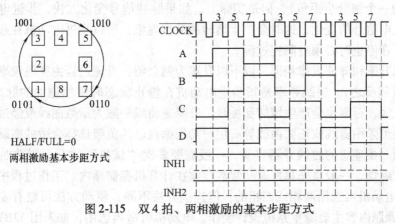

图 2-115　双 4 拍、两相激励的基本步距方式

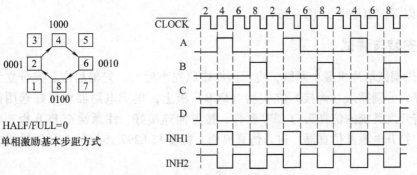

图 2-116　单相激励的基本步距工作方式

　　禁止信号 INH1 和 INH2 接入 L298 使能输入端，使进入关断状态的相绕组电流快速衰减。

2.14.3　设计要求

1）开题、调研，收集单片机、L297、L298 和步进电动机资料。

2）总体设计，用 Protel 软件画出框图。

3）最小系统设计，辅助电路设计，驱动电路设计。

4）绘制电气原理图。

5）可在面包板、万能板上制作控制电路或制作 PCB。

2.14.4　设计制作提示

1）单片机最小系统可选用内部带一定容量的程序存储器和数据存储器，既能满足设计要求，又能减少硬件电路，如用 MCS-51 系列的 89C52、MOTOROLA68HC08 等。

2）仔细阅读 L297、L298 步进电动机控制电路的工作原理和使用方法，可参照以上电路设计，器件可选用 SGS 公司的 L297 和 L298。

L298 的感应电阻，可随步进电动机型号、驱动电流作适当选择，当驱动电流较大时，需增加感应电阻的功率。

3）升降速设计，步进电动机速度控制是靠输入的脉冲信号的变化来改变的，从理论上说，只需给驱动器脉冲信号即可，每给驱动器一个脉冲（CP），步进电动机就旋转一个步距角（细分时为一个细分步距角），但是实际上，如果脉冲信号变化太快，步进电动机由于惯性将跟随不上电信号的变化，这时会产生堵转和丢步现象，所以步进电动机在起动时，必须有升速过程，在停止时必须有降速过程。

一般来说升速和降速规律相同，以下以升速为例介绍：升速过程由突跳频率加升速曲线组成（降速过程反之）。突跳频率是指步进电动机在静止状态时突然施加的脉冲启动频率，此频率不可太大，否则也会产生堵转和丢步。升降速曲线一般为指数曲线或经过修调的指数曲线，当然也可采用直线或正弦曲线等。用户需根据自己的负载选择合适的突跳频率和升降速曲线，找到一条理想的曲线并不容易，一般需要多次"试机"才行。指数曲线在实际软件编程中比较麻烦，一般事先算好时间常数存储在计算机存储器内，工作过程中直接选取。

4）步进电动机可选用两相或四相的，但连接方法不同，驱动方法可略有变化，可参考图 2-113。本课题内容主要着重系统设计制作，电动机可适当选用，如采用 42BYG 系列，电流在 1.2A 以下，驱动电压 12～36V。

2.14.5　安装与调试

1）首先调试单片机最小系统，将元器件按照先小后大、先辅后主、先分立元件后集成电路的顺序，分别插入（焊接）在实验（PCB）板上，集成电路器件最好选用插座，安装好之后，将开发系统的仿真头与 CPU 器件，按方向连接好。注意检查 PCB 板、电源线是否连接正常，打开电源及仿真器，进入仿真界面，检查与 L297 连接的 I/O 线输出电压变化是否正常。

2）检查 L297、L298 电路及电源连接是否正确，制作时为防止 L298 过热，应加散热片。接入步进电动机，L298 的驱动电源控制在 12 ~ 46V。

3）将编制好的程序在仿真系统下单步运行。调试时注意输出脉冲频率要适当，应不大于步进电动机的上限频率。

4）调试过程中可能出现下列情况及解决办法

① 驱动器通电以后，电动机抖动，不能运转。此时应停电，检查电动机的绕组与驱动器连接是否正确；单片机输入的频率是否太高，升降频率设计不合理，参考升降频率设计。

② 如步进电动机的噪声特别大，而且没有力，电动机本身在振动。这是因为步进电动机工作在振荡区，一般改变步进信号频率 CLOCK 就可以解决此问题。

③ 电动机在低速运行时正常，但是频率略高一点就出现堵转现象。这种情况多是因为加在驱动器的电源电压不够高引起的；可适当提高输入电压，但不能高于驱动器电源端标注的最高电压，否则会引起驱动器烧毁。

附　录

附录 A　部分电动机的技术数据

表 A-1　三相异步电动机的技术数据

功率/kW	型　号	电流/A 380V50Hz	转速/ r·min⁻¹	效率 （%）	功率因数 （cosφ）	堵转转矩 额定转矩	堵转电流 额定电流	最大转矩 额定转矩
同步转速 3000r/min2 极								
0.75	Y801-2	1.8	2825	75.0	0.84	2.2	6.5	2.3
1.1	Y802-2	2.5	2825	77.0	0.86	2.2	7.0	2.3
1.5	Y90S-2	3.4	2840	78.0	0.85	2.2	7.0	2.3
2.2	Y90L-2	4.7	2840	80.5	0.86	2.2	7.0	2.3
4	Y112M-2	8.2	2890	85.5	0.87	2.2	7.0	2.3
5.5	Y132S1-2	11.1	2900	85.5	0.88	2.0	7.0	2.3
7.5	Y132S2-2	15.0	2900	86.2	0.88	2.0	7.0	2.3
同步转速 1500r/min4 极								
0.55	Y801-4	1.5	1390	73.0	0.76	2.4	6.0	2.3
0.75	Y802-4	2.0	1390	74.5	0.76	2.3	6.0	2.3
1.1	Y90S-4	2.7	1400	78.0	0.78	2.3	6.5	2.3
2.2	Y100L1-4	5.0	1420	81.0	0.82	2.2	7.0	2.3
4	Y112M-4	8.8	1440	84.5	0.82	2.2	7.0	2.3
5.5	Y132S-4	11.6	1440	85.5	0.84	2.2	7.0	2.3
同步转速 1000r/min6 极								
0.75	Y90S-6	2.2	910	72.5	0.70	2.0	5.5	2.2
1.1	Y90L-6	3.2	910	73.5	0.72	2.0	5.5	2.2
2.2	Y112M-6	5.6	940	80.5	0.74	2.0	6.0	2.2
4	Y132M1-6	9.4	960	84.0	0.77	2.0	6.5	2.2
5.5	Y132M2-6	12.6	960	85.3	0.78	2.0	6.5	2.2

表 A-2　ADP 系列交流伺服电动机技术数据

型　号	励磁电压/V	频率/Hz	有效功率/W	转速/ r·min⁻¹	输出力矩 gf·cm	输出力矩 mN·cm	最大控制电压/V	起动力矩 g·cm	起动力矩 mN·cm	控制电流 励磁电流/A	电容量/μF
ADP-202	110	400	1.5	6000	25	2.45	110	38	3.72	0.06/0.09	0.2
	110	500	1.3	6300	20	1.96	110	32	3.13	0.06/0.08	0.15

（续）

型　号	励磁电压/V	频率/Hz	有效功率/W	转速/r·min⁻¹	输出力矩		最大控制电压/V	起动力矩		控制电流励磁电流/A	电容量/μF
					gf·cm	mN·cm		g·cm	mN·cm		
ADP-261	120	330	12	6600	180	17.64	170	280	27.44	0.23/0.24	0.40
ADP-262	110	50	9.5	1850	500	49	125	900	88.2	0.53/0.25	2.5
ADP-263	110	500	24	6000	400	39.2	170	540	52.92	0.75/0.40	0.32
ADP-263A	36	500	24.7	6000	400	39.2	275	600	58.8	0.55/1.60	3.9
ADP-362	110	50	19	1950	950	93.1	125	1700	166.6	0.65/0.60	6.5
ADP-363	110	500	35	6000	570	55.86	120	700	68.6	1.20/0.58	0.65
ADP-363A	36	500	46.4	6000	750	73.5	245	850	78.4	0.68/2.0	6.6

表 A-3　SL 系列两相交流伺服电动机技术数据

型　　号	极数	频率/Hz	电压/V		堵转力矩大于/(mN·cm)	堵转电流小于/A		每相输入功率小于/W	额定输出功率/W	空载转速/r·min⁻¹	电机时间常数/ms
			励磁	控制		励磁	控制				
12SL01	4	400	26	26	60	0.11	0.11	2	0.16	9000	20
20SL01	6	400	26	26	150	0.15	0.15	2.5	0.25	6000	15
20SL02	6	400	36	36	150	0.11	0.11	2.5	0.25	6000	15
28SL01	6	400	36	36	500	0.33	0.33	6.5	1.0	6000	20
28SL02	6	400	115	115	500	0.10	0.10	6.5	1.0	6000	20
36SL01	8	400	36	36	1000	0.55	0.55	8.5	1.6	4800	20
36SL02	8	400	115	115	1000	0.17	0.17	8.5	1.6	4800	20
36SL03	8	400	115	36	1000	0.17	0.55	8.5	1.6	4800	20
36SL04	6	400	36	36	700	0.48	0.48	8.5	2.0	9000	35
45SL01	8	400	36	36	1700	0.9	0.9	14	2.5	4800	20
45SL02	8	400	115	115	1700	0.28	0.28	14	2.5	4800	20
45SL03	8	400	115	36	1700	0.28	0.9	14	2.5	4800	20
45SL04	4	400	36	36	1500	1.0	1.0	18	4	9000	30
55SL01	8	400	115	115	4200	0.6	0.6	25	6.3	4800	25
55SL02	8	400	115	36	4200	0.6	1.9	25	6.3	4800	25
55SL03	4	400	115	115	3300	0.57	0.57	32	10	9000	50

表 A-4　SZ 系列直流伺服电动机技术数据

型　号	转矩/(mN·cm)	转速/r·min⁻¹	功率/W	电压/V		电流不大于/A		允许正反转速差/r·min⁻¹
				电枢	励磁	电枢	励磁	
36SZ01	1700	3000	5	24		0.55	0.32	200
36SZ02	1700	3000	5	27		0.47	0.3	200
36SZ03	1700	3000	5	48		0.27	0.18	200

（续）

型 号	转 矩 /(mN·cm)	转 速 /r·min⁻¹	功 率 /W	电压/V 电 枢	电压/V 励 磁	电流不大于/A 电 枢	电流不大于/A 励 磁	允许正反转速差 /r·min⁻¹
36SZ51	2400	3000	7	24		0.7	0.32	200
45SZ01	3400	3000	10	24		1.1	0.33	200
45SZ02	3400	3000	10	27		1	0.3	200
45SZ51	4700	3000	14	24		1.3	0.45	200
45SZ52	4700	3000	14	27		1.2	0.42	200
55SZ01	6600	3000	20	24		1.55	0.43	200
55SZ51	9300	3000	29	24		2.25	0.49	200
70SZ01	13000	3000	40	24		3	0.5	200
70SZ51	18000	3000	55	24		4	0.57	200
90SZ01	30000	1500	50	110		0.66	0.2	100
90SZ51	52000	1500	80	110		1.1	0.23	100
110SZ01	80000	1500	123	110		1.8	0.27	100
110SZ51	120000	1500	185	110		2.5	0.32	100

表 A-5 BF 系列步进电动机技术数据

型 号	相数	步距 (°)	电压 /V	静态电流 /A	额定负载转矩 /(mN·cm)	静态力矩 /(mN·cm)	空载起动频率 /步·s⁻¹	额定负载起动频率 /步·s⁻¹	外形尺寸/mm 总长	外形尺寸/mm 机壳外径	外形尺寸/mm 轴径	重量 /kg	生产厂
45BF3-3	3	3/1.5	27	0.35		5000	400		62	45	4	0.29	天津微型特种电机厂
45BF3-3A	3	3/1.5	27	2		10000	1500		43	45	4	0.29	
45BF3-3	3	3/1.5	60	3		13000	3000		43	45		0.3	
45BF3-3P	3	3/1.5	60	0.5		8000	1900		43	45		0.3	西安微电机厂
45BF3-3A	3	3/1.5	60	3		20000	3000		53	45		0.4	
45BF3-3AP	3	3/1.5	60	0.5		11000			53	45		0.4	
70BF3-3	3	3/1.5	60/12	5		50000	2000		107	70	6	1.0	西安微电机厂 天津微型特种电机厂

型号	相数	步距(°)	电压/V	静态电流/A	额定负载转矩/(mN·cm)	静态力矩/(mN·cm)	空载起动频率/步·s⁻¹	额定负载起动频率/步·s⁻¹	总长	机壳外径	轴径	重量/kg	生产厂
70BF3-3A	3	3/1.5	60/12.27	5		90000	1500		127	70	6	1.5	天津微型特种电机厂
70BF3-3B	3	3/1.5	27	3		40000	1800		107	70	6	1.0	
70BF3-3C	3	3/1.5	27	3		90000	1500		127	70	6	1.5	
70BF5-3	3	3/1.5	60/12.60	3.5,4		30000	3000		107	70	6	1.6	
70BF1-3	3	3/1.5	27	3	10000			1000	112	70	8		北京微电机总厂
70BF1-5	3	3/1.5	27	5	10000			1500	112	70	8		
70BF2-3	3	3/1.5	27	3	15000			1000	127	70	8		
70BFP-4.5	6	0.75/1.5	60/12	4.5	10000			3500	122	70	6		
70BF5-4.5	5	4.5/2.25	60/12	3.5		25000	1500		105	70	6		西安微电机研究所
90BF3-3	3	3/1.5	60/12	5		200000			130	90	9	3.5	西安微电机研究所
90BF5-1.5	5	1.5/0.75	60/12	5		160000			130	90	9	3.5	天津微型特种电机厂
90BF-0.75	6	0.75	60/12	4	60000	100000	2000		182	90		4.5	沈阳微电机厂

附录 B 部分常用低压电器

表 B-1 DZ20 系列塑料外壳式断路器规格及主要技术数据

型号	断路器额定电流/A	壳架等级额定电流/A	磁脱扣整定值		交流短路极限通断能力/kA	电寿命/次	机械寿命/次	飞弧距离/mm
			配电用	电动机用				
DZ20Y-100	16.20.32	100	101n	121n	18	4000	4000	150
	40.50.63							
DZ20J-100	80.100				35			

（续）

型 号	断路器额定电流/A	壳架等级额定电流/A	磁脱扣整定值		交流短路极限通断能力/kA	电寿命/次	机械寿命/次	飞弧距离/mm
			配电用	电动机用				
DZ20Y-200	100.125 160.180	200	51n 101n	81n 121n	25	2000	6000	150
DZ20J-200	200.225				42			

DZ20 系列断路器型号说明：

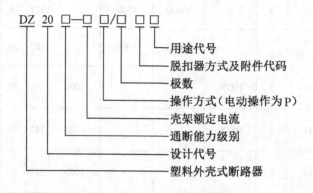

DZ 20 □-□ □/□ □□

- 用途代号
- 脱扣器方式及附件代码
- 极数
- 操作方式（电动操作为 P）
- 壳架额定电流
- 通断能力级别
- 设计代号
- 塑料外壳式断路器

表 B-2 HK 系列闸刀开关的技术数据

型 号	额定电压/V	额定电流/A	控制相应的电动机功率/kW	熔丝规格	
				含铜量不少于(%)	线径(不小于)/mm
HK-10/2	250	10	1.1	99.9	0.25
HK-15/2	250	15	1.5	99.9	0.41
HK-30/2	250	30	3.0	99.9	0.56
HK-15/3	500	15	2.2	99.9	0.45
HK-30/3	500	30	4.0	99.9	0.71
HK-60/3	500	60	5.5	99.9	1.12

表 B-3 HH 系列铁壳开关

型 号	额定电流/A	刀开关极限通断能力（在110%额定电压时）			熔断器极限分辨能力			控制电动机最大功率/kW
		通断电流/A	功率因数	通断次数	分断电流/A	功率因数	分断次数	
HH3-15/3	15	60			750			3.0
HH3-30/3	30	120	0.4		1500			7.5
HH3-60/3	60	240		10	3000	0.4	2	13
HH3-100/3	100	250						
HH3-200/3	200	300	0.8					

表 B-4 T 系列热继电器的技术数据

热元件编号	调节范围/A					
	T16	T26	T45	T85	T105	T170
1	0.11 ~ 0.16	0.1 ~ 0.16	0.25 ~ 0.4	6 ~ 10	27 ~ 42	90 ~ 130
2	0.14 ~ 0.21	0.16 ~ 0.25	0.3 ~ 0.52	8 ~ 14	36 ~ 52	110 ~ 160
3	0.19 ~ 0.29	0.25 ~ 0.4	0.4 ~ 0.63	12 ~ 20	45 ~ 63	140 ~ 200
4	0.27 ~ 0.4	0.4 ~ 0.67	0.52 ~ 0.83	17 ~ 29	57 ~ 82	
5	0.35 ~ 0.52	0.63 ~ 1.0	0.63 ~ 1.0	25 ~ 40	70 ~ 105	
6	0.42 ~ 0.63	1.0 ~ 1.4	0.83 ~ 1.3	35 ~ 55	80 ~ 115	
7	0.55 ~ 0.83	1.3 ~ 1.8	1.0 ~ 1.6	45 ~ 70		
8	0.7 ~ 1.0	1.7 ~ 2.4	1.3 ~ 2.1	60 ~ 100		
9	0.9 ~ 1.3	2.2 ~ 3.1	1.6 ~ 2.5			
10	1.1 ~ 1.5	2.8 ~ 4.0	2.1 ~ 3.3			

表 B-5 JR15 系列热继电器的技术数据

型 号	发热元件(电阻丝)的额定电流/A	热元件等级			动作特性
		编号	热元件(双金属片)额定电流/A	整流电调节范围/A	
JR15-10	10	6	2.4	1.5 ~ 2.0 ~ 2.4	通过电流为整定值的 100% 时,长期不动作,通过电流为整定值的 120% 时,从热态开始 20min 后动作
		7	3.5	2.2 ~ 2.8 ~ 3.5	
		8	5.0	3.2 ~ 4.0 ~ 5.0	
		9	7.2	4.5 ~ 6.0 ~ 7.0	
		10	11.0	6.8 ~ 11.0	
JR15-20	20	11	11.0	6.8 ~ 9.0 ~ 11.0	冷态开始通过电流为整定值的 600% 时,其动作时间大于 5s
		12	16.0	10 ~ 13 ~ 16	
		13	24.0	15 ~ 20 ~ 24	
JR15-60	60	14	24.0	15 ~ 20 ~ 24	
		15	35.0	20 ~ 28 ~ 35	
		16	50.0	32 ~ 40 ~ 50	
		17	72.0	45 ~ 60 ~ 70	
JR15-150	150	18	72.0	45 ~ 60 ~ 70	
		19	110	68 ~ 90 ~ 110	
		20	150	100 ~ 125 ~ 150	

表 B-6　常用电磁式继电器的型号、规格及主要参数

名称	型号	电源	额定电压 U_N/V	吸合电压/V	释放电压/V	线圈消耗功率/W	触点型式	触点负载	绝缘电阻/MΩ
大功率电磁继电器	JTX型	交流或直流	电压（DC）：6、12、24、48、60、100、110、200、220 电压（AC）：6、12、24、36、48、100、110、127、200、220、380	≤85%U_N	DC：≥15%U_N AC：≥30%U_N	DC：1.2W AC：2.5V·A	2Z、3Z	阻性： DC28V 10A AC200V5A	100
	JQX-10F	交流或直流	电压（DC）：6、12、24、48、60、100、200 电压（AC）：6、12、24、36、48、100、110、127、200、220	≤75%U_N	DC：≥15%U_N AC：≥30%U_N	DC：2W AC：3.5V·A	2Z、3Z	阻性： DC28V 10A AC220V15A	100
	JQX-13FB	交流或直流	电压（DC）：6、12、24、48、60、110 电压（AC）：6、12、24、36、110、220	DC：≤75%U_N AC：≤85%U_N	DC：≥10%U_N AC：≥15%U_N	DC：0.9W AC：1.8V·A	1Z、2Z	DC24V17A、10A AC220V5A、7A	100
中功率电磁继电器	JZX-2F	交流或直流	电压（DC）：6、12、24、27、48、110、220 电压（AC）：6、12、24、36、110、127、220	DC：≤75%U_N AC：≤85%U_N	—	DC：3W AC：4V·A	DC：2Z、4Z、6Z AC：2Z、4Z	DC36V3A AC220V1A	500
	JZC-21F	直流	电压（DC）：3、5、6、9、12、24、48	≤75%U_N	1H、1Z：≥12%U_N 1D：≥6%U_N	0.36W	1Z、1D、1H	DC28V3A AC120V3A	500
小功率电磁继电器	JZC-6F	直流	电压（DC）：6、9、12、24	≤75%U_N	≥10%U_N	0.36W	1Z	阻性28V1A	100
	496	直流	电压（DC）：5、6、9、12、24	—	—	0.45W	1Z	DC24VDC1A AC100V0.5A	100
	4102	直流	电压（DC）：1.5、3、5、6、9、12、24	≤70%U_N	—	0.45W	1Z	DC24VDC1A AC100V0.5A	100
	JRW-1M	直流	电压（DC）：6、12、24	≤75%U_N	—	0.6W	2Z	阻性24V0.5A	100
	JRX-19F	直流	电压（DC）：3、6、9、12、24、30、48、60	≤75%U_N	≥10%U_N	0.36W	2Z	阻性DC28V2A AC220V0.5A	500

表 B-7　JS7-A 系列空气式时间继电器的技术数据

型　号	延时触点的数量				不延时触点的数量		延时范围/s	吸引线圈电压/V
	线圈通电后延时		线圈断电后延时					
	常开	常闭	常开	常闭	常开	常闭		
JS7-1A	1	1					分为 0.4~60s 与 0.4~180s 两种	交流 50Hz 24,26,110,127, 220,380,420
JS7-2A	1	1			1	1		
JS7-3A			1	1				
JS7-A			1	1	1	1		

ST3P 电子式时间继电器

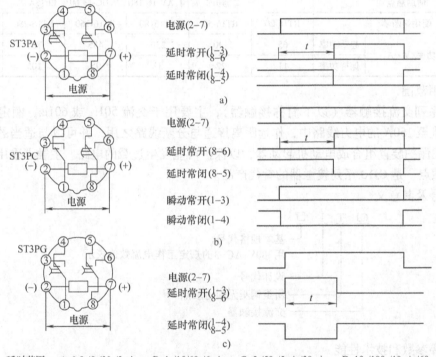

延时范围　–A:0.5s/5s/30s/3min　–B:1s/10/60s/6min　–C: 5s/50s/5min/30min　–D:10s/100s/10min/60min

图 B-1　ST3PA、C、G 电子式时间继电器

表 B-8　B 系列交流接触器的技术数据

型号	主触点	额定电流/A	线圈电压/V	可控制功率/kW	额定操作频率/次·h^{-1}
B9	3 或 4(可外接 CA-7 辅助触点)	8.5	交流 50Hz 24,36,48,110, 127,220,380	4	600
B12		11.5		5.5	
B16		15.5		7.5	
B25		22		11	
B30		30		15	
B37	3	37		18.5	
B45		45		22	

表 B-9　CJT1 系列交流接触器技术数据

产品型号		CJT1-10	CJT1-20	CJT1-40	CJT1-60	CJT1-100	CJT1-150
额定绝缘电压和工作电压/V		380	380	380	380	380	380
额定工作电流（AC-1～AC-4,380V）/A		10	20	40	60	100	150
控制功率/kW	220V	2.2	5.8	11	17	28	43
	380V	4	10	20	30	50	75
每小时操作循环数　次/h		AC-1、AC-3 为 600,AC-2、AC-4 为 300,CJT1-150AC-4 为 120					
电寿命/万次	AC-3	60	60	60	60	60	60
	AC-4	2	2	2	2	1	0.6
机械寿命/万次		300	300	300	300	300	300
辅助触点		2 常开 2 常闭,AV-16 180VA,DC-13 60W Ith:5A					
配用熔断器		RT16-20	RT16-50	RT16-80	RT16-160	RT16-250	RT16-315
线圈消耗功率/V·A	起动功率	65	140	230	485	760	950
	保持功率	11	22	32	95	105	110

1. 适用范围

CJT1 系列交流接触器（以下简称接触器），主要用于交流 50Hz 或 60Hz，额定电压至 380V，电流至 150A 的电力线路中，作远距离接通与分断线路之用，并可以与适当的热继电器或电子式保护装置组合成电动机起动器，以保护可能发生过载的电路。主触点采用新材料铜基无银触点，是 CJ10 系列接触器的替代产品。

2. 型号及其意义

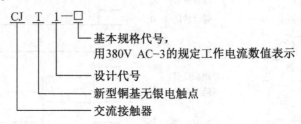

CJ　T　1-□

- 基本规格代号，用380V AC-3的规定工作电流数值表示
- 设计代号
- 新型铜基无银电触点
- 交流接触器

3. 主要参数和技术性能

1）全系列有以下电流等级：10A、20A、40A、60A、100A、150A。

2）线圈额定控制电源电压 U_S 为：交流（50Hz）36V、110V、127V、220V、380V。

3）动作条件：吸合电压为（85%～110%）U_S；释放电压为（20%～75%）U_S。

4. 结构特点

本接触器的结构及安装尺寸与 CJ10 相同。主触点采用铜基无银材料，具有较强的抗氧化性，接触电阻小而稳定，并有较好的抗熔焊性、耐磨损性，节约贵金属，降低成本。灭弧罩由耐弧塑料和铁栅片组成。20～40A 的接触器采用 V 形灭弧片和酚醛塑料灭弧罩，60～150A 的接触器采用新型的纵向与横向栅片交错排列，DMC 耐弧塑料灭弧罩，灭弧性能良好。CJT1-10～40A 的接触器为双断点直动式结构，60～150A 的接触器触点系统为双断点直动式，电磁系统为杠杆转动结构。CJT1-60、CJT1-100、CJT1-150 的底座用增强塑料制成。

表 B-10　LA19 系列按钮的技术数据

型　号	型　式	额定电压/V	额定电流/A	触点数量	信　号　灯	
					电压/V	功率/W
LA19-11	揿钮式	交流至500 直流至440	1	1 常开 +1 常闭	6.3 18 24	1
LA19-11J	揿钮式带灯					
LA19-11D	信号灯式					
LA19-11H	防护式					
LA19-11DH	信号灯防护式					
LA19-11DJ	信号灯紧急式					

表 B-11　JLXK1 系列行程开关的技术数据

型　号	传动装置及复位方式	额定电流 /A	额定电压/V		触点换接 时间/s	触点数量		操作频率 /h⁻¹
			交流	直流		常开	常闭	
JLXK1-111	单轮防护式能自动复位	5	500	400	≤0.04	1	1	1200
JLXK1-111M	单轮密封式能自动复位							
JLXK1-211	双轮防护式非自动复位							
JLXK1-211M	双轮密封式非自动复位							
JLXK1-311	直动防护式能自动复位							
JLXK1-311M	自动密封式能自动复位							
JLXK1-411	直动滚轮防护式能自动复位							
JLXK1-411M	直动滚轮密封式能自动复位							

参考文献

[1] 胡翔骏. 电路分析 [M]. 2 版. 北京：高等教育出版社，2006.

[2] 康华光. 电子技术基础数字部分 [M]. 5 版. 北京：高等教育出版社，2008.

[3] 阎石. 数字电子技术基础 [M]. 5 版. 北京：高等教育出版社，2006.

[4] 唐介. 电工学：少学时 [M]. 3 版. 北京：高等教育出版社，2009.

[5] 王天曦，李鸿儒，王豫明. 电子技术工艺基础 [M]. 2 版. 北京：清华大学出版社，2009.

[6] 吴红星，黄玉平. 电动机新型控制集成电路应用技术 [M]. 北京：中国电力出版社，2014.

[7] 陈坤，等. 电子设计技术 [M]. 成都：电子科技大学出版社，1997.

[8] 钟洪声，崔红玲. 电子电路设计技术基础 [M]. 成都：电子科技大学出版社，2012.

[9] 陈永甫. 新编 555 集成电路应用 800 例 [M]. 北京：电子工业出版社，2001.

[10] 沈任元，吴勇. 常用电子元器件简明手册 [M]. 2 版. 北京：机械工业出版社，2010.

[11] 王炳勋. 电工实习教程 [M]. 北京：机械工业出版社，1999.

[12] 陈章平，等. 西门子 S7-300/400PLC 控制系统设计与应用 [M]. 北京：清华大学出版社，2009.

[13] 陈海霞，等. 西门子 S7-300/400PLC 控制编程技术与应用 [M]. 北京：机械工业出版社，2012.

[14] 吴新开，邹小金，熊振国，等. 电子技术实习教程 [M]. 长沙：中南大学出版社，2013.

[15] 谭建成. 新编电机控制专用集成电路与应用 [M]. 北京：机械工业出版社，2005.

[16] 李银华. 电子线路设计指导 [M]. 北京：北京航空航天大学出版社，2005.

[17] 周春阳. 电子工艺实习 [M]. 北京：北京大学出版社，2007.

[18] 张立毅，王华奎. 电子工艺学教程 [M]. 北京：北京大学出版社，2006.

[19] 李华. MCS-51 系列单片机实用接口技术 [M]. 北京：北京航空航天大学出版社，1999.

[20] 王晓鹏. 数字万年历的制作 [J]. 电子制作，2012（6），71-74.